Schäfer/Wiczorke   Lexikon der
Prozeßrechnertechnik

Lexikon der Prozeßrechnertechnik

Von Peter Schäfer und Martin Wiczorke

SIEMENS AKTIENGESELLSCHAFT

CIP-Kurztitelaufnahme der Deutschen Bibliothek

Schäfer, Peter:
Lexikon der Prozeßrechnertechnik / von Peter Schäfer und
Martin Wiczorke. – Berlin, München:
Siemens-Aktiengesellschaft, [Abt. Verl.], 1979.

ISBN 3-8009-1278-3

NE: Wiczorke, Martin:

ISBN 3-8009-1278-3

Herausgeber und Verlag: Siemens Aktiengesellschaft, Berlin und München
© 1979 by Siemens Aktiengesellschaft, Berlin und München
Alle Rechte vorbehalten, auch die des auszugsweisen Nachdruckes, der foto-
mechanischen Wiedergabe und der Übersetzung sowie der Bearbeitung
für Ton- und Bildträger, für Film, Hörfunk und Fernsehen, für den Gebrauch
in Lerngeräten jeder Art.
Printed in the Federal Republic of Germany

Vorwort

Seit dem Einsatz von Rechnern in der Meß-, Steuerungs- und Regelungstechnik, etwa ab Mitte der sechziger Jahre, hat sich die Prozeßrechnertechnik in Verbindung mit der Prozeßdatenverarbeitung und Prozeßautomatisierung zu einem selbständigen Fachgebiet entwickelt.

Das begründet teilweise, warum spezielle Begriffe dieses Fachgebiets in den zahlreichen Lexika der Datenverarbeitung kaum enthalten sind. Es erschien deshalb wünschenswert, diese Lücke mit einem eigenen Lexikon der Prozeßrechnertechnik zu schließen. Das vorliegende Werk enthält in alphabetischer Reihenfolge sowohl Begriffe mit Erläuterungen aus der Hardware und der Software der Prozeßrechnertechnik als auch der Meß-, Steuerungs- und Regelungstechnik und der Prozeßautomatisierung. Dabei wurden die zur Zeit gültigen einschlägigen DIN-Normen berücksichtigt. Dem jeweiligen Begriff folgt unmittelbar seine englische Übersetzung. Es ist jedoch nicht sichergestellt, daß sich die deutschen Begriffsbestimmungen in allen Einzelheiten mit den englischen und amerikanischen decken; sie sollen nur das Übersetzen erleichtern. Im Anhang sind alphabetisch die englischen Begriffe mit den entsprechenden deutschen Erläuterungen aufgeführt.

Das vorliegende Taschenbuch soll den zahlreichen Lexika der allgemeinen Datenverarbeitung kein weiteres hinzufügen, sondern sie vielmehr auf diesem Spezialgebiet ergänzen. Es versucht deshalb auch nicht, ein ohne Vorkenntnisse brauchbares Lehr- und Einführungswerk zu sein, kann aber, der Geschlossenheit halber, auf die Aufnahme wichtiger Grundbegriffe nicht ganz verzichten. Abkürzungen wurden sparsam aufgenommen, da ihre Fülle ein eigenes Lexikon rechtfertigen würde.

Die Dynamik des Fachgebiets, das Fehlen einheitlicher Begriffe, Abgrenzungsschwierigkeiten bei Wortneuschöpfungen und der oft sehr unbefangene Sprachgebrauch in den Entwicklungsbereichen haben mitunter Zweifel geweckt, ob ein Begriff im Lexikon seinen Platz finden sollte oder nicht. In solchen Fällen haben sich die Autoren am praktischen Gebrauch und Bedarf eines Begriffs orientiert, um das Lesen von Fachliteratur und Beschreibungen zu erleichtern, ohne jedoch etwaigen späteren Normen vorgreifen zu wollen.

Bei Fachbegriffen, für die es DIN-Normen gibt, wurde der Text dieser Norm, ggf. auszugsweise, als Zitat mit der Angabe der DIN-Nummer im Lexikon aufgenommen.

Im Rahmen der Entwicklung neuer Produkte sind neue Begriffe entstanden. Sie sind oft firmenbezogen und haben bei den verschiedenen Herstellern keine einheitliche Bedeutung. In diesen Fällen haben sich die Verfasser von der Verwendung der Begriffe im Schrifttum zur Siemens-Prozeßrechnertechnik leiten lassen.

Erlangen, im März 1979

SIEMENS AKTIENGESELLSCHAFT

Hinweise zum Gebrauch des Lexikons

Begriffe einer Fachsprache sind häufig nur durch andere fachbezogene Begriffe erklärbar. Das gilt auch für dieses Lexikon. Sofern solche Begriffe ebenfalls im Lexikon vorkommen, sind sie beim erstmaligen Auftreten im Erläuterungstext mit einem schräg nach oben gerichteten Pfeil (↗) gekennzeichnet. Zwischen Mehrzahl und Einzahl der Begriffe wird dabei nicht unterschieden.

Hinweise auf weitere Begriffe, die ergänzende Informationen enthalten können, stehen ggf. mit dem Hinweispfeil am Schluß der Erläuterung in Klammern.

DIN-Normtexte sind mit Erlaubnis des Deutschen Instituts für Normung e. V. wiedergegeben.
Maßgebend für das Anwenden der Norm ist deren Fassung mit dem neuesten Ausgabedatum, die bei der Beuth Verlag GmbH,
1000 Berlin 30 und 5000 Köln 1, erhältlich ist.

Inhalt

Fachlexikon 9

Anhang
Alphabetische Übersicht englischer Fachbegriffe 278

AA
analog output module
↗ Analogausgabe(-einheit)

Abbild
core image
Vollständiger oder teilweiser Hauptspeicherinhalt nach der Übertragung auf einen ↗ peripheren Speicher (↗ Abbildspeicher). Ein ↗ Transfer des Hauptspeicherinhalts auf den Abbildspeicher wird veranlaßt:

a) nach der ↗ ORG-Generierung, um bei Zerstörung von Teilen des ↗ Organisationsprogramms (ORG) nicht immer neu generieren zu müssen;

b) während des Prozeßgeschehens zu markanten Zeitpunkten, damit z.B. bei einem ↗ Spannungsausfall ein definierter ↗ Wiederanlauf des ↗ Prozesses möglich ist.

Abbildspeicher
core image store
Der ↗ periphere Speicher eines ↗ Prozeßrechensystems mit Direktzugriff (↗ Direktzugriffsspeicher), der nach dem ↗ Generieren ein ↗ Abbild des ↗ Hauptspeichers (Abbilddatei) aufnimmt. Das Einlesen des Abbildes ermöglicht rasches Wiederherstellen des Hauptspeicherinhalts nach Informationsverlust, z.B. den ↗ Wiederanlauf des ↗ Systems nach ↗ Spannungsausfall.

Abbildwartebereich
disk swap copy area
Ein ↗ Wartebereich auf einem ↗ Peripherspeicher, der ↗ peripherspeicherresidente Programme im ↗ Ladezustand aufnimmt. Bei einem ↗ Wiederanlauf werden die ↗ Programme aus dem Abbildwartebereich entnommen und in den ↗ Arbeitswartebereich übertragen.

abdruckbares Zeichen
graphic character
Erscheint als Bildzeichen auf dem ↗ Protokoll, z.B. eines ↗ Blattschreibers und bewirkt einen Zeichenvorschub. Eine Ausnahme bildet das Zeichen „SP" für Space (Zwischenraum); es bewirkt einen Zeichenvorschub ohne Abdruck (↗ Interncode). Nicht abdruckbare Zeichen (↗ Steuerzeichen) ergeben keinen Zeichenvorschub.

Ablauf
program flow
Schrittweise Bearbeitung von ↗ Befehlen eines ↗ Programms innerhalb einer ↗ Zentraleinheit, auch ↗ Programmablauf genannt.

Ablaufdiagramm – Ablaufsteuerung

Ablaufdiagramm
flowchart, flow diagram
↗ Programm zur anschaulichen Darstellung eines ↗ Programmablaufs oder ↗ Befehlsablaufs innerhalb einer ↗ Funktionseinheit bzw. eines ↗ Rechensystems, auch Flußdiagramm genannt.
Im Ablaufdiagramm wird die logische Folge eines ↗ Ablaufs mit allen Verzweigungsmöglichkeiten, z.B. ↗ Fehlerzweige, dargestellt. Die in Ablaufdiagrammen verwendeten graphischen ↗ Sinnbilder sind unter DIN 66001 festgelegt.

ablauffähiges Programm
active program
Ein ↗ Programm, das gestartet ist und auf die Zuteilung des ↗ Zentralprozessors wartet oder ihn benutzt (↗ Programmzustand).

ablaufinvariantes Programm
pure procedure
Ein durch den ↗ Ablauf nicht verändertes ↗ Programm heißt ablaufinvariant; d.h. die ↗ Bitmuster des Programms werden beim ↗ Ablauf nicht verändert (↗ Ablaufinvarianz).

Ablaufinvarianz
pure procedure
Eine ↗ Befehlsfolge ist dann ablaufinvariant, wenn sie keine variablen ↗ Daten enthält. Eine solche Befehlsfolge kann von mehreren ↗ Programmen gemeinsam und ↗ simultan benutzt werden. ↗ Datenverkehr zwischen ablaufinvarianter Befehlsfolge und aufrufendem Programm erfolgt grundsätzlich über ↗ Register oder durch ↗ Indizierung, wobei Hilfszellenblöcke zum aufrufenden Programm gehören. ↗ ORG-Aufrufe dürfen nur dann in einer ablaufinvarianten Befehlsfolge gegeben werden, wenn sichergestellt ist, daß diese nur den Aufrufanstoß (↗ Befehl „Rufen Primärzustand") enthält, dagegen ↗ Parameterblock und ↗ Geräte-Datei-Block im aufrufenden Programm abgelegt sind. Werden die genannten Bedingungen eingehalten, so bezeichnet man eine derartige Befehlsfolge auch als ↗ reenterable.

Ablaufobjekt
executable object
↗ Befehlsfolge mit zugehörigen ↗ Daten, die der Verwaltung des ↗ Organisationsprogramms unterliegt, z.B. ↗ Programme, ↗ Common Codes, Anwender-Simulationsroutinen, Transferblöcke, evtl. auch ↗ Common Data, die ↗ Unterprogramme enthalten.

Ablaufsteuerung
run-off control, job control, sequential control
Bei einer Ablaufsteuerung werden Bewegungen oder andere physikalische Vorgänge in ihrem zeitlichen Ablauf durch Schaltsysteme nach einem ↗ Programm gesteuert, das in Abhängigkeit von erreichten Zuständen in der gesteuerten Anordnung schrittweise durchgeführt wird. Dieses Programm kann fest eingebaut sein oder von ↗ Lochkarten, ↗ Lochstreifen, ↗ Magnetbändern oder anderen geeigneten ↗ Speichern abgerufen werden

(DIN 19226). Kennzeichnend für eine (Ablauf-)Steuerung ist ein offener Wirkungsablauf (Steuerkette), bei dem eine oder mehrere ↗ Eingangsgrößen auf festgelegte Weise eine oder mehrere ↗ Ausgangsgrößen beeinflussen. Dabei wird, im Gegensatz zur ↗ Regelung, der erreichte Wert der ↗ Ausgangsgröße (↗ Istwert) nicht kontrolliert, zurückgeführt und mit der ↗ Eingangsgröße (↗ Sollwert) verglichen.
Als Beispiel kann die zur ↗ Befehlsausführung vorhandene ↗ Hardware einer ↗ Datenverarbeitungsanlage (DVA) gelten: Bei der Ausführung eines Befehls läuft eine Kette von einzelnen Arbeitsschritten ab, deren Reihenfolge bei der Konzeption der DVA festgelegt worden ist und die dann von der Ablaufsteuerung (↗ Operationssteuerung) gesteuert wird.

Ablaufsystem
execution system, run time system
Die Ablaufumgebung eines ↗ Programms zur Ablaufzeit. Das schließt das Rechnermodell, das ↗ Betriebssystem, die ↗ Anwendungssoftware sowie ↗ Daten und Zeitbedingungen ein. Eigenschaften und Ausstattung des Ablaufsystems können ↗ Parameter sein, die bei Erstellung und Übersetzung des Programms bekannt sein und berücksichtigt werden müssen, oder aber sich erst zum Ablaufzeitpunkt auswirken.

Ablaufverfolgung
tracing
Beim ↗ Testen von ↗ Programmen werden ↗ Testhilfen eingesetzt. Damit läßt sich der ↗ Programmablauf verfolgen, indem an bestimmten Stellen, z. B. bei allen registerverändernden ↗ Befehlen, bei allen ↗ Sprungbefehlen oder bei angegebenen ↗ Adreßpegeln, Zelleninhalte und Registerinhalte ausgedruckt werden, die der testausführende ↗ Programmierer dann mit den ↗ Sollwerten vergleicht. Ferner lassen sich vielfach ↗ Haltepunkte angeben, an denen das Programm von der Testhilfe gestoppt wird, um ↗ Daten überprüfen oder Operatoreingriffe durchführen zu können, die z. B. über den weiteren Programmlauf entscheiden.

ablochbares Zeichen
punching character, coding sheet
Von dem eingeschalteten ↗ Anbaulocher eines ↗ Bedienungsblattschreibers werden neben den ↗ abdruckbaren Zeichen auch ↗ Steuerzeichen gelocht.

Ablochschema
program sheet, coding sheet
Vordruck für den ↗ Programmierer (↗ Codierer) zur Niederschrift von ↗ Befehlsfolgen nach einem ↗ Ablaufdiagramm unter Berücksichtigung etwaiger Formatvorschriften. Das Ablochschema enthält ebensoviele Spalten wie die ↗ Lochkarte, z. B. 80. Beim Ablochen des ↗ Programms nach diesem Ablochschema ergibt jede Zeile eine Lochkarte.

abmelden
deregistration
Widerruf (Beendigung, Rücknahme) einer ↗ Anmeldung (eines ↗ Objek-

tes, einer Funktion, einer Leistung) beim ↗ Organisationsprogramm.

ABP
call processing program
↗ Aufrufbearbeitungsprogramm

ABS
output teletypewriter
↗ Ausgabeblattschreiber

Abschnitt
section
Eine ↗ Befehlsfolge kann in mehrere voneinander unabhängig übersetzbare Abschnitte unterteilt sein. Eine ↗ Namensanweisung leitet einen Abschnitt ein, und eine ↗ Endeanweisung beschließt ihn (Abschnitt im Sinne des ↗ Übersetzungsprogramms). Ein Abschnitt kann noch in ↗ Sätze unterteilt sein. Abschnitte, die keine selbständigen ↗ Ablaufobjekte darstellen, werden durch ↗ Binden weiterverarbeitet. In der Magnetbandtechnik bezeichnet ein Abschnitt eine größere Folge von ↗ Daten, meist die Zusammenfassung einiger ↗ Datenblöcke. Die Einteilung in Abschnitte richtet sich in der Regel nach der sachlichen Zusammengehörigkeit der Daten und ist durch ↗ Abschnittsmarken gegeben.

Abschnittsmarke
file mark
Eine Abschnittsmarke ist eine vereinbarte ↗ Zeichenfolge. Magnetbandtechnik: Durch die Markierung von ↗ Abschnitten kann man die Zeit für das Auffinden eines bestimmten Bereiches auf dem ↗ Magnetband wesentlich herabsetzen.

Abschnittsstruktur
section structure
Struktur von in ↗ Abschnitten unterteilten ↗ Programmen. Beim ↗ Übersetzen lassen sich je nach Steuerbarkeit des ↗ Übersetzungsprogramms alle Abschnitte eines Programms gemeinsam oder durch separate ↗ Anweisungen getrennt übersetzen.

absolute Adresse
actual address
Tatsächliche ↗ Adresse (↗ Maschinenadresse) eines ↗ Speicherelements bzw. einer ↗ Speicherzelle auf den Speicheranfang bezogen. Ein mit absoluten Adressen versehenes ↗ Programm (↗ Maschinensprache) bezeichnet man als absolut oder direkt adressiert.

absolutieren
absolute coding
Zuweisung ↗ absoluter Adressen im ↗ Zentralspeicher (↗ Hauptspeicher) mit Hilfe des ↗ Ladeprogramms für ↗ Grundspracheprogramme bzw. Grundspracheobjekte (↗ Grundsprache, ↗ Objekt).

Absolutzeitgeber
real-time clock
↗ Peripheriegerät von ↗ Prozeßrechensystemen. Der Absolutzeitgeber – auch Echtzeit- oder Realzeituhr genannt – besteht aus einem ↗ Zähler, der vom ↗ Programm her abfragbar ist. Die Zeitbildung erfolgt durch

Aufsummieren von zeitgenauen ↗ Impulsen und einen Uhrzeit- und Kalenderalgorithmus im ↗ Betriebssystem.

abtasten (lesen)
scan, sense, read
Umwandeln von auf ↗ Datenträgern enthaltenen ↗ Informationen (↗ Daten) in elektrische ↗ Impulse. Abgetastet werden Lochungen, Markierungen, Schriften, u. a.

Abtaster
sampler
Eine ↗ Funktionseinheit, welche das ↗ Eingangssignal zu festgelegten Zeitpunkten erfaßt (Zeitrasterung) und als eine Folge von Einzelsignalen überträgt (DIN 66201).

Abtastfrequenz
sampling frequency
Anzahl der Abtastungen (↗ abtasten) an einem ↗ Kanal je Zeiteinheit (DIN 66201).

Abtastintervall
sampling interval
Zeitlicher Abstand der Abtastungen (↗ abtasten) einer ↗ analogen Größe mit Hilfe eines ↗ Analog-Digital-Umsetzers.

Abtastkreis und Haltekreis
sample and hold
Schaltungsanordnung, mit der ↗ analoge Signale zu gewissen Zeitpunkten ↗ abgetastet und bis zum nächsten Zeitpunkt einer Abtastung gespeichert werden (↗ Halteverstärker).

Abtastsystem
sampling system
Ein ↗ System, in dem ↗ analoge Größen in bestimmten Zeitabständen, den ↗ Abtastintervallen, abgetastet werden. Der Begriff stammt aus der Regelungstechnik. Ein ↗ Prozeßrechensystem für ↗ direkte digitale Regelung ist die spezielle Form eines Abtastsystems.

Abtastverfahren
scanning method
Zum ↗ Abtasten von ↗ Datenträgern verwendet man die:
a) magnetische Abtastung bei ↗ Magnetschichtspeichern. Die Magnetisierung wird über einen ↗ Magnetkopf induktiv berührend oder nicht berührend abgetastet;
b) optische (fotoelektrische) Abtastung bei gelochten Datenträgern; eine lichtemittierende Diode (↗ LED) sendet in der ↗ Lesestation Licht auf eine Fotodiode, die durch den Datenträger (↗ Lochkarte, -streifen) verdeckt oder freigegeben werden kann;
c) elektrische Abtastung bei gelochten Datenträgern über Bürsten (sie wird bei modernen Geräten nicht mehr angewendet).

Abtastzeitpunkt
scanning instant
In der Datenübertragungstechnik: Übernahmezeitpunkt bei ↗ seriell einlaufender ↗ Information.

Abwärtskompatibilität
downward compatibility
Sind ↗ Programme von Maschinen

AC, ACC – Addition

einer ↗ Rechnerfamilie (Modellreihe) auf Maschinen geringerer Leistungsfähigkeit – bezüglich Speicherausbau, Arbeitsgeschwindigkeit, Anzahl der ↗ EA-Anschlußstellen, ↗ Befehlsvorrat, Betriebssystemleistungen – ablauffähig, so liegt Abwärtskompatibilität in bezug auf die Programme vor.

AC, ACC
accumulator, ↗ Akkumulator

AC
adaptive **c**ontrol
Regelsysteme zur selbsttätigen Anpassung der Einstellwerte an die schwankenden ↗ Parameter des ↗ Prozesses.

ACC
adaptive **c**ontrol **c**onstraint
Grenzregelsysteme, bei denen eine vorgegebene Kenngröße erreicht werden soll, aber nicht überschritten werden darf.

access
↗ Zugriff

accumulator
↗ Akkumulator

ACIA
asynchronous **c**ommunications **i**nterface **a**dapter
EA-Interfaceschaltung für ↗ seriell arbeitende ↗ periphere Geräte.

ACK
positive **ack**nowledgement
Positive Quittung („Gut"-Quittung) in einer ↗ Datenübertragungsprozedur. Sollen zwei positive Quittungen unterschieden werden, verwendet man ACK 0 und ACK 1.

acknowledge, acknowledgement
↗ Quittung

ACO
adaptive **c**ontrol **o**ptimization
Optimierregelung, die mit Hilfe eines ↗ Prozeßmodells den ↗ Fertigungsprozeß zu einem Optimierungsziel führen soll.

adaptives Prozeßmodell
adaptive process model
Ein ↗ Prozeßmodell, das auf Grund seiner Beobachtung der ↗ Zustandsgrößen des ↗ Prozesses seine ↗ Parameter ändert, um dadurch den Prozeß genügend genau nachzubilden (DIN 66 201).

ADC
analog **d**igital **c**onverter
↗ Analog-Digital-Umsetzer

AD-Converter
analog digital converter
↗ Analog-Digital-Umsetzer

adder
Addierer, Addierwerk

Addition
addition
Die Addition zweier ↗ Operanden (OP_i und OP_j) wird im ↗ Arithmetikbaustein (ALU) des ↗ Rechenwerks durchgeführt. Arithmetikbausteine moderner ↗ Prozeßrechner

arbeiten ↗ binär und verknüpfen die ↗ Operanden ↗ wortweise parallel. Bei ↗ arithmetischen Operationen können ↗ Überträge und ↗ Überläufe auftreten. Die Addition kann mit ↗ Betragszahlen, ↗ Festpunktzahlen und, falls ein ↗ Gleitpunktprozessor vorhanden ist, mit ↗ Gleitpunktzahlen oft auch wählbarer Länge (1- oder 2-Wortoperanden) durchgeführt werden.

Additionsbefehl
add instruction
Mit einem Additionsbefehl lassen sich zwei ↗ Operanden durch ↗ Addition miteinander verknüpfen. Additionsbefehle von ↗ Mehradreß- und ↗ Registermaschinen beinhalten die Bereitstellung und Verknüpfung beider Operanden sowie die Abspeicherung des Ergebnisses. Man unterscheidet Additionsbefehle für ↗ Betrags-, ↗ Festpunkt- und ↗ Gleitpunktzahlen in verschiedenen ↗ Befehlsformaten.

ADR, adr
Symbolische Abkürzung für eine ↗ Adresse.

Adreß...
Siehe auch Adressen...

Adreßabsolutierung
absolute address resolution
Beim ↗ Laden werden den ↗ relativ adressierten ↗ Befehls- und ↗ Datenwörtern ↗ absolute Adressen zugeordnet (↗ absolutieren).

Adreßausdruck
address expression
Die arithmetische Verknüpfung von ↗ relativen und/oder ↗ absoluten Adressen in einer ↗ Anweisung einer ↗ Programmiersprache.

Adreßbuch
address table
Bei ↗ Programmiersprachen, in denen ↗ symbolische Adressen verwendet werden, ist das Adreßbuch eine Tabelle im ↗ Übersetzungsprogramm, in der diese symbolischen Adressen mit den zugehörigen ↗ Adreßpegeln im ↗ Programm aufgeführt sind. Das Adreßbuch wird während des ↗ Übersetzungsvorgangs (zwei Durchläufe) vom Übersetzungsprogramm zusammengestellt, das den symbolischen Adressen die ↗ relativen Adressen zuordnet.

Adreßbereich
address array, ↗ Adressenbereich

Adreßbus
address bus
Sammelleitung (↗ Bus), auf die von verschiedenen ↗ Quellen (↗ Registern) ↗ Adressen zur Adressierung des ↗ Zentralspeichers geschaltet werden können.

Adresse
address
Ein bestimmtes ↗ Wort zur Kennzeichnung eines ↗ Speicherplatzes, eines zusammenhängenden ↗ Speicherbereiches oder einer ↗ Funktionseinheit (DIN 44 300).
Mit Hilfe von Adressen lassen sich ↗

Adressen – Adressensubstitution

Speicher wortweise, byteweise oder bitweise durchnumerieren.
Adressen werden dargestellt und von der ↗ Hardware oder ↗ Software interpretiert als: ↗ absolute Adressen, ↗ relative Adressen, ↗ symbolische Adressen, ↗ virtuelle Adressen.
Man unterscheidet die Adressen nach dem Ziel: ↗ Zentralspeicher-, ↗ Hauptspeicher-, ↗ Speicheradresse, ↗ Registeradresse (↗ Registernummer), ↗ Geräteadresse (Gerätenummer), ↗ (Prozeß-)Signalformeradresse, bzw. nach deren Art: ↗ Befehlsadresse, ↗ Startadresse, ↗ aktuelle Adresse, Fortsetzadresse, ↗ Endeadresse, ↗ Operandenadresse, ↗ Feldanfangsadresse, bzw. nach Adressen für ↗ periphere Speicher (↗ Platten-, ↗ Festkopf- und Trommelspeicher, Diskette (↗ Floppy-disk-Einheit)): ↗ Zylinderadresse, ↗ Sektoradresse.
In der ↗ Datenübertragung versteht man unter dem Begriff Adresse eine ↗ Zeichenfolge zur Kennzeichnung einer ↗ Datenstation.

Adressen-...
Siehe auch Adreß-...

Adressenbereich
address array
Der Bereich eines ↗ Speichers, der mit den im ↗ Befehl angegebenen ↗ Adressen überstrichen werden kann. Liegt die ↗ Speicheradresse ↗ dual codiert vor, dann ergibt sich der Adressenbereich A zu $0 \leq A \leq 2^n - 1$ (n ist die Bitstellenzahl der Adresse).

Adressenmodifikation
address modification
Das Ändern einer in einem ↗ Programm enthaltenen ↗ Adresse nach einem durch das Programm gegebenen Modus. Man unterscheidet ↗ Adressensubstitution und ↗ Adressenrechnung.

Adressenrechnung
address arithmetic
↗ Operandenadressen können in einem ↗ Programm aus zwei Teilen dargestellt werden, einem statischen und einem dynamischen Adreßteil. Während der statische Adreßteil zum ↗ Befehl gehört, ist der dynamische Adreßteil in einem im Befehl angegebenen ↗ Indexregister (↗ Standardregister) hinterlegt. Bei der ↗ Befehlsausführung wird die Operandenadresse durch die ↗ Addition der beiden Adreßteile im ↗ Rechenwerk errechnet.

Adressenregister
address register
↗ Register zur Aufnahme von ↗ Speicheradressen (vorzugsweise ↗ Operandenadressen).

Adressensubstitution
address substitution
Eine ↗ Adresse ist substituiert angegeben, wenn z.B. die im ↗ Befehl oder im ↗ Standardregister angegebene Adresse die ↗ Zentralspeicherzelle bezeichnet, die die ↗ Operandenadresse enthält (Einfachsubstitution). Auch Mehrfachsubstitution ist möglich.

Adressenteil
address part
Teil des ↗ Befehlswortes, das aus ↗ Operationsteil und Adressenteil besteht. Im Adressenteil eines ↗ Einadreßbefehls steht eine ↗ Adresse, in dem eines ↗ Zweiadreßbefehls sind zwei Adressen hinterlegt. Der Adressenteil des ↗ Befehls einer ↗ Registermaschine enthält z. B. zwei Adressen von ↗ Standardregistern.

Adressierungseinheit
addressing unit
↗ Absolute Adressen, die innerhalb von in ↗ Assemblersprache formulierten Adreßausdrücken auftreten, sind erst durch Beifügung einer Adressierungseinheit eindeutig in ihrer Länge bestimmt. In der Assemblersprache ASS 300 gibt es z. B. folgende Adressierungseinheiten:
BYL: Bytelänge (8 Bits),
WTL: Wortlänge (16 Bits).

Adreßpegel
address level
Bei ↗ Übersetzungsprogrammen eine Hilfsgröße für die Übersetzung eines symbolisch adressierten ↗ Programms in die ↗ Maschinensprache. Während des Übersetzungsvorgangs entspricht der Adreßpegel einem ↗ Zähler, der bei jedem übersetzten ↗ Befehl um die ↗ Befehlslänge, bei jeder ↗ Konstanten um die Länge der Konstanten und bei jedem reservierten ↗ Speicherbereich um die Länge dieses Bereiches erhöht wird. Durch besondere ↗ Anweisungen an das ↗ Übersetzungsprogramm kann der Adreßpegel um einen bestimmten ↗ Betrag erhöht oder erniedrigt werden. Der um die ↗ Ladeadresse erhöhte Adreßpegel einer ↗ symbolischen Adresse ergibt die echte (↗ absolute) Adresse im ↗ Speicher.

Adreßpegelanweisung
address level directive
Durch eine Adreßpegelanweisung (AP-Anweisung) kann der ↗ Adreßpegel um einen bestimmten ↗ Betrag erhöht oder erniedrigt werden; außerdem ist es möglich, ihn auf den Wert einer bereits definierten ↗ symbolischen Adresse einzustellen. Dadurch lassen sich u. a. Korrekturen im Zuge eines Übersetzungslaufs durchführen.

Adreßraum
addressing area, address space
a) Maximaler Ausbau eines ↗ Speichers (↗ Zentralspeicher). Der Adreßraum eines Speichers kann in mehrere ↗ Adressenbereiche geteilt sein. Um von einem Adressenbereich in einen anderen Adressenbereich eines Adreßraumes zu gelangen, muß z. B. ein ↗ Basisadreßregister umgeladen werden. Auch ↗ Assembler, ↗ Compiler und ↗ Binder kennen einen Adreßraum, auch Adreßvolumen genannt, in den sie übersetzte ↗ Programme einbetten. Dieser Adreßraum kann – muß aber nicht – mit dem maximalen Speicherausbau übereinstimmen (↗ virtuelle Adressierung).
b) Ein mindestens stückweise stetiger Bereich von ↗ Adressen, der mit einer ↗ Adreßübersetzungstafel, ohne sie zu ändern, unmittelbar zu-

gänglich ist. Durch Umladen oder Bezug auf eine andere ↗ Adreßübersetzungstafel kann ein Programm zu mehreren Adreßräumen Zugang haben. Alle Adreßräume sind in KWörtern gerasterte Teilmengen des maximalen Hauptspeicherausbaus (Siemens System 340–R40).

Adreßstapel
address stack
Während eines ↗ Unterprogrammes oder einer ↗ Programmunterbrechung werden in einem ↗ Speicherbereich die im Augenblick nicht benötigten ↗ Adressen gespeichert, um danach sofort wieder zur Verfügung zu stehen.

Adreßrechenwerk
address arithmetic unit
Größere ↗ Zentraleinheiten z.B. Siemens ZE 340 verfügen neben dem ↗ Rechenwerk für die arithmetischen und logischen Funktionen (↗ ALU) über ein Adreßrechenwerk, in dem parallel zum Betrieb des obengenannten (Haupt-)Rechenwerks die Adreßrechnungen ausgeführt werden.

Adreßteil
address part, ↗ Adressenteil

Adreßübersetzung
address paging
Hardwaremäßige Umwandlung ↗ virtueller Adressen in reelle ZSP-Adressen mit Hilfe von ↗ Übersetzungstafeln.

Adreßvolumen
address range
Die Anzahl der ↗ Adressen, die ↗ Assembler und ↗ Binder bei der Übersetzung eines ↗ Abschnittes bzw. dem ↗ Binden eines ↗ Programms in der auszugebenden ↗ Grundsprache unterscheiden können.

ADU
analog digital converter
↗ Analog-Digital-Umsetzer

AD-Wandler
analog digital converter
↗ Analog-Digital-Umsetzer

AE
analog input, ↗ Analogeingabe

Akkumulator (AC, ACC, Akku)
accumulator
In einem ↗ Rechenwerk ein ↗ Speicherelement (↗ Register), das für ↗ Rechenoperationen benutzt wird, wobei es ursprünglich einen ↗ Operanden und nach durchgeführter ↗ Operation das Ergebnis enthält (DIN 44 300). Der Akkumulator ist ein typisches ↗ Rechenwerkregister bei ↗ Einadreßmaschinen. Ein ↗ Rechner kann auch über mehrere Akkumulatoren (↗ Arbeitsregister) verfügen.

Akkumulatorbatterie
storage battery
Kann bei ↗ Datenverarbeitungsanlagen als ↗ Puffereinrichtung bei ↗ Netzausfällen eingesetzt werden.

aktuelle (Befehls-)Adresse
actual address
↗ Adresse des ↗ Befehls, der gerade bearbeitet wird, d. h. auf den zu Beginn der ↗ Befehlsausführung (Abrufphase) das ↗ Befehlsadreßregister zeigt.

aktuelles Programm
current program
↗ Programm, das gerade durch den ↗ Zentralprozessor bearbeitet wird.

Alarm(-signal)
interrupt, alarm, exception
Signal von der ↗ Prozeßperipherie zur ↗ Zentraleinheit, das durch ein sporadisches Ereignis im ↗ Prozeß ausgelöst wird. Ein Alarm ist eine spezielle ↗ Anforderung der ↗ Peripherie an die Zentraleinheit.

Alarmbearbeitungsprogramm
interrupt processing program
↗ Programm zur Bearbeitung von ↗ Alarmen, die von ↗ peripheren Einheiten in der ↗ Zentraleinheit eintreffen.
Alarmbearbeitungsprogramme sind ↗ Anwenderprogramme.

Alarmsignal
interrupt, ↗ Alarm

Alarmwort
interrupt word
Mehrere ↗ Alarmsignale werden zu einem Alarmwort zusammengefaßt und über einen ↗ Prozeßsignalformer, ↗ dynamische Digitaleingabe, der ↗ Zentraleinheit zur Alarmbearbeitung (↗ Alarmbearbeitungsprogramm) übergeben. Die ↗ Wortlänge ist durch die Struktur der ↗ EA-Anschlußstelle bestimmt, z.B. 16 Bits.

ALGOL
algorithmic **l**anguage
Eine algorithmische Formelsprache, die zur Beschreibung von ↗ Algorithmen in Publikationen und als ↗ problemorientierte Programmiersprache für ↗ Datenverarbeitungsanlagen dient. Eine in ALGOL zu formulierende Aufgabe wird unabhängig vom Anlagentyp erstellt. Durch ein ↗ Übersetzungsprogramm wird das in ALGOL geschriebene ↗ Programm in ein ↗ Maschinenprogramm für eine bestimmte Anlage übersetzt.

Algorithmus
algorithm
Ein durch Regeln festgelegter Rechenvorgang, der eine zyklisch sich wiederholende Gesetzmäßigkeit aufweist.

Alphabet
alphabet
Ein (in vereinbarter Reihenfolge) geordneter ↗ Zeichenvorrat (DIN 44 300).
Sonderfall: gewöhnliches, aus ↗ Buchstaben bestehendes Alphabet.

alphanumerisch
alphanumeric
Bezieht sich auf einen ↗ Zeichenvorrat, der mindestens aus den ↗ Dezimalziffern und den ↗ Buchstaben des gewöhnlichen ↗ Alphabets besteht (DIN 44 300).

alphanumerische Daten – Analogausgabe(-einheit)

Mit „alphanumerisch" wird auch ein Datenübertragungsmodus bezeichnet, bei dem die Geräteelektronik bestimmte ↗ Zeichen, z.B. ↗ Steuerzeichen, erkennt, im Gegensatz zum ↗ transparenten Modus.

alphanumerische Daten
alphanumeric data
↗ Binär codierte ↗ alphanumerische Zeichen. Innerhalb einer ↗ Zentraleinheit liegen die alphanumerischen Daten im ↗ Interncode (Zentralcode) des ↗ Rechensystems vor.

alphanumerische Code
alphanumeric code
↗ Code zur ↗ binären Darstellung ↗ alphanumerischer Zeichen. Sie verfügen über einen ↗ Coderahmen von 5 bis 8 Bits. Innerhalb eines ↗ digitalen Rechensystems können verschiedene alphanumerische Codes auftreten, z.B.. ↗ Lochkartencode, ↗ Lochstreifencode, ↗ Fernschreibercode, ↗ Interncode (Zentralcode). Codeumwandlungen erfolgen, wenn nötig, durch die ↗ Hardware, das ↗ Betriebssystem oder durch Anwenderroutinen.

alphanumerische Sichtstation
alphanumeric display unit
↗ Periphere Einheit bzw. ↗ Terminal zur Ein- und Ausgabe ↗ alphanumerischer Zeichen. Bei der Ein- und Ausgabe wird die ↗ Information auf dem Bildschirmgerät optisch dargestellt. Alphanumerische Sichtstationen eignen sich für den ↗ Dialogbetrieb zwischen Mensch und ↗ Rechner (↗ Grafik-Bildschirmeinheit).

alphanumerisches Sichtgerät
alphanumeric display
Ein ↗ Sichtgerät, das ausschließlich zur Darstellung alphanumerischer Information (↗ alphanumerische Zeichen) dient.

alphanumerisches Zeichen
alphanumeric character
↗ Ziffern, ↗Buchstaben und ↗ Sonderzeichen bilden die Menge der alphanumerischen Zeichen. Die binäre Darstellung der alphanumerischen Zeichen erfolgt über ↗ alphanumerische Codes.

ALU
arithmetic and **l**ogical **u**nit
↗ Arithmetik-Baustein

analog
analog
In der ↗ Datenverarbeitung versteht man unter analog – im Gegensatz zu ↗ digital – eine Darstellungsweise von Werten oder Fakten durch eine dem darzustellenden Wert analoge physikalische ↗ Größe. Ein ↗ Rechensystem heißt analog, wenn es ↗ kontinuierliche Funktionen verarbeitet.

Analogausgabe(-einheit)
analog output(unit)
↗ Funktionseinheit eines ↗ Prozeßrechensystems zur Ausgabe ↗ analoger Signale (DIN 66 201).
Die Analogausgabe(-einheit) ist Teil der ↗ Prozeßperipherie und wird auch als ↗ Prozeßsignalformer bezeichnet.

Analog-Digital-Umsetzer (ADU, ADC)
analog to digital converter (ADC)
↗ Funktionseinheit, die ein ↗ analoges Eingangssignal in ein ↗ digitales Ausgangssignal umsetzt.

analoge Daten
analog data
↗ Daten, die nur aus ↗ kontinuierlichen Funktionen bestehen (DIN 44300).
Analoge Daten sind eine kontinuierliche Folge von Werten (analoge physikalische ↗ Größen), wie z.B. Spannungsverläufe.

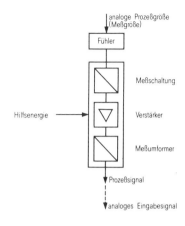

Analogeingabe(-einheit)
analog input(unit)
Dient zur Eingabe analoger ↗ Prozeßdaten in den ↗ Prozeßrechner. Sie ist Teil der ↗ Prozeßeinheit und wird auch als ↗ Prozeßsignalformer bezeichnet. Prozeßsignalformer zur Analogeingabe haben die Aufgabe, den Augenblickszustand prozeßtechnischer ↗ Meßgrößen (Temperaturen, Drücke, Durchflüsse) zu erfassen, in analoge elektrische ↗ Signale umzuformen und diese mittels eines ↗ Analog-Digital-Umsetzers als digitale ↗ Information dem ↗ Prozeßrechner zur Verfügung zu stellen. Man unterscheidet: ↗ Momentanwert-Analogeingabe und ↗ integrierende Analogeingabe.

analoge Prozeßgröße
analog process quantity
↗ Prozeßgröße mit einem kontinuierlichen Wertebereich, auch Meßgröße genannt. Zur Erfassung analoger Prozeßgrößen können folgende Elemente bzw. ↗ Funktionseinheiten eingesetzt werden: ↗ Fühler (Geber), ↗ Meßschaltung, ↗ Verstärker und ↗ Meßumformer.

analoges Ausgangssignal
analog output signal
↗ Ausgangssignal einer ↗ Funktionseinheit, die ↗ kontinuierliche Funktionen abgibt, z.B. ↗ Digital-Analog-Umsetzer.

analoges Eingangssignal
analog input signal
↗ Eingangssignal einer ↗ Funktionseinheit, die ↗ kontinuierliche Funktionen empfängt bzw. verarbeitet.

analoges Signal
analog signal
↗ Signal, dessen ↗ Signalparameter eine ↗ Nachricht oder ↗ Daten darstellt, die nur aus ↗ kontinuierlichen

analoge Steuerung – Anfangsadresse

Funktionen besteht bzw. bestehen (DIN 44300).

analoge Steuerung
analog control
Eine innerhalb der Signalverarbeitung vorwiegend mit ↗ analogen Signalen arbeitende ↗ Steuerung (DIN 19237).
Die Signalverarbeitung erfolgt vorwiegend mit stetig wirkenden Funktionsgliedern.

Analogrechner
analog computer
Im Analogrechner werden die Eingangswerte einer Rechenaufgabe sowie das Ergebnis nicht als Einstellungen mechanischer oder elektronischer ↗ Zähler usw. dargestellt, sondern als physikalische ↗ Größen, z.B. Spannungen, Ströme oder Widerstände. Ein Analogrechner kann immer dann sehr schnell arbeiten, wenn sich die zu lösende Aufgabe physikalisch gut nachbilden läßt. Die mit ihm erreichbare Genauigkeit (Stellenzahl) ist jedoch im Vergleich zu der des ↗ Digitalrechners stets begrenzt.
Vorzüge hat der Analogrechner vor allem dann, wenn die zu verarbeitenden Werte bereits in analoger Form anfallen oder die Rechenergebnisse in analoger Form benötigt werden. Dann ist auch die höhere Rechengenauigkeit eines Digitalrechners nicht von Bedeutung.

Analogwertdarstellung
representation of analog quantity
↗ Duale Darstellung einer ↗ digital verschlüsselten ↗ analogen Größe am Ausgang einer ↗ Analogeingabeeinheit. Bei einer Genauigkeit der Darstellung auf ein Tausendstel des Meßstellenbereiches müssen für die Darstellung 10 Bitstellen vorgesehen werden:

$$\frac{1}{2^{10}} = \frac{1}{1024} \approx 1 \cdot 10^{-3} \, (= 1\,^0\!/\!_{00}).$$

analytische Prozeßerkennung
analytical process identification
Eine ↗ Prozeßerkennung durch Zurückführung auf bekannte Naturgesetze (DIN 66201).

analytisches Prozeßmodell
analytical process model
Ein ↗ Prozeßmodell, das durch ↗ analytische Prozeßerkennung gewonnen wurde (DIN 66201).

Anbauleser
integral reader
↗ Lochstreifenleser, der an einen ↗ Bedienungsblattschreiber angebaut ist.

Anbaulocher
integral punch
↗ Lochstreifenstanzer, der an einem ↗ Bedienungsblattschreiber angebaut ist.

Anfangsadresse (Startadresse)
start address, initial address
Allgemein wird jede erste ↗ Adresse aus einer fortlaufenden Menge von Adressen als Anfangsadresse bezeichnet; z.B. ↗ Startadresse eines Programms und ↗ Blockanfangsadresse eines Datenblockes.

Anfangszwischenraum
load point gap, initial gap
Der Zwischenraum zwischen der Bandanfangsmarke und dem ersten ↗ Bandblock (DIN 66010) auf einem ↗ Magnetband für ↗ Datenverarbeitung.

Anforderung
request
Innerhalb einer ↗ Datenverarbeitungsanlage können Anforderungen verschiedenster Art auftreten. Eine Anforderung soll in der ↗ Funktionseinheit, an die sie gerichtet ist, eine Reaktion auslösen, z.B. ↗ Zustandswechselanforderung an die ↗ Prioritätssteuerung.
Bedeutung haben Anforderungen vor allem beim ↗ EA-Verkehr der ↗ Zentraleinheit mit den ↗ peripheren Einheiten. Hier spricht man von ↗ Anforderungs-Quittungs-Verfahren, ↗ zentraler Anforderung, ↗ peripherer Anforderung und ↗ DMA-Anforderung.

Anforderungs-Quittungs-Verfahren
request-acknowledgement cycle
Beim ↗ EA-Verkehr (Eingabe) übergibt der ↗ Sender (↗ Zentraleinheit oder ↗ periphere Einheit) bei jeder Übertragung eines ↗ Datenwortes oder ↗ Zeichens eine ↗ Anforderung an den ↗ Empfänger (periphere Einheit oder Zentraleinheit). Sobald der Empfänger die Anforderung mit dem ↗ Datum empfangen hat, sendet er ein ↗ Quittungssignal (↗ Quittung) an den Sender. Der Empfang der Quittung dient dem Sender als Rückmeldung und Aufforderung das ↗ Anforderungssignal wegzunehmen. Der Sender oder der Empfänger können jetzt eine erneute Anforderung stellen. Dieses Übertragungsverfahren ist unabhängig von der Arbeitsgeschwindigkeit der beteiligten Einheiten. Es stellt sich dabei automatisch die aus der Sicht der Zuverlässigkeit der Übertragung maximal mögliche ↗ Übertragungsrate ein.

Anforderungssignal
request signal
Ein ↗ Signal, das eine ↗ Anforderung darstellt.

angehaltenes Programm
suspended program
Ein ↗ Programm ist im Zustand ,,angehalten", wenn ihm durch ein anderes Programm per ↗ Aufruf ,,Anhalten" der ↗ Zentralprozessor entzogen wird.

Anlage
(EDP-)system, assembly
↗ Datenverarbeitungsanlage

Anlagenausstattung
system configuration
a) Hardwaremäßige Datenverarbeitungsanlagenausstattung mit technischen ↗ Geräten (↗ Zentraleinheiten, ↗ periphere Einheiten);
b) Softwaremäßige Datenverarbeitungsanlagenausstattung mit ↗ System- und ↗ Problem-Software.

Anlagenblockbild
block diagram of the system
Alle Teile einer Anlage sind in über-

sichtlicher Form als beschriftete Blöcke (↗ Blockschaltbild) dargestellt. Die einzelnen Blöcke sind entsprechend der technischen bzw. logischen Zusammengehörigkeit durch Linien untereinander verbunden.

Anlagenkonfiguration
system configuration
Die Anlagenkonfiguration (↗ Hardware) eines ↗ Datenverarbeitungssystems (↗ Prozeßrechner) besteht aus der ↗ Zentraleinheit und den ↗ peripheren Einheiten für ↗ Prozeßsignaleingabe und Prozeßsignalausgabe, für ↗ Dateneingabe und ↗ Datenausgabe (als ↗ Standardperipherie bezeichnet), zum Speichern von ↗ Daten und ↗ Programmen (↗ periphere Speicher).

Anlauf, Systemanlauf (Kaltstart)
cold start, initialization, start up
Maßnahmen, die im Zuge einer ersten Inbetriebnahme des Systems, z.B. einem ↗ Generieren des ↗ Organisationsprogramms, unmittelbar folgen. Sie dienen dem Herstellen eines Systemgrundzustands, wie Einrichten von ↗ Dateien und ↗ Koordinierungszählern, Eingabe von ↗ Datum und Uhrzeit, Starten von ↗ Programmen, u.ä. Über solche Maßnahmen entscheidet vorwiegend der Anwender. Er kann sie zweckmäßig einem Anlaufprogramm übertragen, das sich im Anschluß an den Generiervorgang automatisch ↗ laden und starten läßt.

Anlaufprogramm
cold start program, ↗ Anlauf

anmelden
registration
Mitteilung eines ↗ Programms an das ↗ Organisationsprogramm, daß es bereit ist, bestimmte Arten von ↗ Eingabedaten zu empfangen bzw. Leistungen zu erbringen.
Ein Beispiel ist die Anmeldung alarmverarbeitender Programme in den Siemens-Systemen 300–16 Bit. Sie bewirkt, daß die Programme beim Eintreffen für sie bestimmter ↗ Alarme verständigt, d.h. fortgesetzt werden.

Anpassung
matching
Beim Anschluß ↗ peripherer Einheiten über Kabelverbindungen werden elektronische Sende- und Empfangsbaugruppen benötigt, die auch die nötige ↗ Pegelumsetzung bzw. Wellenwiderstandsanpassung beinhalten.

Anruf
calling
Das Aussenden von Wählzeichen und/oder Rufzeichen mit dem Ziel eine ↗ Datenverbindung aufzubauen (DIN 44302).

Anrufbeantwortung
answering
Beantwortung eines ↗ Anrufs; die ↗ Datenverbindung ist damit aufgebaut (DIN 44302).

Anruftaste
(interrupt) request button
Durch Betätigung der Anruftaste eines ↗ on-line geschalteten ↗ Bedienungsblattschreibers verständigt der

↗ Operator das ↗ Betriebssystem (↗ Standardbedienungsprogramm), daß er ↗ Bedienungsanweisungen über die ↗ Tastatur eingeben will.

Anschaltung
interface connection
↗ Geräteanschaltung

Anschlußstelle
interface (channel)
↗ Schnittstelle zum Anschluß von ↗ Funktionseinheiten (↗ EA-Anschlußstelle).

Anschlußstellenregister
interface register
In einem ↗ EA-Prozessor (EAP) nehmen die Anschlußstellenregister (z.B. vier) den ↗ EAP-Befehl auf. Jeder ↗ EA-Anschlußstelle steht ein Satz (vier) Anschlußstellenregister zur Verfügung.

Antivalenz-Funktion
exclusive OR function
↗ Boolesche Befehle

Antriebssteuerung
drive control, individual control
↗ Einzelsteuerung

Anweisung
statement, directive
Eine in einer beliebigen ↗ Sprache abgefaßte Arbeitsvorschrift, die im gegebenen Zusammenhang wie auch im Sinne der benutzten Sprache abgeschlossen ist (DIN 44 300).
Folgen von Anweisungen in Form von ↗ Algorithmen zur Beschreibung von Handlungen heißen ↗ Programme.
Bei ↗ Assemblersprachen bezieht sich der Begriff „Anweisung" nur auf Anweisungen an den ↗ Assembler.

Anwenderaufruf
user call
Anwenderaufrufe sind ↗ ORG-Aufrufe und stellen ↗ Anforderungen des Anwenders an das ↗ Organisationsprogramm (ORG) zur Ausführung bestimmter Tätigkeiten dar. Vor, während oder nach Ausführung der Funktionen gibt es den ↗ Anwenderprogrammen, ggf. auch dem ↗ Operator, Mitteilungen über die erfolgreiche Ausführung, etwa aufgetretener Fehler, Besonderheiten oder Zustände angesprochener Objekte. Verschiedene ↗ Aufrufe werden durch Aufrufnamen unterschieden, die zugeordneten Einzeltätigkeiten durch ↗ Parameter.

Anwendermakro
user macro
Ein vom Programmierer selbst geschriebener (definierter) ↗ Makro. Gegensatz: ↗ Standardmakro, ↗ Basismakro.

Anwenderprogramm
user program, application program
↗ Programm zur Lösung eines speziellen Problems (↗ Anwendungssoftware, ↗ Problemsoftware), z.B. von Automatisierungsaufgaben (↗ Automatisierungsprogramm). Der Anwender schreibt seine Anwenderprogramme nicht ausschließlich selbst; für bestimmte Anwendungs-

fälle kann er auch auf vom Rechnerhersteller erstellte ↗ Programmbausteine zurückgreifen.
Nicht zu den Anwenderprogrammen gehören die vom Rechnerhersteller gelieferten ↗ Systemprogramme, sowie ↗ Prüf- und Wartungsprogramme.

Anwenderprogrammsystem
user programming system
Für charakteristische Automatisierungsaufgaben, wie z.B. ↗ Prozeßsteuerung im Stahlwerk oder im Kraftwerk, lassen sich technologiespezifische, oft standardisierbare ↗ Programme, einsetzen. Modular als ↗ Bausteine realisierte Teilfunktionen können zu ↗ Anwenderprogrammen zusammengestellt werden. Durch den Einsatz dieser standardisierten ↗ Anwendungssoftware wird eine kostspielige Neuentwicklung bei jedem Prozeßrechnereinsatz vermieden. Gerade für einen wirtschaftlichen Einsatz von ↗ Prozeßrechnern wird künftig das Vorhandensein von standardisierten Anwenderprogrammsystemen eine unbedingte Voraussetzung sein. Sie tragen ferner dazu bei, die Softwarezuverlässigkeit zu heben.

Anwendersoftware
user software
Spezifisch für die Lösung der Prozeßaufgaben des ↗ Rechners eingesetzte ↗ Software. Sie dient der Analytik und sinnvollen Verknüpfung der Aufgabenstellung mit dem ↗ Betriebssystem unter Ausnutzung dessen organisatorischer Funktion. Sie kann für allgemeine und grundsätzliche (immer wiederkehrende) Aufgaben der ↗ Prozeßautomatisierung standardisiert sein oder spezielle (branchengebundene) ↗ Programme enthalten.
Die Anwendersoftware enthält ↗ Anwenderprogramme, ↗ Daten (↗ Dateien), ↗ Bibliotheken, usw., die zu ↗ Anwenderprogrammsystemen zusammengefaßt sein können.

Anwendungssoftware
user software, ↗ Anwendersoftware

Anzeige
display, indicator, flag
Kennzeichen. Man unterscheidet innerhalb einer ↗ elektronischen Datenverarbeitungsanlage mehrere Arten von Anzeigen:
a) ↗ optische Anzeigen am ↗ Bedienungsfeld (↗ Wartungsfeld) der ↗ Zentraleinheit oder am ↗ Gerät,
b) ↗ Ergebnisanzeigen in Abhängigkeit von der ↗ Befehlsausführung,
c) Anzeigen im Zusammenhang mit dem ↗ EA-Verkehr: ↗ Betriebsanzeigen, ↗ EAP-Anzeigen, ↗ Geräteanzeigen. Diese Anzeigen werden während des ↗ EA-Verkehrs in spezielle Anzeigenregister oder ↗ Speicherzellen abgelegt und von einem Anzeigenbearbeitungsprogramm bearbeitet.

Software: Durch die Anzeige wird der Ausführungszustand (z.B. „in Bearbeitung", „Bearbeitung korrekt abgeschlossen", „Bearbeitung mit Fehler abgeschlossen") einer programmtechnischen Funktion gekennzeichnet. Eine Funktion in diesem Sinne kann, z.B. die Ausführung eines ↗ Befehls, die Bearbeitung eines ↗ Aufrufs an das ↗ Organisationsprogramm oder das Durchlaufen eines ↗ Unterprogramms sein. Abhängig von der Art der Funktion sind die Anzeigen dem ↗ Programmierer auf unterschiedliche Weise in bestimmten ↗ Datenfeldern oder ↗ Registern zugänglich.

Anzeigenübergabe
flag transmission
↗ Anzeigen ↗ peripherer Einheiten werden beim ↗ Anforderungs-Quittungs-Verfahren entweder zusammen mit einer ↗ Quittung oder aber mit einer ↗ peripheren (Organisations-)Anforderung der ↗ Zentraleinheit übergeben. Die Übergabe der Anzeigen kann von der ↗ peripheren Einheit automatisch oder von der Zentraleinheit angefordert erfolgen. Die übertragenen Anzeigen werden in der Zentraleinheit in bestimmten Anzeigenregistern oder ↗ Speicherzellen abgelegt.

Aperturezeit
aperture time
Die Zeit, die ein ↗ Analog-Digital-Umsetzer zur Umsetzung eines Analogwertes in einen Digitalwert benötigt.

AR
address register, ↗ Adressenregister

Arbeitsrechner
working computer
↗ Doppelrechnersystem

Arbeitsregister
working register, ↗ Standardregister

Arbeitsspeicher (ASP)
main memory, working store
Relativ schneller ↗ Speicher für ↗ Programme und Zwischenergebnisse in der ↗ Zentraleinheit.
In der ↗ Prozeßrechnertechnik wird dieser Begriff durch die Begriffe ↗ Zentralspeicher und ↗ Hauptspeicher ersetzt.

Arbeitswartebereich
disk swap work area
Ein ↗ Wartebereich auf einem ↗ Peripherspeicher, der ↗ peripherspeicherresidente Programme aufnimmt, während sie inaktiv (ruhend, wartend) sind. Aus dem Arbeitswartebereich werden die ↗ Programme bei einem Start in den ↗ Laufbereich transferiert. Bei Unterbrechungen, die eine Räumung zulassen, erfolgt Rücktransfer in den ↗ Wartebereich, bei Fortsetzung erneut Eintransfer in den ↗ Laufbereich. Dabei ist nicht vermeidbar, daß das Programm durch eigene oder fremde Fehler, z.B. ↗ Überschreiben, die sich aufsummieren, im Laufe der Zeit „Änderungen" erleidet. Der ursprüngliche ↗ Ladezustand ist nur durch Neuladen oder Übernahme aus einem ↗ Abbild-Wartebereich wiederherstellbar.

Archiv
archives
Lager für Datenträger, z.B. ↗ Plattenstapel, ↗ Magnetbänder.

arithmetic unit (AU)
↗ Rechenwerk

Arithmetikbaustein (ALU)
arithmetic and logical unit
Der Arithmetikbaustein des ↗ Rechenwerkes einer ↗ EDVA dient der arithmetischen und logischen Verknüpfung zweier ↗ Operanden. Die Einstellung der erforderlichen ↗ Operation des ALU erfolgt durch die ↗ Operationssteuerung im Rechenwerk.
Bei ↗ Rechnern mit fester ↗ Wortlänge lassen sich im ALU zwei Operanden von ↗ Maschinenwortlänge ↗ parallel miteinander verknüpfen.

arithmetische Operation
arithmetic operation
↗ arithmetischer Befehl

arithmetischer Befehl
arithmetic instruction
Zum Ausführen einer der vier Grundrechenarten in einer ↗ Datenverarbeitungsanlage dienen arithmetische ↗ Befehle. Einfachere ↗ Zentraleinheiten haben oft nur für ↗ Addition und ↗ Subtraktion eigene Befehle, während ↗ Multiplikation und ↗ Division per ↗ Software simuliert werden müssen. Arithmetische Befehle gibt es für ↗ Betragszahlen, ↗ Festpunktzahlen und ↗ Gleitpunktzahlen.

ASA
American Standards Association
Normenausschuß der USA.

ASCII
American Standard Code for Information Interchange, ↗ USASCII

ASP
main memory, ↗ Arbeitsspeicher

Assembler (Assemblierer)
assembly program
↗ Übersetzungsprogramm (Übersetzer) zur Übersetzung anlagenabhängiger ↗ Programmiersprachen (↗ Assemblersprachen) in die ↗ Maschinensprache.
Der Begriff „Assembler" wird auch in der Bedeutung von Assemblersprache verwendet.

Assemblersprache
assembly (assembler) language
Maschinenorientierte, symbolische ↗ Programmiersprache.
↗ Befehle in Assemblersprache haben gleiche oder ähnliche Struktur wie die Befehle der ↗ Maschinensprache des Datenverarbeitungssystems, zu dem die Assemblersprache gehört.

ASS 300
↗ Assemblersprache der Siemens Systeme 300–16 Bit.

Assoziativspeicher
content-addressed storage,
associative memory
Bei diesem ↗ Speicher gibt es keine ↗ Adressen oder ähnliche Merkmale, die ausschließlich der Kennzeichnung eines ↗ Speicherplatzes dienen. Datengruppen werden hier durch einen Begriff gekennzeichnet. Wird ein bestimmter Begriff bzw. eine durch diesen Begriff gekennzeichnete Datengruppe gesucht, so wird dieser gleichzeitig an alle Speicherplätze des

assoziativen Speichers gegeben. Der oder die Speicherplätze, die den gesuchten Begriff enthalten, werden daraufhin sofort erkannt. Assoziativspeicher werden in größeren ↗ Datenverarbeitungsanlagen innerhalb des ↗ Zentralprozessors eingesetzt und enthalten häufig benutzte ↗ Informationen.

AST
branch exchange, ↗ Außenstelle

asynchron
asynchronous
Wenn zwei Vorgänge in ihrem zeitlichen Ablauf nicht starr verbunden sind, werden sie als asynchron (taktunabhängig, nicht-zeitgleich) bezeichnet. Gegenteil: ↗ synchron.

asynchrone Arbeitsweise
asynchronous operation
Bei einer ↗ Datenverarbeitungsanlage (DVA) mit asynchroner Arbeitsweise der ↗ Zentraleinheit bestimmen die einzelnen ↗ Operationen ihren Zeitablauf selbst und geben nach ihrer Beendigung ein ↗ Signal an ein Steuerorgan, das seinerseits die nächste Operation einleitet. Vollständig asynchron (nicht taktgesteuert) arbeitende DVA (Asynchronanlagen) werden selten gebaut; jedoch ist die Verwendung dieser Arbeitsweise innerhalb einzelner Teile einer Anlage, die als Ganzes ↗ synchron arbeitet, häufig. Z.B. Eingabe-Ausgabe-Operationen nach dem ↗ Anforderungs-Quittungs-Verfahren oder, Anstoß einer Operation einer ↗ peripheren Einheit durch die ↗ Zentraleinheit und Fertigmeldung der ↗ peripheren Einheit mit einer ↗ peripheren Anforderung an die Zentraleinheit.

asynchrone Steuerung
non-clocked control
Eine ohne Taktsignal arbeitende ↗ Steuerung, bei der Signaländerungen nur durch Änderungen der ↗ Eingangssignale ausgelöst werden (DIN 19 237).

asynchrone Übertragung
asynchronous transmission
Eine Übertragungsart für die ↗ bitserielle Übertragung von ↗ Zeichen. Hierbei muß nur während der Übertragung eines Zeichens zwischen ↗ Sender und ↗ Empfänger Gleichlauf bestehen. Der Gleichlauf wird erreicht, indem jedem Zeichen zusätzlich ein ↗ Startschritt und ein ↗ Stoppschritt zugefügt wird. Die asynchrone Übertragung wird deswegen auch ↗ Start-Stopp-Übertragung genannt (↗ Gleichlaufverfahren).

ATLAS
Abbreviated **T**est **L**anguage for **A**ll **S**ystems
Eine speziell für Prüfzwecke geschaffene Prüfsprache.

AU
arithmetic unit, ↗ Rechenwerk

Aufbautechnik
packaging system
Aufbau von ↗ Datenverarbeitungsanlagen aus ↗ Flachbaugruppen, ↗ Modulen, ↗ Baugruppenträgern, ↗

Rechnerschränken, sowie die Art der Verbindung der einzelnen Elemente untereinander.

Aufruf
call
Für die Auslösung einer bestimmten Funktion in der ↗ Datenverarbeitungsanlage vorgesehene ↗ Befehlsfolge. Aufrufe in Form von ↗ Makroaufrufen (Makros) sind an das ↗ Organisationsprogramm der Datenverarbeitungsanlage gerichtet und dienen der Auslösung von Hard- oder Softwarefunktionen.

Aufrufbearbeitungsprogramm (ABP)
call processing program
↗ ORG-Aufrufe können vom ↗ Organisationsprogramm (ORG) vor oder nach ihrer Bearbeitung an ein spezielles Aufrufbearbeitungsprogramm übergeben werden. Das kann auf diese Weise Funktionen des Organisationsprogramms modifizieren oder umgehen. Das Aufrufbearbeitungsprogramm muß vom Benutzer zur Verfügung gestellt werden, und das Organisationsprogramm muß eine geeignete Nahtstelle zum Einbau des Aufrufbearbeitungsprogramms aufweisen.

Aufrufbetrieb
polling mode, selecting mode
Ein Steuerungsverfahren, bei dem die jeweilige ↗ Sendestation oder ↗ Empfangsstation durch eine ↗ Leitstation festgelegt und der Betriebsablauf gesteuert und überwacht wird (DIN 44302).

Aufruflänge
call length
Angabe der Zahl der ↗ Wörter, die der abgesetzte ↗ Makro im ↗ Speicher belegt.

Aufrufliste
call list
↗ ORG-Aufrufe können vom Anwender in einer Aufrufliste zusammengefaßt werden. Dies erfolgt durch ↗ Kettung der entsprechenden ↗ Parameterblöcke. Alle in einer derartigen ↗ Liste vermerkten ↗ Aufrufe werden vom ↗ Organisationsprogramm (ORG) in einem Bearbeitungsgang behandelt, d. h. ohne zwischenzeitliches Verlassen der ORG-Ablaufebene. Nur der letzte Aufruf einer Aufrufliste darf eine ↗ Programmunterbrechung bewirken.

Aufrufstruktur
call structure
↗ ORG-Aufrufe setzen sich aus einem oder mehreren Elementen zusammen, die als ↗ Makroaufrufe zur Verfügung stehen können. In der ↗ Makrosprache 300 der Siemens Systeme 300–16 Bit sind dies: ↗ ORG-Anstoß; Befehl RPZ (Rufen Primärzustand),
↗ Parameterblock; ein Parameterblock beschreibt die gewünschte ORG-Funktion und enthält die nötigen ↗ Parameter;

Geräte-Datei-Block (↗GEDA-Block); ein GEDA-Block kennzeichnet das ↗ Gerät und die ↗ Datei, auf die sich Eingabe- bzw. Ausgabeaufrufe beziehen.
Alle Bestandteile eines ORG-Aufrufs stehen im selben Programm.

Aufrufverschlüsselung
call coding, ↗ Parameterblock

Auftragsbearbeitung
job order processing
Die von den ↗ Programmen an das ↗ Organisationsprogramm (ORG) gerichteten ↗ Anforderungen (↗ Aufrufe) werden in Aufträge unterteilt, die in der Auftrags-Warteschlange geführt, nacheinander zur Ausführung kommen (Auftragsbearbeitung). Diese Arbeitsweise ist u. a. durch die ↗ Segmentierung eines Peripherspeicher-ORG bedingt.

Aufwärtskompatibilität
upward compatibility
Von Aufwärtskompatibilität spricht man, wenn bei verschiedenen ↗ Modellen von ↗ Datenverarbeitungsanlagen eines Herstellers das jeweils größere die ↗ Programme des kleineren verarbeiten kann, aber nicht das kleinere Modell die Programme, die für ein größeres Modell geschrieben wurden (↗ Abwärtskompatibilität).

Aufzeichnungsdichte
recording density
Anzahl der ↗ Bits je Längeneinheit in einer ↗ Spur eines ↗ Magnetspeichers.

Ausbauebene
structure level
Bei der ↗ Prozeßeinheit (PE 3600) lassen sich ↗ EA-Steuerungen sternförmig hintereinander schalten. Es werden drei Ausbauebenen definiert in Abhängigkeit von der Entfernung zur ↗ EA-Anschlußstelle der ↗ Zentraleinheit (ZE):

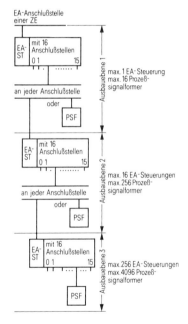

EA-ST   EA-Steuerung
PSF   Prozeßsignalformer
ZE   Zentraleinheit

Struktur der Prozeßeinheit 3600

Ausfall
failure
Ausfall eines ↗ Systems infolge Funktionsunfähigkeit.

Ausfalldauer
down-time
Zeitspanne vom Ausfallzeitpunkt einer Betrachtungseinheit (eines ↗ Systems) bis zur Wiederherstellung der Einsatzbereitschaft (DIN 40042).

Ausführungszeit
execution time
Bearbeitungszeit eines speziellen ↗ Befehls in einer ↗ Datenverarbeitungsanlage.
Die ↗ mittlere Befehlsausführungszeit aller Befehle wird durch einen ↗ Mix-Wert dargestellt.
Der Begriff „Ausführungszeit" kann sich aber auch auf die Ausführung einer beliebigen Funktion, z.B. ↗ ORG-Aufruf, beziehen.

Ausgabebefehl
output instruction
Der ↗ Datenausgabe dienender ↗ Befehl. Er löst den ↗ Transfer eines ↗ Datums, einer ↗ Adresse oder eines Befehls von der ↗ Zentraleinheit zu einer ↗ peripheren Einheit, z.B. ↗ Ausgabeeinheit, aus.

Ausgabeblattschreiber (ABS)
output typewriter
↗ Ausgabeeinheit zum Protokollieren von ↗ Meßwerten, zum Melden von ↗ Alarmen usw. Seine Mechanik ist identisch mit der eines ↗ Fernschreibers, jedoch fehlt die ↗ Tastatur.

Ausgabedaten
output data
Nach der ↗ Verarbeitung der ↗ Eingabedaten in der ↗ Datenverarbeitungsanlage nach bestimmten ↗ Algorithmen bzw. Rechenschemata werden die ↗ Daten als numerische, ↗ alphanumerische oder ↗ binäre Ausgabedaten über die ↗ Ausgabegeräte direkt an den ↗ Prozeß (↗ Prozeßdaten) weitergegeben oder sie werden auf ↗ Datenträgern abgelegt bzw. in ↗ Klarschrift auf geeigneten Formularen ausgedruckt.

Ausgabeeinheit
output unit
↗ Funktionseinheit innerhalb eines ↗ digitalen Rechensystems, mit der das ↗ System ↗ Daten, z.B. Rechenergebnisse, nach außen hin abgibt (DIN 44300).
Eine Ausgabeeinheit besteht aus der ↗ Geräteschaltung bzw. Gerätesteuerung, mit der die einheitliche ↗ EA-Anschlußstelle an die spezielle ↗ Geräteschnittstelle angepaßt wird und dem eigentlichen ↗ Ausgabegerät.

Ausgabegerät
output device
Baueinheit einer ↗ Ausgabeeinheit, durch die ↗ Daten aus einer ↗ Rechenanlage ausgegeben werden können (DIN 44300).
Ausgabegeräte sind z.B. ↗ Drucker, ↗ Blattschreiber, ↗ Sichtgeräte, ↗ Lochstreifenstanzer, ↗ Lochkartenstanzer, ↗ Magnetbandgeräte, ↗ Zeichengeräte (Plotter), ↗ Prozeßsignalformer.

Ausgabegeschwindigkeit
output rate
Die Anzahl von ↗ digitalen Daten, die im Dauerbetrieb am Ausgang der ↗ Digitalausgabe bereitgestellt bzw. an der ↗ Analogausgabe je Zeiteinheit umgesetzt werden kann (DIN 66 201). Als Kennwert wird meistens der Maximalwert angegeben.

Ausgabekanal
output channel, ↗ Kanal

Ausgabeleitungen
output channel
↗ Datenleitungen zur Ausgabe von ↗ Information von der ↗ Zentraleinheit an die ↗ Peripherie. Die Datenleitungen können, z.B. als ↗ kollektives Bussystem, zu allen angeschlossenen ↗ peripheren Einheiten geführt werden.

Ausgabeprogramm
output program, output routine
↗ Programm zur Ausgabe von ↗ Daten an eine ↗ periphere Einheit, z.B. ↗ Blattschreiber.

Ausgabeprotokoll
output listing
Protokoll einer ↗ Datenausgabe auf einem ↗ Blattschreiber oder ↗ Drucker.

Ausgabepuffer
output buffer
Zu einem ↗ Ausgabeprogramm gehörende Anzahl von Zellen im ↗ Hauptspeicher, in denen die auszugebende ↗ Information für das ↗ Gerät bzw. das ↗ Organisationsprogramm zur Verfügung gestellt wird.

Ausgabezeit
output time
Zeit von der Anregung der ↗ Analog- oder ↗ Digitalausgabe zum Ausgeben von ↗ Daten bis zur erfolgten Bereitstellung am Ausgang der ↗ Ausgabeeinheit (DIN 66 201).

Ausgangsdaten
output data
Die Ausgangsdaten einer ↗ Funktionseinheit, z.B. des ↗ Rechensystems, können ↗ parallel oder ↗ seriell am Ausgang entstehen.

Ausgangsgröße
output variable
Die Ausgangsgrößen eines ↗ Prozesses, die abhängigen Prozeßveränderlichen, werden häufig als ↗ Zustandsgrößen bezeichnet. In den Ausgangsgrößen eines Prozesses kommt das Prozeßverhalten zum Ausdruck.

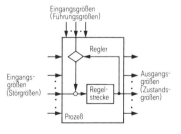

Schematische Darstellung eines technischen Prozesses

Ausgangssignal – Automatisierung

Die Ausgangsgrößen einer ↗ Funktionseinheit sind eine Funktion seiner ↗ Eingangsgrößen. Eingangs- und Ausgangsgrößen können natürliche ↗ Daten sein; sie heißen ↗ Eingangs- und ↗ Ausgangsdaten.

Ausgangssignal
output signal
Am Ausgang einer ↗ Funktionseinheit können ↗ digitale und/oder ↗ analoge Ausgangssignale anstehen.

Außenstelle (AST)
branch exchange
↗ Datenfernverarbeitung: ↗ Datenerfassungsstation, die eine ↗ Datenendeinrichtung (DEE) enthält und über ein ↗ Datenübertragungssystem mit einer ↗ Datenverarbeitungsanlage (DVA) verbunden ist. An einer DVA können mehrere Außenstellen (AST) angeschlossen sein, z. B. Bankfilialen, Platzreservierungen für Reisebüros, Bahn- und Fluggesellschaften. ↗ Datenverkehr ist auch zwischen zwei Außenstellen möglich.

Austransfer
data output
Befehlsgesteuerte ↗ Datenausgabe über eine ↗ EA-Anschlußstelle zu einer ↗ peripheren Einheit, z. B. zu einem ↗ peripheren Speicher.

Automat
automaton
Eine Einrichtung, die auf ein bestimmtes ↗ Signal (↗ Impuls) hin einen Vorgang oder eine Folge von Vorgängen selbsttätig und ohne weitere Eingriffe ausführt. In diesem Sinn sind auch ↗ Datenverarbeitungsanlagen mit ihren ↗ Programmen Automaten.

automatischer Wiederstart
automatic restart
Selbsttätige Wiederaufnahme der Arbeit einer ↗ Datenverarbeitungsanlage nach einem ↗ Ausfall oder einer Störung.
Voraussetzung hierfür ist die Fixierung des Anlagenzustandes unmittelbar vor dem Ausfall bzw. zu bestimmten Fixpunkten, von wo aus die ↗ Verarbeitung nach dem automatischen Wiederstart fortgeführt werden kann. ↗ Prozeßrechner erlauben im allgemeinen einen automatischen Wiederanlauf bei Wiederkehr der Netzspannung nach ↗ Spannungsausfall unter Einbeziehung eines ↗ Wiederstarts des ↗ Betriebssystems (↗ Wiederstart).

Automatisierung
automation
Durchführung von Verwaltungs-, Produktionsaufgaben usw. mit Hilfe

von ↗ Automaten (↗ Prozeßautomatisierung). Automatisieren heißt, einen Vorgang nach vorher ermittelten Gesetzmäßigkeiten mit technischen Mitteln so einzurichten, daß der Mensch weder ständig noch in einem erzwungenen Rhythmus für den Ablauf des Vorgangs tätig zu werden braucht.

Automatisierungsbereich
automation area
Ein in einem gewissen Bereich automatisch (ohne menschliche Mitwirkung) arbeitender ↗ Prozeß. Der ↗ Automat ist in diesem Fall mit einem ↗ Programm ausgestattet.

Automatisierungsgrad
degree of automation
Prozentualer Anteil der automatisch betriebenen Anlagenteile innerhalb der gesamten Prozeßanlage.

Automatisierungsmittel
automation equipment
Die zur ↗ Automatisierung eines ↗ Prozesses eingesetzten Mittel, z. B. ↗ Regler, ↗ Steuerungen, ↗ Prozeßrechner.

Automatisierungsprogramm
automation program
↗ Anwendungsprogramm, das Automatisierungsfunktionen ausführt, z. B. aus ↗ Eingabedaten Stellgrößen ermittelt, Grenzwertüberschreitungen erkennt und darauf reagiert.

Automatisierungssystem
automation system
Zur ↗ Automatisierung eines bestimmten ↗ Prozesses eingesetztes System, z. B. ↗ Prozeßrechensystem.

B

b
binary digit
In der Literatur noch oft zu findende Kurzform für ↗ Binärzeichen (↗ Bit oder ↗ bit); z.B. zur Kennzeichnung der ↗ Übertragungsgeschwindigkeit: b/s ≙ bit/s ≙ Bit/s.

B
base
↗ Basis, Grundzahl eines Zahlensystems.

Background-Programm
background program
↗ Hauptprogramm in einem interruptfähigen Datenverarbeitungssystem. Das mit niedriger ↗ Priorität laufende Background-Programm muß zu beliebigen Zeiten unterbrechbar sein, damit höherpriore ↗ Programme bearbeitet werden können. Danach setzt die ↗ Zentraleinheit die Bearbeitung des Background-Programms fort.
In einem ↗ Prozeßrechner, dessen ↗ Vordergrundprogramme den ↗ Prozeß betreuen, kann ein Background-Programm, z.B. Rechenzentrumsaufgaben (↗ Übersetzen, ↗ Testen), wahrnehmen.

Back-up
back-up
Unter diesem Begriff versteht man die Maßnahmen zur Aufrechterhaltung eines ↗ Prozesses bei Rechnerausfall, realisiert im allgemeinen als eine zusätzliche, funktionell oft redundante und vom ↗ Rechner unabhängige ↗ Geräteausstattung.

Bandanfangsmarke
beginning-of-tape mark
↗ Bandendemarke

Bandblock
tape block
Magnetbandtechnik: Eine zusammenhängende Folge von ↗ Bandsprossen (DIN 66010).

Bandendemarke
end-of-tape mark
Bandanfangs- und Bandendemarke, auch Reflektormarken genannt, sind dünne lichtreflektierende Folien, die auf die Trägerschicht des Bandes aufgeklebt sind. Sie begrenzen den eigentlichen Speicherbereich des ↗ Magnetbandes. Die Reflektormarken werden im ↗ Bandgerät direkt neben dem Magnetkopf photoelektrisch abgetastet.
Das resultierende ↗ Signal wird über die Geräteelektronik an das ↗ Betriebssystem weitergegeben. Zur Un-

Bandfehlstelle – BASIC

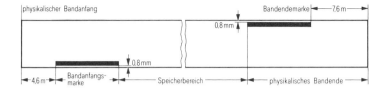

terscheidung sind Bandanfangs- und Bandendemarke an entgegengesetzten Bandkanten aufgeklebt.

Bandfehlstelle
bad spot
Magnetbandtechnik: Ein zusammenhängender Bereich von fehlerhaften ↗ Spurelementen, welcher sich über mehrere ↗ Spuren erstrecken kann (DIN 66010).

Bandgeschwindigkeit
tape speed
Die Geschwindigkeit, mit der das ↗ Magnetband beim ↗ Schreiben oder ↗ Lesen über die ↗ Magnetköpfe bewegt wird (DIN 66010).

Bandmarke
tape mark
Ein ↗ Bandblock zur Abgrenzung von ↗ Informationen auf dem ↗ Magnetband (DIN 66010).

Bandspeicher
magnetic tape storage
Zur Speicherung sehr großer Datenmengen (↗ Massenspeicher). Die Speicherschicht (das Band) wird nur für den ↗ Zugriff bewegt. Beim ↗ Schreiben und ↗ Lesen berühren die Schreib- bzw. Leseköpfe die Speicherschicht. Bei Bandspeichern ist die Verwendung von Halbzollbändern (12,7 mm) üblich, auf denen 7 oder 8 Nutzdatenspuren und eine Parity-Spur zur Sicherung der ↗ Zeichen aufgezeichnet werden (↗ Paritätsbit, ↗ Querparität).
In ↗ Prozeßrechensystemen genügen oft die kleineren ↗ Magnetbandkassetteneinheiten. Die Entwicklung schneller, preisgünstiger magnetischer Speichereinheiten ist aber im Fluß. Einfache ↗ Direktzugriffsspeicher, z. B. ↗ Floppy-disk-Einheit, haben den Vorzug kürzerer ↗ Zugriffszeiten.

Bandsprosse, Sprosse
row, frame
Die Gesamtheit aller ↗ Spurelemente eines ↗ Magnetbandes, die gleichzeitig beschrieben oder gleichzeitig gelesen werden können (DIN 66010).

BAR
instruction address register
Kurzform für ↗ Befehlsadreßregister.

BASIC
Beginners **A**ll purpose **S**ymbolic **I**nstruction **C**ode
Einfach zu erlernende ↗ problemorientierte Programmiersprache.

basic instruction
↗ Grundbefehl

Basic-Mode-Prozedur
↗ Datenübertragungsprozedur

Basis (B)
radix, base (of the number representation)
Jede Zahlendarstellung in der ↗ Stellenschreibweise hat eine feste Basis. Die ↗ Wertigkeit einer ↗ Ziffer ergibt sich aus der der ↗ Stelle entsprechenden Potenz der Basis B.
Je nach dem Zahlenwert der Basis spricht man von einem ↗ Dualsystem (B = 2), ↗ Oktalsystem (B = 8), ↗ Dezimalsystem (B = 10) oder ↗ Sedezimalsystem (B = 16).

Basisadresse
base address
Bei manchen ↗ Datenverarbeitungsanlagen setzt sich die ↗ Operandenadresse aus zwei Teilen zusammen, aus einer Basisadresse und einer ↗ Distanzadresse. Im ↗ Befehl selbst steht jedoch nur die Distanzadresse und die ↗ Adresse eines ↗ Basisadreßregisters, das die betreffende Basisadresse enthält. Das Basisadreßregister kann auch vom ↗ Betriebssystem vorgegeben sein, ohne daß es im Befehl genannt wird. Die Operandenadresse ergibt sich aus der ↗ Addition von Basisadresse und Distanzadresse. Durch Verändern des Inhalts der in einem ↗ Programm angesprochenen Basisadreßregister kann das Programm im ↗ Hauptspeicher (relativ) verschoben werden (↗ Basisadreßregister).

Basisadreßregister
base register
Durch Addition einer ↗ Distanzadresse zu der in einem Basisadreßregister enthaltenen ↗ Basisadresse wird, wie bei der ↗ Indizierung, die effektive ↗ Speicheradresse errechnet.
Die Verwendung von Basisadreßregistern ist vor allem für den Austausch von ↗ Programmen zwischen ↗ DV-Anlagen mit unterschiedlicher Zentralspeichergröße vorteilhaft, da die Basisadressierung verschieden großer Anlagen mit unterschiedlich großen ↗ Adressenbereichen ohne Veränderung der Befehlswortstruktur gerecht wird (↗ Basisadresse).

Basismakro
basic macro
↗ Makro, dem eine fest im ↗ Makroübersetzer eingebaute ↗ Befehlsfolge zugeordnet ist.
Basismakros können vom Benutzer weder definiert noch umdefiniert werden. Die Gesamtheit der Basismakros bestimmt die Leistungsfähigkeit der ↗ Makrosprache.

Basisstecker
base connector
Über die Basisstecker einer ↗ Flachbaugruppe wird die Verbindung mit dem ↗ Baugruppenträger hergestellt.

BAS-Signal
video signal
Zur Ansteuerung der Anzeigeeinheiten von ↗ Bildschirmeinheiten benö-

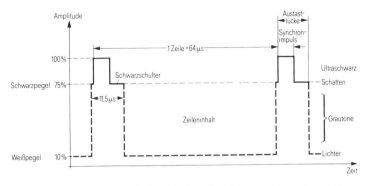

Europäische Fernsehnorm für Bildinhalt und Gleichlaufzeichen einer Zeile

tigen diese ↗ Monitore ein BAS-(**B**ild-, **A**ustast- und **S**ynchronisier-) Signal oder ein RGB-(**R**ot-**G**rün-**B**lau-)BAS-Signal bei Farbmonitoren. Dieses ↗ Signal enthält außer den Synchronsignalen für Zeilen und Bildrücklauf auch die Helltastinformation und die Farbanteile mit entsprechendem Pegel.

batch
↗ Stapelbetrieb

batch processing
↗ Stapelbetrieb

Baud (Bd)
baud
Maßeinheit für die ↗ Schrittgeschwindigkeit bei der ↗ Datenübertragung, Kurzzeichen Bd (1 Bd = 1/s).
Da je ausgeführter ↗ Schritt mehrere ↗ Binärzeichen übertragen werden können, ist die Schrittgeschwindigkeit nicht immer mit der ↗ Übertragungsgeschwindigkeit (bit/s) identisch.

Baueinheit
physical unit
Ein nach Aufbau oder Zusammensetzung abgrenzbares materielles Gebilde (DIN 44300).

Bauelement
component, element
In der Elektrotechnik werden elementare Bauteile, wie z.B. Widerstände, Kondensatoren, Spulen, Dioden, Transistoren u.a.m., als Bauelemente bezeichnet. Charakteristisch ist ihre spezifische elektrische Funktion.

Bauglied
element, circuit, term, ↗ Glied

Baugruppe
assembly
Eine Baugruppe ist eine konstruktive Einheit, die zusammen mit anderen

Baugruppenträger – BCS

Baugruppen in einem ↗ Baugruppenträger untergebracht und betrieben wird.
Beim Aufbau von ↗ Datenverarbeitungsanlagen verwendet man hauptsächlich Steckbaugruppen, die in Abhängigkeit von der Anzahl der belegten ↗ Einbauplätze im Baugruppenträger unterteilt werden:

Art der Baugruppe	Anzahl der Einbauplätze
↗ Flachbaugruppen	1 (2)
Kompaktbaugruppen	2 bis 7
Einsatzbaugruppen	4 bis 28

Baugruppenträger
subrack
Konstruktive Einheit zur Aufnahme von ↗ Baugruppen. Baugruppenträger, auch Einbaurahmen genannt, sind in verschiedenen Größen verfügbar; sie werden in ↗ Rechnerschränke oder Tische eingebaut. Für die Siemens- ↗ Prozeßrechner gibt es z.B. Baugruppenträger in ↗ SIVAREP®-B-Technik und ↗ ES 902-Technik.

Baustein
module
a) Elektronische Einheit, die aus mehreren ↗ Bauelementen oder ↗ integrierten Schaltkreisen aufgebaut ist.
b) Logisch zusammenhängende ↗ Befehlsfolge (↗ Programmbaustein), z.B. die verschiedenen ↗ ORG-Bausteine.

Bauteil
component, element, ↗ Bauelement

BCC
block check character
↗ Blockprüfzeichen

BDC-Code
binary coded decimal
↗ Binärcode für Dezimalziffern.

Dezimalziffer	Wertigkeit			
	8	4	2	1
0	0	0	0	0
1	0	0	0	1
2	0	0	1	0
3	0	0	1	1
4	0	1	0	0
5	0	1	0	1
6	0	1	1	0
7	0	1	1	1
8	1	0	0	0
9	1	0	0	1
Pseudotetraden	1	0	1	0
	1	0	1	1
	1	1	0	0
	1	1	0	1
	1	1	1	0
	1	1	1	1

BCD-Ziffer
binary coded decimal
Eine in vier ↗ Bits (↗ Binärcode) codierte ↗ Ziffer.

BCS
block check sequence
↗ zyklische Blocksicherung

Bd – Bedienungsblattschreiber

Bd
baud
Kurzzeichen für ↗ Baud, der Maßeinheit für die ↗ Schrittgeschwindigkeit: 1 Bd = 1/s.

BDE
production data acquisition
↗ Betriebsdatenerfassung

Bearbeitungszeit
processing time
In einer ↗ Zentraleinheit die Zeitspanne zwischen Beginn und Ende der Bearbeitung einer Aufgabe (DIN 44300).

bedienen
service, command input
Analog den Hantierungen bei der Bedienung eines ↗ Gerätes spricht man auch bei der Kommandoeingabe (↗ Kommando) an ↗ Programme von „bedienen" (Programmbedienung). (↗Bedienungsaufruf, ↗ Bedienungsgerät).

Bedienungsanweisung
operator command
Besteht aus Empfängeridentifikation, Auftrag (Codewort) und verschiedenen ↗ Parametern. Bedienungsanweisungen, die das ↗ Standard-Bedienungsprogramm betreffen, werden Standard-Bedienungsanweisungen oder Standard-Kommandos genannt.

Bedienungsaufruf
operator call
Während in einer ↗ Datenverarbeitungsanlage ↗ Programme ablaufen, können Bedienungsmaßnahmen durch den ↗ Operator erforderlich werden, z.B. Auswechseln von ↗ Plattenstapeln eines ↗ Plattenspeichers, Einlegen von ↗ Lochkarten usw., aber auch Entscheidungen über den weiteren ↗ Programmablauf mit ↗ Parametern.
Meist wird der Operator über den ↗ Bedienungsblattschreiber der Anlage von den notwendigen Maßnahmen durch eine ↗ Meldung unterrichtet. Von einem Programm wird dann an das ↗ Organisationsprogramm (ORG) ein ↗ Aufruf (Bedienungsaufruf) gerichtet. Damit teilt das Programm dem ORG seine Bereitschaft mit, bestimmte Bedienungseingaben (↗ Kommandos) entgegenzunehmen. Das Organisationsprogramm wertet die Empfängeridentifikation (↗ Bedienungsanweisung) aller eintreffenden Kommandos aus und teilt den Auftrag dem zuständigen Programm mit. Das kann auch eine Antwort (↗ Quittung) vom Operator sein, daß die erforderlichen Tätigkeiten ausgeführt wurden. Im Unterschied zu Eingabeaufrufen, die ein ↗ Gerät für Ausgaben sperren, wird die Kommandoeingabe vom Organisationsprogramm erst vorbereitet, wenn der Operator die ↗ Anruftaste am ↗ Bedienungsgerät betätigt hat. Bis dahin sind Ausgaben möglich.

Bedienungsblattschreiber
operator console typewriter
Bei ↗ Datenverarbeitungsanlagen dienen elektrische Schreibmaschinen (↗ Blattschreiber) als ↗ Eingabe-

Bedienungseinrichtung – Bedienungsfeld

und Ausgabegeräte und zum ↗ Bedienen der Anlage.
Mit dem Bedienungsblattschreiber können folgende Aufgaben gelöst werden:
a) manuelle Eingabe von ↗ Daten,
b) Laden und Starten von ↗ Programmen,
c) Ausgabe von Zustandsmeldungen und von Ergebnissen,
d) Protokollierung von Daten und ↗ Meldungen,
e) ↗ Testen von Programmen und
f) Testen der Anlage.
Zur Unterscheidung zwischen eingegebenem und ausgegebenem ↗ Text kann Zweifarbendruck dienen, z.B. Eingabetext schwarz, Ausgabetext rot.
Der ↗ Verkehr zwischen der ↗ Zentraleinheit der Anlage und dem Bedienungsblattschreiber wird durch ein eigenes Programm, das ↗ Standard-Bedienungsprogramm, gesteuert, das innerhalb des ↗ Betriebssystems Bestandteil des ↗ Organisationsprogrammes ist.
Am Bedienungsblattschreiber befindet sich meist ein ↗ Anbauleser und Anbaulocher zur Eingabe und Ausgabe der Information auf ↗ Lochstreifen. Vielfach tritt an die Stelle eines Bedienungsblattschreibers auch eine ↗ Bildschirmeinheit.

Bedienungseinrichtung
operating equipment
Zu den Bedienungseinrichtungen einer ↗ Datenverarbeitungsanlage gehören alle Tasten- und Schalterfelder, Protokollgeräte und ↗ Anzeigen, die einen manuellen Eingriff in den Funktionsablauf ermöglichen. Die wesentlichen Schalt- und Anzeigefelder einer Datenverarbeitungsanlage sind in einem zentralen ↗ Bedienungsfeld (Wartungsfeld) zusammengefaßt untergebracht.
Zu den Bedienungseinrichtungen gehört auch der ↗ Bedienungsblattschreiber, sowie die Schalter und Anzeigelampen der angeschlossenen ↗ peripheren Geräte.

Bedienungsfeld
operator control panel
Das Bedienungsfeld gehört zur ↗ Zentraleinheit und ermöglicht die manuelle zentrale Prüfung und Überwachung der ↗ Datenverarbeitungsanlage. Über das Bedienungsfeld ist es dem ↗ Programmierer oder ↗ Operator für Testzwecke möglich, unmittelbar in den ↗ Programmablauf einzugreifen und ihn gegebenenfalls zu ändern.
Durch optische und akustische Anzeigen macht das Bedienungsfeld selbsttätig Angaben über die wichtigsten Zustände der Datenverarbeitungsanlage. Über eine Reihe von Schaltern und Tasten können manuell folgende ↗ Operationen ausgelöst werden:
a) Start und Stop eines Programmablaufes,
b) Einzeltastung von ↗ Befehlen,
c) Einstellen des ↗ Befehlsadreßregisters,
d) Befehls-(-zähler-)stopp,
e) Operandenstopp,
f) Eingeben von ↗ Information, in den ↗ Zentralspeicher,

g) Ausgeben von Information aus dem Hauptspeicher,
h) ↗ Urladen, ↗ Wiederanlauf.
Da das Bedienungsfeld hauptsächlich für Wartungsarbeiten benötigt wird, nennt man es oft ↗ Wartungsfeld.

Bedienungsgerät
operating device
Eingabe-Ausgabe-Blattschreiber (↗ Bedienungsblattschreiber) und Bildschirmgeräte (↗ Datensichtgeräte) mit ↗ Anruftaste. Beim ↗ Systemgenerieren wird festgelegt, für welche ↗ Geräte Bedienbarkeit (↗ bedienen) zugelassen ist.

Bedienungstext
command string
Syntaktisch festgelegte Standard-Bedienungsanweisungen und ↗ Quittungen des ↗ Organisationsprogramms oder beliebige ↗ Texte des Anwenders an seine ↗ Programme.

bedingter Sprungbefehl
conditional jump instruction
Einen ↗ Sprungbefehl, der nur die Sprungverzweigung ausführt, wenn eine bestimmte Bedingung erfüllt ist, nennt man bedingten Sprungbefehl. Die Bedingung, von der seine Ausführung abhängt, kann wiederum das Ergebnis einer Rechenoperation sein (↗ Ergebnisanzeigen). Ist die in einem bedingten Sprungbefehl geforderte Voraussetzung nicht erfüllt, so unterbleibt der ↗ Sprung und der nächste ↗ Befehl des ↗ Programms wird ausgeführt (↗ Nulloperation).

Bedingungsbit
flag bit, ↗ Flag-Byte

Befehl
instruction
Elementare ↗ Anweisung an das ↗ Steuerwerk eines ↗ Prozessors.
Jedes ↗ Programm einer ↗ Datenverarbeitungsanlage besteht aus einer Folge von Befehlen. Ein Befehl enthält einen ↗ Operationsteil und einen ↗ Adressenteil, auch ↗ Operandenteil genannt:

| Operationsteil | Adressenteil |

Der Operationsteil gibt die Art des Befehls an, z.B. ↗ arithmetischer Befehl, ↗ Sprungbefehl, u.a.m. und wie der Adressenteil zu interpretieren ist (↗ Befehlsformat).
Der Adressenteil des Befehls enthält eine oder mehrere ↗ Operandenadressen bzw. Registernummern von ↗ Standardregistern, die den ↗ Operanden oder die Operandenadresse enthalten.

Befehl einzeln
STOP after instruction execution
Vom ↗ Wartungsfeld einer ↗ Zentraleinheit (ZE) einstellbare Betriebsart, bei der die ZE nach jedem ausgeführten ↗ Befehl in den ↗ Stoppzustand geht. Diese Betriebsart wird bei der Fehlersuche im Störungsfall benötigt.

Befehlsablauf
instruction execution
↗ Befehlausführung

Befehlsadresse – Befehlsfolge

Befehlsadresse
instruction address
↗ Adresse, unter der ein ↗ Befehl im ↗ Zentralspeicher adressiert wird. Die Befehlsadresse des nächsten auszuführenden Befehls steht im ↗ Befehlsadreßregister.

Befehlsadreßregister (BAR)
instruction address register
Ein zum ↗ Steuerwerk (Leitwerk) einer ↗ Datenverarbeitungsanlage gehörendes ↗ Register, das die ↗ Adresse des jeweils zur Ausführung anstehenden ↗ Befehls enthält und infolge der automatischen Erhöhung dieser Adresse die Reihenfolge der auszuführenden Befehle steuert. Entsprechen die Befehlswörter in ihrer Länge einem ↗ Maschinenwort, dann wird das Befehlsadreßregister bei jeder ↗ Befehlsausführung um plus 1 erhöht, bei längeren ↗ Befehlswörtern entsprechend mehr. Das Befehlsadreßregister wird bei erfüllter ↗ Sprungbedingung eines ↗ Sprungbefehls auf die ↗ Sprungadresse umgeladen.

Befehlsaufbau
instruction format
Reihenfolge und Art der einzelnen Bestandteile eines ↗ Befehls im ↗ Befehlswort bilden den Befehlsaufbau.
Der Befehlsaufbau für die verschiedenen Befehle einer ↗ Datenverarbeitungsanlage bzw. einer ↗ Rechnerfamilie ist im allgemeinen einheitlich. Abhängig von der Funktion des einzelnen Befehls können jedoch Bestandteile fehlen. Bestimmend für den Aufbau eines Befehls ist die Anzahl der ↗ Operandenadressen oder ↗ Felder im Befehl, d. h. ob es sich um einen ↗ Einadreßbefehl, einen ↗ Mehradreßbefehl oder um einen Befehl einer ↗ Registermaschine handelt.

Befehlsausführung
instruction execution
Jeder ↗ Befehl einer ↗ Datenverarbeitungsanlage wird, sobald er innerhalb eines ↗ Programmes ausgeführt werden soll, aus dem ↗ Zentralspeicher in das ↗ Befehlsregister übernommen. Dort erfolgt die Interpretation des ↗ Operationscodes und die Weitergabe von ↗ Steuersignalen an die für die Ausführung des Befehls zuständige(n) ↗ Steuerung(en).
Die Befehlsbearbeitung gliedert sich
a) in die Abrufphase (instruction fetch), die im ↗ Steuerwerk stattfindet, und
b) die Ausführungsphase (execution), die im ↗ Rechenwerk oder im ↗ Eingabe-Ausgabe-Werk stattfindet.

Befehlsausführungszeit, mittlere
average instruction time, ↗ Mix

Befehlscode
instruction code, ↗ Operationscode

Befehlsdecodierung
instruction decoding, ↗ decodieren

Befehlsfolge
sequence of instructions
a) Ein kleiner Teil eines ↗ Programms.

Befehlsformat – Befehlsregister (BFR, BR)

b) Eine Aneinanderreihung von ↗ Befehlen, die sich beim Ablauf eines Programms durch die jeweils eingeschlagene Richtung bei Verzweigungen (↗ Sprungbefehl) ergibt.

Befehlsformat
instruction format
a) Verwendung im Sinn von ↗ Befehlsaufbau.
b) Bei ↗ Befehlen von ↗ Registermaschinen enthält der ↗ Operationsteil die ↗ Formatangabe, die angibt, wie die ↗ Felder des ↗ Adressenteils des Befehls zu interpretieren sind, z.B. Siemens Systeme 300 – 16 Bit:
ADF RA 1D23
(1 D ≙ Operationscode,)
(23 ≙ Adressenteil   ).
Die Formatangabe (RA) des ↗ Additionsbefehls (ADF) besagt, daß sich der erste Operand im ↗ Standardregister R 2 befindet, während im Standardregister R 3 die ↗ Operandenadresse des zweiten Operanden steht.

Befehlskettung
command chaining
Bei einem ↗ EA-Prozessor (EAP) werden die ↗ EAP-Befehle in die zur jeweiligen ↗ EA-Anschlußstelle gehörigen ↗ Anschlußstellenregister geladen. Für jede EA-Anschlußstelle stehen z.B. vier Anschlußstellenregister zur Verfügung, in die der aus vier Wörtern bestehende EAP-Befehl geladen wird.
Unter Kettung versteht man die hardwaremäßige Übernahme eines neuen, aus vier Wörtern bestehenden EAP-Befehls aus vier aufeinanderfolgenden Zentralspeicherzellen. Ob eine Kettung durchgeführt wird, geht aus dem aktuellen EAP-Befehl (Kettungsbits) hervor.

Befehlslänge
instruction length
Länge eines ↗ Befehls in ↗ Bits, z.B. 16-Bit-, 32-Bit-Befehl. Bei Datenverarbeitungsanlagen, die mit festen Befehlslängen arbeiten, ist diese Länge für alle zur Verfügung stehenden Befehle einheitlich. Dagegen variiert die Anzahl der Bits oder ↗ Bytes pro Befehl bei der variablen Befehlslänge. Sie kommt besonders bei Anlagen vor, die mit ↗ Mehradreßbefehlen arbeiten.

Befehlsliste
instruction set, instruction repertoire
Verzeichnis aller ↗ Befehle, die ein bestimmtes ↗ Modell einer ↗ Datenverarbeitungsanlage ausführen kann. In der Befehlsliste gehören zu jedem Befehl die Angabe des ↗ Operationscodes und des ↗ Befehlsformates sowie eine Beschreibung der zugehörigen Funktionen.

Befehlsregister (BFR, BR)
instruction register
Befindet sich im ↗ Steuerwerk des ↗ Prozessors und nimmt den ↗ Befehl auf, der durch das ↗ Befehlsadreßregister (Befehlszähler) im ↗ Zentralspeicher adressiert wird. Es speichert den Befehl während seiner Ausführung. An das Befehlsregister ist die Befehlsdekodiereinrichtung zur Interpretation des ↗ Operationsteils des betreffenden Befehls angeschlossen.

Befehlsvorrat
instruction set
Die Gesamtheit der in der ↗ Befehlsliste eines bestimmten ↗ Modells einer ↗ Datenverarbeitungsanlage enthaltenen ↗ Befehle oder die Menge der zulässigen Befehle einer bestimmten maschinenorientierten ↗ Programmiersprache. Der Befehlsvorrat wird oft durch Befehle ergänzt, die, z. B. aus Kompatibilitätsgründen, softwaremäßig simuliert werden; d. h. sie werden über ↗ Simulationsprogramme ausgeführt. Die ↗ Ausführungszeit simulierter Befehle ist deswegen entsprechend länger.

Befehlswiederholung
instruction repetition
Vom ↗ Wartungsfeld einer ↗ Zentraleinheit einstellbare Betriebsart, bei der der adressierte ↗ Befehl dauernd wiederholt wird. Diese Betriebsart wird bei der Fehlersuche eingestellt, um bestimmte ↗ Signale zu oszillografieren.

Befehlswort
instruction word
Ein ↗ Wort, das von einer ↗ digitalen Rechenanlage als ein ↗ Befehl interpretiert wird (DIN 44 300). Ein Befehlswort kann mehr als ein ↗ Maschinenwort umfassen, oder es können mehrere Befehlswörter in einem Maschinenwort enthalten sein.

Befehlszähler (BZ)
instruction counter, program counter
Bei modernen ↗ Prozeßrechnern wird für diesen Begriff meist der Begriff ↗ Befehlsadreßregister verwendet (↗ Befehlsadreßregister).

BEL
bell
Codetabellenkurzzeichen; bedeutet als ↗ Gerätesteuerzeichen „Klingel".

belegen (freigeben)
reservation (release)
Zur Koordinierung der Benutzungswünsche verschiedener ↗ Programme für das gleiche ↗ Betriebsmittel (↗ Gerät oder ↗ Datei) dienen die Funktionen zum Belegen und Freigeben. Sie stellen sicher, daß der ↗ Datenverkehr eines Programms mit einem ↗ Objekt nicht durch ein anderes Programm gestört wird. Für Dateien sind die Belegfunktionen in den ↗ Aufrufen zum ↗ Eröffnen bzw. ↗ Schließen enthalten. Programme, die mit einem belegten Gerät arbeiten wollen, müssen warten.

Benchmark-Programm
benchmark-program
↗ Programme zum Vergleichen verschiedener Typen von Datenverarbeitungsanlagen hinsichtlich ihrer Leistungsfähigkeit.

Bereitschaftsrechnersystem
stand-by-system
↗ Doppelrechnersystem

Bereitschaftssystem
back-up system
Absicherung kritischer ↗ Funktionseinheiten durch redundante Funktionseinheiten. Als kritisch werden

jene Funktionseinheiten bezeichnet, bei deren ↗ Ausfall ein Gesamtausfall eintreten könnte.

bereitstellen
load, ↗ laden

Bereitstellungsadresse
load area address, ↗ Ladeadresse

Betrag
absolute value
Vorzeichenlose ↗ Zahl.

Betragsrechnung
absolute value arithmetic computation
Im Gegensatz zur ↗ Festpunktrechnung ist bei der Betragsrechnung keine ↗ Vorzeichenstelle zu berücksichtigen.

Betragszahl
absolute value, ↗ Betrag

Betriebsanzeigen
operational flags
↗ Anzeigen, die unter bestimmten Bedingungen während des ↗ EA-Verkehrs von der ↗ peripheren Einheit zur ↗ Zentraleinheit übertragen werden, z.B. beim Abschluß des EA-Verkehrs mit einem ↗Gerät der ↗ Standardperipherie.
Die Betriebsanzeigen, auch Primäranzeigen genannt, beschreiben den allgemeinen Zustand einer peripheren Einheit.
Betriebsanzeigen sind z.B.: unerwartete Unterbrechungsbedingung, erkanntes ↗ Steuerzeichen, periphere Abschlußbedingung, ↗ Geräteanzeigen, ↗ EA-Anschlußstelle unklar, periphere Einheit unklar, periphere Einheit tätig.

Betriebsanzeigenwort
operational flag word
Die Bitbelegung des Betriebsanzeigenwortes ist für eine ↗ Zentraleinheit bzw. ↗ Rechnerfamilie genormt und für alle ↗ peripheren Einheiten verbindlich.

Betriebsdatenerfassung (BDE)
production data acquisition, distributed plant management
Sie dient der ↗ Automatisierung von Fertigungsabläufen. Die Betriebsdatenerfassungsgeräte versorgen die übergeordnete, selbsttätige Produktionssteuerung mit allen aktuellen ↗ Informationen aus dem Betrieb. Die Fertigungsleitung verfügt mit der Betriebsdatenerfassung über ein Informationssystem, das sie über den Auftragsbestand auf der einen und über den Einsatz und die Verfügbarkeit von Personal, Maschinen, Werkzeugen und Material auf der anderen Seite fortlaufend unterrichtet. Durch die ↗ On-line-Erfassung der in einem Produktionsbetrieb anfallenden arbeitsgang-, maschinen-, personal- und materialbezogenen ↗ Daten direkt am Entstehungsort (Arbeitsplatz) ergeben sich wesentliche Vorteile.

Betriebsfeld
operating panel
↗ Bedienungseinrichtung der ↗ Zentraleinheit. Es enthält die wichtigsten Bedienungselemente eines ↗

Bedienungsfeldes (Wartungsfeldes) und ist konstruktiv als ↗ Flachbaugruppe ausgeführt, auf deren Griffleiste die Bedienungselemente untergebracht sind. Das Betriebsfeld steckt als Flachbaugruppe im ↗ Baugruppenträger des ↗ Zentralprozessors.

Betriebsmittel
resource
A) *Des Programmierers:* Die zur Erstellung eines ↗ ablauffähigen Programms notwendigen Mittel. Es sind dies:
a) die ↗ Programmiersprache mit ihrem ↗ Zeichenvorrat und den Formalien,
b) der ↗ Adreßraum, das ist ein ↗ Abbild des ↗ Hauptspeichers (↗ virtueller Speicher) und die
c) ↗ Register. Bei einer ↗ Registermaschine sind das die ↗ Standardregister sowie das ↗ Programmzustandsregister.
B) *Des Systems:* Das Betriebsgeschehen in einem ↗ Prozeßrechner ist durch den verschachtelten ↗ Ablauf einer Vielzahl von ↗ Programmen gekennzeichnet, denen dabei die verschiedensten Betriebsmittel zur Verfügung stehen müssen. Dies sind in der Hauptsache: ↗ Speicherplatz (↗ Hauptspeicher, ↗ periphere Speicher), Arbeitszyklen (↗ ZP, EAP), periphere Geräte und ↗ Daten außerhalb des Programms, z.B. ↗ Dateien.
Das ↗ Organisationsprogramm verwaltet die Betriebsmittel (teilweise im Zusammenwirken mit der ↗ Hardware) und weist sie den entsprechenden Programmen zu.

Betriebsprotokoll
operational printout
Als Betriebsprotokolle werden vorgedruckte Formulare mit der Bezeichnung der ↗ Prozeßgrößen verwendet, in die der ↗ Rechner die gemessenen oder errechneten Werte einträgt. Bei ↗ diskontinuierlichen Prozessen werden die Betriebsprotokolle mit dem Abschluß einer ↗ Charge oder der Bearbeitung eines ↗ Produktes erstellt. Bei ↗ kontinuierlichen Prozessen erfolgt die Protokollierung selbsttätig in regelmäßigen Zeitabständen oder auf Anforderung des Betriebspersonals.
Betriebsprotokolle werden auf langsam druckenden ↗ Geräten (↗ Protokollblattschreiber) ausgedruckt. Wegen des vorgedruckten Formats wird jedem Protokolltyp ein ↗ Drucker zugeordnet.

Betriebsrechner
plant computer
Bei der ↗ Prozeßautomatisierung ist der Betriebsrechner ein dem ↗ Prozeßrechner übergeordneter Rechner, der die dispositiven, koordinierenden und kommerziellen Aufgaben innerhalb des ↗ Systems übernimmt (↗ Leitrechner).

Betriebssystem
operating system
Die ↗ Programme eines ↗ digitalen Rechensystems, die zusammen mit den Eigenschaften der ↗ Rechenanlage die Grundlage der möglichen Betriebsarten des digitalen Rechensystems bilden und insbesondere die Abwicklung von Programmen ↗

steuern und überwachen (DIN 44300).
Diese Programme werden vom Hersteller mitgeliefert und heißen Betriebssysteme. In der Regel ist eine ↗ Datenverarbeitungsanlage ohne Betriebssystem nicht einsatzfähig. Für ein Anlagenmodell gibt es oft mehrere dieser Betriebssysteme, die sich durch den Platz, den sie im ↗ Zentralspeicher benötigen, durch die ↗ Betriebssystem-Residenz sowie durch den Bedienungskomfort und die Leistungsfähigkeit unterscheiden. Jedes Betriebssystem besteht aus einer Reihe von Programmen, die als ↗ Systemprogramme bezeichnet werden und in ihren Funktionen aufeinander abgestimmt sind:

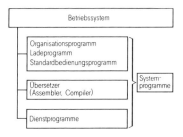

Betriebssystem-Residenz
operating system residence
Hauptbestandteil des ↗ Betriebssystems einer ↗ Datenverarbeitungsanlage ist das ↗ Organisationsprogramm. Einige oder alle der Bestandteile des Organisationsprogramms müssen ständig im ↗ Zentralspeicher stehen, andere Teile, die weniger oft benötigt werden, können auf einem ↗ peripheren Speicher der betreffenden Datenverarbeitungsanlage stehen. So unterscheidet man Zentralspeicher- und Peripherspeicher-Organisationsprogramme.

Bezugsband
reference tape
Ein ↗ Magnetband mit bekannten Eigenschaften, das zum Vergleich verschiedener Bänder und zum Einstellen von ↗ Magnetbandgeräten benutzt wird (DIN 66010).

Bezugskante
reference edge
Die linke Kante des ↗ Magnetbandes, wenn man in Vorlaufrichtung auf dessen beschichtete Seite blickt (DIN 66010).

BFR
instruction register
Kurzzeichen für ↗ Befehlsregister (meist: BR).

Bibliothek
library
Eine den ↗ Dateien übergeordnete Struktur für die Verwaltung größerer Datenmengen auf ↗ Datenträgern, die vom ↗ Betriebssystem, dem Rechnermodell und der jeweiligen Anlage weitgehend unabhängig sein soll, läßt sich als ein ↗ System von Bibliotheken einrichten.
Bibliotheken erlauben gegenüber Dateien eine größere Freiheit bei der Namensvergabe und die Führung mehrerer Ausgabestände des gleichen ↗ Objektes. ↗ Programme des

Bibliothek (2)

Betriebssystems organisieren ihren Datenzugriff vielfach nach Bibliothekskonventionen. Ein Beispiel sind die Libraries der höheren ↗ Programmiersprachen u. ä.

Je nach Inhalt lassen sich Quellsprache-, Grundsprache- und Textbibliotheken unterscheiden. Sie sind in der Regel auf einem ↗ Peripherspeicher für ↗ wahlfreien Zugriff zusammen mit einer zugeordneten Buchführung abgelegt und stützen sich auf die Dateiorganisation des jeweiligen Betriebssystems (↗ Organisationsprogramm) ab. Auch serielle Bibliotheken sind möglich. Ihre Teile sind lediglich durch Namen und Sonderzeichenkombinationen kenntlich gemacht, die sie abgrenzen, da eine eigene ↗ Buchführung fehlt (↗ Programmbibliothek).

Beispiel: Bibliotheksstruktur im Siemens System 300–16 Bit.

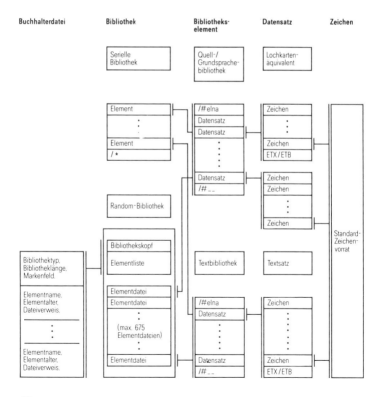

bidirektional
bidirectional
Zweigleisig; ↗ Signale können in beiden Richtungen übertragen werden.

Bildgenerator
picture generator
↗ Festwertspeicher innerhalb der ↗ Grafik-Bildschirmeinheit, der die Punktinformation für die Zeichen- und Symboldarstellung liefert (↗ Symbolgenerator, ↗ Zeichengenerator).

Bildschirmeinheit
visual display unit
Bildschirmeinheiten sind ↗ periphere Einheiten einer ↗ Datenverarbeitungsanlage, mit denen ↗ Information in Form von alphanumerischem Text oder von grafischen Darstellungen sichtbar dargestellt werden kann. Als Bildschirmgeräte werden u. a. handelsübliche Schwarzweiß- und Farbmonitore eingesetzt.
Bildschirmeinheiten dienen nicht nur der Ausgabe von Information, sie bieten auch die Möglichkeit der Informationseingabe über ↗ Tastaturen (↗ Dialogbetrieb). Der jeweilige Bildinhalt wird in einem ↗ Bildwiederholspeicher festgehalten. Die Bildwiederholfrequenz beträgt z.B. 50 Bilder je Sekunde.
Für die unterschiedlichen Zwecke gibt es spezielle Bildschirmeinheiten, z.B. ↗ Zeichen-Bildschirmeinheit (Datensichtgerät, alphanumerisches Sichtgerät), ↗ Kurven-Bildschirmeinheit, ↗ Grafik-Bildschirmeinheit.

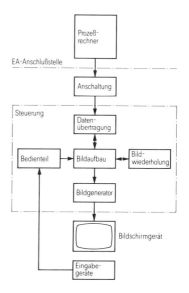

Blockschaltplan einer Bildschirmeinheit

Bildwiederholspeicher
mapped memory, image refresh memory
Alle ↗ Daten in einer ↗ Bildschirmeinheit, die vom ↗ Rechner oder von der ↗ Tastatur kommen, werden in den Bildwiederholspeicher eingetragen und von dort zyklisch für die Bildauffrischung, z.B. 50 mal pro Sekunde, ausgelesen. Bei modernen Bildschirmeinheiten besteht der Bildwiederholspeicher aus ↗ Halbleiterspeichern; z.B. bei der ↗ Grafik-Bildschirmeinheit in C-MOS-Technik mit 2048 Zellen zu 13 Bits.

binär
binary
In der Datenverarbeitung arbeitet man mit binären ↗ Zeichen, den ↗ Bits. Dabei kann ein Bit nur zwei Zustände „0" oder „1" annehmen.

Binärcode
binary code
Ein ↗ Code, bei dem jedes ↗ Zeichen der Bildmenge ein ↗ Wort aus ↗ Binärzeichen (Binärwort) ist (DIN 44300).

binäre Daten
binary data, ↗ Binärmuster

binärer Zähler
binary counter
Ein aus ↗ Flipflops aufgebauter ↗ Zähler.

binäres Schreibverfahren
binary recording mode
Ein ↗ Schreibverfahren, bei dem die ↗ Information in ↗ binärer Form dargestellt wird (DIN 66010).

binäre Steuerung
binary control
Eine innerhalb der Signalverarbeitung vorwiegend mit ↗ Binärsignalen arbeitende ↗ Steuerung, deren Binärsignale nicht Bestandteile zahlenmäßig dargestellter ↗ Informationen sind (DIN 19237).
Die binäre Steuerung verarbeitet binäre Eingangssignale vorwiegend mit ↗ Verknüpfungs-, Zeit- und ↗ Speichergliedern zu binären Ausgangssignalen.

Binärmuster
bit pattern, bit configuration
Eine Folge von ↗ Binärziffern (Nullen und Einsen), die nicht oder nicht nur als ↗ Binärzahl betrachtet und verwendet wird.
Beispiele für Binärmuster: Anzeigenwort, ↗ Alarmwort.

Binäroperation
binary operation
Unter diesem Begriff versteht man jede Operation (Bearbeitung, Verknüpfung), an der ein oder mehrere ↗ binär dargestellte ↗ Ziffern, ↗ Zeichen oder ↗ Wörter beteiligt sind.

Binärstelle
binary digit, bit
↗ Stelle einer ↗ Binärzahl oder eines ↗ Bitmusters in einem ↗ Wort oder ↗ Byte. Auch Bezeichnung für die kleinste ↗ Speichereinheit einer ↗ Datenverarbeitungsanlage zum ↗ Speichern einer einzelnen ↗ Binärziffer, eines ↗ Bit.

Binärsignal
binary signal
Zweipunktsignal. Ein ↗ Signal, dessen ↗ Signalparameter eine ↗ Nachricht oder ↗ Daten darstellt, die nur aus ↗ Binärzeichen besteht bzw. bestehen (DIN 44300).

Binärsystem
binary system
Logische Systeme, Codesysteme oder ↗ Zahlensysteme, die sich auf einen Vorrat von zwei ↗ Zeichen (↗ Binärzeichen) für die Darstellung aller

Begriffe, ↗ Zahlen, usw. beschränken, heißen Binärsysteme. Zahlensysteme, die nur zwei ↗ Ziffern verwenden, werden als binäre Zahlensysteme, die betreffenden Zahlen als ↗ Binärzahlen bezeichnet. Das wichtigste binäre Zahlensystem ist das ↗ Dualsystem.

Binärzahl
binary number
↗ Binärsignal, ↗ Binärsystem

Binärzeichen
binary character
↗ Zeichen, die den beiden Zuständen des ↗ Binärsystems zugeordnet sind, also „0" und „1"; „Ja" und „Nein"; „Wahr" und „Falsch", usw.

Binärziffer
binary digit, bit
Dualziffer, Bit. In einem ↗ Binärsystem bezeichnet man eine „0" oder „1" in einem beliebigen Zusammenhang (↗ Binärmuster, ↗ Binärcode) als Binärziffer.

Bindelader
linkage loader, ↗ Ladebinder

binden
link
Koppeln von getrennt relativierten ↗ Abschnitten eines ↗ Programms über die ↗ symbolischen ↗ Operandenadressen, so daß ein ladbares ↗ Ablaufobjekt vorliegt.

Binder
linkage editor
↗ Systemprogramm zum Zusammenfügen mehrerer unabhängig voneinander programmierter Programmteile zu einem Gesamtprogramm.

bipolarer Speicher
bipolar storage
Aus bipolaren Transistoren (↗ Flipflops) aufgebaut; die ↗ Zugriffszeit liegt unter 100 ns.

bistabile Kippstufe
bistable multivibrator, ↗ Flipflop

Bit
bit (binary digit)
Kurzform für ↗ Binärzeichen; auch für ↗ Dualziffer, wenn es auf den Unterschied nicht ankommt (das Bit, die Bits); (DIN 44 300).
Das Bit ist die kleinste Darstellungseinheit eines ↗ Binärcodes. Die ↗ Zahl der Bits einer ↗ Information gibt die Zahl der ↗ Binärstellen an, in denen die Information verschlüsselt ist.

bit
bit (basic indissoluble information unit)
Wird in der ↗ Informationstheorie als Maßeinheit für den Informationsgehalt einer ↗ Nachricht verwendet.

Bitadresse
bit address
Adressiert ein ↗ Bit innerhalb eines ↗ Maschinenwortes. Sie ist im ↗ Befehl direkt oder in einem im Befehl angegebenen ↗ Standardregister (↗ Registermaschine) ↗ dual hinterlegt.

Bitbefehl
bit instruction
Bitbefehle dienen dazu, durch eine ↗

Bitadresse definierte ↗ Bits innerhalb eines ↗ Wortes bzw. ↗ Binärmusters zu testen, zu suchen, zu setzen oder zu löschen. Das Binärmuster (↗ Operand) wird mit der ↗ Operandenadresse im ↗ Zentralspeicher oder ↗ Standardregister gelesen und im ↗ Zentralprozessor zwischengespeichert. Mit der im ↗ Befehlswort bzw. einem Standardregister hinterlegten Bitadresse wird dann die ↗ Bitoperation ausgeführt.

Bitdichte
bit density, ↗ Speicherdichte

Bitfehlerwahrscheinlichkeit
error probability of a bit
Maß für die Güte der ↗ Übertragungsleitung einer ↗ Datenübertragung. Aufgrund umfangreicher Messungen wird für bestimmte Leitungsarten die Wahrscheinlichkeit angegeben, mit der ein einzelnes ↗ Bit bei der Übertragung verfälscht wird.

Bitfolge
bit sequence
Bei serieller Übertragung eines ↗ Zeichens werden die ↗ Bits entsprechend ihrer ↗ Wertigkeit den Übertragungsschritten in folgender Weise zugeordnet:

Bit-nummer	b_8 b_7 b_6 b_5 b_4 b_3 b_2 b_1
Bit-wertigkeit	2^7 2^6 2^5 2^4 2^3 2^2 2^1 2^0
Übertragungs-schritt	8 7 6 5 4 3 2 1

Das Aussenden eines Zeichens wird mit dem ersten Schritt ($2^0 = b_1$) begonnen. Beim Empfang wird das Bit $2^0 = b_1$ als erster Schritt eines Zeichens erwartet.

Bitgeschwindigkeit
bit rate
↗ Übertragungsgeschwindigkeit, ↗ Schrittgeschwindigkeit

Bitkombination
bit configuration, ↗ Binärmuster

Bitkosten
bit cost, ↗ Speicherkosten

Bitmuster
bit pattern, ↗ Binärmuster

Bitnummer
bit number
Die ↗ Bitstellen eines ↗ Maschinenwortes sind numeriert (herstellerseitige Zuordnung); z. B.

Bitnummer

0 1 2 3 4 5 6 7 8 9 10 11 12 13 14 15

In einem ↗ Bitbefehl ist die Bitnummer identisch mit der ↗ Bitadresse.

Bitoperation
bit operation, ↗ Bitbefehl

bitparallel
parallel by bit
Bei der bitparallelen Verarbeitung oder ↗ Übertragung eines aus mehreren ↗ Binärstellen bestehenden ↗ Zeichens werden alle Binärstellen

gleichzeitig verarbeitet bzw. übertragen. Werden z. B. mehrere Zeichen schrittweise hintereinander verarbeitet oder übertragen, dann sagt man: bitparallel oder zeichenseriell (↗bitseriell).

bitseriell
serial by bit
Werden die einzelnen ↗ Binärstellen eines ↗ Zeichens oder ↗ Wortes auf einer Leitung nacheinander übertragen, so spricht man von bitserieller Übertragung; bei der Übertragung von mehreren Zeichen auf einer Leitung sagt man: bitseriell oder zeichenseriell (↗ bitparallel).

Bitstelle
bit location, ↗ Binärstelle

Bitsynchronisation
bit synchronization
Die Bitsynchronisation (Schrittsynchronisation) dient der Bestimmung des richtigen Bitübernahmezeitpunktes bei ↗ bitserieller Übertragung vom ↗ Übertragungsweg in das ↗ Schieberegister. Die Realisierung erfolgt hardwaremäßig, indem der Empfängerschrittaktgenerator durch die einlaufenden ↗ Bits auf die Phase des Senderschrittaktgenerators abgestimmt wird.

Bitversatz
skew
Der tatsächliche oder scheinbare örtliche Abstand (parallel zur ↗ Bezugskante des ↗ Magnetbandes) zweier ↗ Spurelemente einer ↗ Bandsprosse (DIN 66010), Schräglauf.

Man unterscheidet zwischen einem
a) tatsächlichen Bitversatz:
Der Bitversatz, der dadurch zustandekommt, daß die Spurelemente ungewollt gegeneinander versetzt aufgezeichnet werden (DIN 66010) und einem
b) scheinbaren Bitversatz:
Der Bitversatz, der sich aus dem zeitlichen Abstand zweier Lesespannungsimpulse eines ohne tatsächlichen Bitversatz aufgezeichneten ↗ Zeichens ergibt (DIN 66010).

Blank
blank
In der ↗ Lochkartentechnik werden Spalten der ↗ Lochkarte, in die keine ↗ Zeichen gelocht wurden, „Blank" genannt. Der Ausdruck wurde für Leerstelle, Leerzeichen oder Füllzeichen auch in die ↗ Datenverarbeitung übernommen.

Blattschreiber
teletypewriter, typewriter
Zur ↗ Dateneingabe und ↗ Datenausgabe bei ↗ Datenverarbeitungsanlagen verwendet man häufig besonders eingerichtete elektrische Schreibmaschinen. Zur Unterscheidung von Schreibmaschinen und ↗ Fernschreibern bezeichnet man sie als Blattschreiber. Sie gehören zu den ↗ Seriendruckern, bedrucken Endlospapier und ↗ Endlosvordrucke und arbeiten mit Typenhebeln, Schreibköpfen oder auch anderen Typenträgern. An Datenverarbeitungsanlagen stellen sie oft die Einrichtung dar, mit welcher der ↗ Programmierer oder der ↗ Operator die

Anlage bedient. In diesem Fall gelten sie als ↗ Bedienungsblattschreiber. ↗ Datenstationen bei der ↗ Datenübertragung oder ↗ Datenfernverarbeitung sind häufig mit Blattschreibern ausgerüstet. Bei Überwiegen der Eingabe- oder Ausgabefunktion spricht man auch von Eingabe- oder ↗ Ausgabeblattschreibern.

Blattschreiber arbeiten mit ↗ Schrittgeschwindigkeiten von 50, 75, 100 oder 200 ↗ Baud.

Block
block

Eine Menge von ↗ Daten, die ein ↗ Gerät aufgrund seiner physikalischen Struktur als geschlossene Datenmenge verarbeiten muß. Kleinste adressierbare Einheit auf einem peripheren ↗ Magnetschichtspeicher. In einem Block sind logisch oder sachlich zusammenhängende ↗ Zeichen zu einer Dateneinheit zusammengefaßt. Ein physikalischer Block entspricht bei druckenden ↗ Geräten (↗ Blattschreiber, ↗ Schnelldrukker) und ↗ Bildschirmeinheiten einem ↗ Zeichen oder einer Zeile, bei ↗ Lochkartengeräten einer ↗ Lochkarte. ↗ Lochstreifen haben keine festen ↗ Blocklängen. Bei ↗ Bandgeräten bildet oftmals der Inhalt eines Zwischenpuffers den Block.

Mehrere Blöcke sind durch ↗ Blockzwischenräume voneinander getrennt.

Ein Block läßt sich mit einem Transferbefehl zwischen der ↗ Zentraleinheit und dem ↗ peripheren Speicher übertragen.

Blockabbruch
abort

Die Anweisung, einen teilweise übertragenen ↗ Datenübertragungsblock (DÜ-Block) nicht auszuwerten (DIN 44302).

Blockadresse
block address

↗ Adresse zur Identifizierung eines ↗ Blockes auf einem ↗ Magnetschichtspeicher:

a) ↗ Bandspeicher; zur Blockidentifikation dient hier ein beliebiger Name.

b) ↗ Direktzugriffsspeicher; prinzipiell sind zwei Methoden zur Identifizierung von Blöcken möglich: Identifizierung durch die physikalische Blockadresse (Speicherplatzadresse), oder Identifizierung durch einen logischen Kennbegriff (Schlüssel).

Blockanfangsadresse
block address

Erste ↗ Adresse eines ↗ Blocks (↗ Blockadresse).

Blockidentifikation
block address, ↗ Blockadresse

Blocklänge
block length

Anzahl der Speicherworte eines ↗ Blockes (↗ Block, ↗ Blocktransfer).

Blocklücke
block gap, ↗ Blockzwischenraum

Blockparitätssicherung
block check

Bei der Übertragung von ↗ Text-

blöcken lassen sich diese blockweise sichern:
Die Summe der jeweils gleichwertigen ↗ Bitstellen aller ↗ Zeichen eines ↗ Blockes wird durch ein zusätzliches ↗ Bit auf geradzahlige Parität ergänzt. Die ↗ Paritätsbits der einzelnen Bitstellen bilden zusammen das ↗ Blockprüfzeichen BCC (block check character). An der Empfangsstelle wird die Prüfinformation nach der gleichen Vorschrift wie auf der Sendeseite gebildet und mit dem empfangenen BCC verglichen.

Blockparitätszeichen (BPZ)
longitudinal parity check character
Zur Bildung des Blockparitätszeichens faßt man eine größere Anzahl von ↗ Zeichen, meist mehrere hundert, zu einem ↗ Datenblock zusammen. Dann wird jeweils für die gleichwertigen ↗ Bits aller Zeichen ein ↗ Paritätsbit (Längsparitätsbit) gebildet, das die Anzahl der Einsen – je nach Verabredung – auf einen geraden oder ungeraden Wert bringt. Die Paritätsbits bilden, zusammengenommen, das Blockparitätszeichen. Es wird auch ↗ Blockprüfzeichen genannt.

Blockprüfung
block check
Eine Fehlerüberwachung, bei der die Einhaltung bestimmter Regeln für die Bildung von ↗ Datenübertragungsblöcken geprüft wird (DIN 44302).

Blockprüfzeichen (BCC)
block check character
Ein dem ↗ Datenübertragungsblock hinzugefügtes n-Bit-Zeichen, das bei der Übermittlung codegebundener ↗ Zeichenfolgen zum Erkennen von Fehlern dient. Bei der Bildung des Blockprüfzeichens werden Verfahren entsprechend der Bestimmung von ↗ Paritätsbits angewendet (DIN 44302). (↗Blockparitätszeichen).

Blockschaltbild
block diagram
In einem Blockschaltbild einer ↗ Funktionseinheit werden Schaltungskomplexe (↗ Bausteine bzw. ↗ Module) symbolisch durch eine geometrische Figur (Rechteck, Quadrat u. a.) als Blöcke dargestellt. Diese Blöcke sind im allgemeinen beschriftet und durch Linien entsprechend ihrer Zusammenschaltung miteinander verbunden. Mit Hilfe von Blockschaltbildern lassen sich Zusammenhänge leichter erfassen als mit ausführlichen Schaltungsunterlagen.

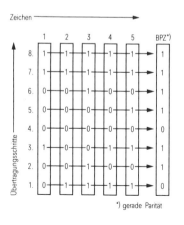

*) gerade Parität

Blocksteuerung
block control
↗ Funktionseinheit der ↗ Prozeßeinheit zur blockweisen Eingabe und Ausgabe von ↗ Prozeßdaten mit ↗ peripherer Initiative.

Blockstruktur
block structure
Die auf der Ebene der ↗ Quellsprache vorgenommene Gliederung eines ↗ Programms in durch Anfangs- und Endeanweisung gekennzeichnete logische ↗ Blöcke, welche die ↗ Gültigkeitsbereiche der darin vorkommenden ↗ Variablen abgrenzen. Dadurch ist es möglich, daß Variable aus verschiedenen Blöcken den gleichen ↗ Speicherbereich belegen (Platzersparnis).

Blocktransfer
block transfer
Transfer-Operation von ↗ Daten aus einem Bereich eines ↗ Speichers in einen anderen oder aus einem Speicher in einen anderen.
Bei einem Blocktransfer kann mit einem einzigen ↗ Befehl eine größere Menge von Daten, die geschlossen in einem ↗ Speicherbereich stehen müssen, übertragen werden. Der Transferbefehl gibt in der Regel entweder die ↗ Blockanfangsadresse im abgebenden Speicherbereich und die ↗ Blocklänge (Zahl der zu übertragenden Speicherwörter) oder Anfangs- und Endadresse des ↗ Blockes an. Derselbe oder ein zweiter Transferbefehl enthält die Anfangsadresse des Bereiches, in den der ↗ Datenblock transferiert werden soll.

Blockverkehr
block transfer
Nach einer einmaligen Versorgung der ↗ peripheren Einheit mit einem ↗ Gerätebefehl wird ein ganzer ↗ Block von ↗ Daten zwischen der ↗ Zentraleinheit (↗ Zentralspeicher) und der ↗ peripheren Einheit programmgesteuert ausgetauscht.

Der Blockverkehr läuft in drei Phasen ab:

a) Einleitungsphase (Versorgung der peripheren Einheit mit einem ↗ Gerätebefehl),
b) Durchführungsphase (↗ Datenverkehr) und
c) Abschlußphase (↗ Endemeldung).
Beispiel für einen Blockverkehr ist das ↗ Lesen einer ↗ Lochkarte (80 Zeichen).

blockweise Datensicherung
block check, ↗ Kreuzsicherung

Blockzwischenraum
interblock space, block gap
Bei ↗ Magnetschichtspeichern heißt der Abstand zwischen dem Ende eines ↗ Blockes und dem Anfang des nächsten Blocks Blockzwischenraum, Blocklücke oder Kluft. Bei ↗ Bandspeichern bezeichnen sie die Stellen, an denen das ↗ Magnetband im ↗ Gerät zum Stehen gebracht bzw. von wo aus es für einen Lese- oder Schreibvorgang gestartet wird. Blockzwischenräume können verschieden lang sein.

UND $C = A \wedge B$			ODER $C = A \vee B$			exclusiv ODER $C = A \not\equiv B$			Negation $A = \overline{A}$	
A	B	C	A	B	C	A	B	C	A	$\overline{A}$
0	0	0	0	0	0	0	0	0	0	1
0	1	0	0	1	1	0	1	1	1	0
1	0	0	1	0	1	1	0	1		
1	1	1	1	1	1	1	1	0		

Funktionstabellen der booleschen Funktionen

Boolesche Befehle
boolean instructions
Prozeßrechner-Zentraleinheiten verfügen über boolesche Befehle, mit denen sich ↗ Operanden nach den Gesetzen der booleschen Algebra bitstellenweise verknüpfen lassen.
Mit Hilfe der UND-, ODER-, exklusiv ODER (Antivalenz)-Funktion sowie der Negation lassen sich alle logischen Probleme lösen.

BPI
bits **p**er **i**nch
Maßeinheit für die ↗ Speicherdichte.

BR
instruction register
Kurzzeichen für ↗ Befehlsregister, auch mit BFR abgekürzt.

branch
↗ Programmverzweigung

Breitbandleitung
wide-band cable
Für ↗ Übertragungsgeschwindigkeiten zwischen 4800 und 1 000 000 bit/s werden bei der ↗ Datenübertragung, z. B. zwischen ↗ Datenverarbeitungsanlagen (↗Rechnerkopplung), Breitbandleitungen eingesetzt.

BS
back**s**pace
Codetabellenkurzzeichen; bedeutet als ↗ Gerätesteuerzeichen „Rückwärtsschritt".

Buchführung
bookkeeping
Sie dient der Verwaltung von ↗ Ablaufobjekten, ↗ Betriebsmitteln usw. durch die ↗ Systemsoftware.
Das ↗ Organisationsprogramm verwaltet z.B. die ↗ Programme mit einer Programmnummernliste, den ↗ Speicherplatz eines ↗ Plattenspeichers mit einer Sektorbelegungsliste. „Je nach Art des ↗ Zugriffs bedingt insbesondere die Verwaltung von ↗ Dateien eine aufwendige Buchführung, die deshalb aus Platzgründen auf dem ↗ Peripherspeicher selbst hinterlegt wird. Beispiele für zugeordnete Buchführungselemente sind: ↗ Etikett, Dateinamensliste, Zylinderliste.

Buchstaben
alphabetic character
Zur Darstellung ↗ alphanumerischer Information müssen sich auch die Buchstaben des ↗ Alphabets in eine maschinenverständliche Form bringen lassen. Mit Hilfe eines ↗ Binärcodes mit mindestens fünf bis acht ↗ Binärstellen lassen sich alphanumerische Informationen ↗ binär darstellen. Mitunter wird in der ↗ Datenverarbeitung nur mit Großbuchstaben gearbeitet. Der Buchstabenvorrat hängt auch vom ↗ Code ab.

Buchstaben-Ziffern-Umschaltung
case shift
Um mit einem 5-Bit-Code (↗ Fernschreibcode) die ↗ Buchstaben des ↗ Alphabets (26), die zehn ↗ Ziffern, sowie einige ↗ Sonderzeichen zu codieren, müssen einige der $2^5 = 32$ Binärwörter zwei ↗ alphanumerischen Zeichen entsprechen. Zur Unterscheidung, ob die folgenden ↗ Codewörter als Buchstaben oder als Ziffern bzw. ↗ Zeichen zu interpretieren sind, dienen das Buchstabenumschaltzeichen (Bu) und das Ziffernumschaltzeichen (Zi).

buffer
↗ Puffer

Bus
bus
Als Bus, Busleitung oder Datenbus bezeichnet man eine Sammelleitung, an der entweder ein ↗ Sender und mehrere ↗ Empfänger oder mehrere Sender und ein oder mehrere Empfänger angeschlossen sind.

Bu-Zi-Umschaltung
case shift
↗ Buchstaben-Ziffern-Umschaltung

Byte
byte
Ein aus mehreren ↗ Bits bestehendes ↗ Zeichen. Teil eines ↗ Wortes, das häufig noch ein ↗ Paritätsbit beinhaltet. Das Paritätsbit dient der ↗ Datensicherung. Ein Byte von 8 Bits Länge ermöglicht die Verschlüsselung von 256 verschiedenen Zeichen (↗ Buchstaben, ↗ Ziffern und ↗ Sonderzeichen). Der ↗ Datenverkehr mit den ↗ Geräten der ↗ Standardperipherie erfolgt byteweise ↗ parallel und ↗ seriell.

Bytebefehl
byte instruction
Bei Bytebefehlen bezieht sich die im ↗ Operationsteil angegebene ↗ Operation nicht auf das Verknüpfen von ↗ Maschinenwörtern sondern auf ↗ Bytes; z.B. vergleichen linke (rechte) Bytes, speichern linkes (rechtes) Byte.

byteweise Übertragung
bytewise transmission
Bei der byteweisen Übertragung werden die einzelnen ↗ Bits eines ↗ Byte ↗ parallel übertragen; die einzelnen ↗ Bytes innerhalb einer ↗ Nachricht werden jedoch ↗ seriell übertragen. Zu dieser Übertragungsart sagt man auch byteweise Serienübertragung.

BZ
instruction counter
Kurzzeichen für ↗ Befehlszähler.

C

Cache
cache
↗ Pufferspeicher, der zwischen ↗ Prozessor und ↗ Hauptspeicher angeordnet ist.
Die Kombination eines kleinen schnellen Pufferspeichers mit einem großen, nicht so schnellen ↗ Hauptspeicher, kann vom Prozessor aus gesehen wie ein ↗ Speicher erscheinen, der fast so schnell ist wie der Pufferspeicher und so groß wie der Hauptspeicher.

CAD
computer aided design
Computergestütztes Konstruieren. Der Konstrukteur arbeitet im Dialog mit dem ↗ Rechner. Am Bildschirm stellt er aus einer Bausteinbibliothek seine Zeichnung zusammen oder ergänzt sie, die dann abschließend automatisch gezeichnet wird. Aus den Produktionsunterlagen lassen sich dann Stücklisten, Materialdisposition, ↗ Lochstreifen für ↗ NC-Maschinen und Verdrahtungsautomaten, Terminpläne und mitlaufende Kalkulation erstellen.

call
↗ Aufruf

CAM
content addressable memory
Inhaltsadressierbarer ↗ Speicher, ↗ Assoziativspeicher. Schneller Speicher, der in der Lage ist, bereits gespeicherte ↗ Daten mit neu einzuschreibenden zu vergleichen sowie die Übereinstimmung bzw. Nichtübereinstimmung anzuzeigen.

CAMAC
computer aided measurement and control
CAMAC ist ein modular aufgebautes Peripheriesystem. Die ↗ Bausteine des ↗ Systems werden in einer ersten Integrationsstufe als Einschubmoduln in Magazinen (Crates) zusammengefaßt. Mehrere Magazine können miteinander verbunden und über eine Systemsteuerung gemeinsam betrieben werden.

CAN
cancel
Codetabellenkurzzeichen; als ↗ Gerätesteuerzeichen bedeutet es „Ungültig".

carry
↗ Übertrag

carry look ahead
Bei Paralleladdierwerken angewendetes Verfahren zur Verkürzung der ↗ Operationszeit durch eine Zusammenfassung der ↗ Überträge.

cartridge
↗ Magnetbandkassette

CC
↗ **C**ommon **C**ode

CCITT
Comité **C**onsultatif **I**nternational **T**élégraphique et **T**éléphonique
Internationaler Ausschuß zur Ausarbeitung von Normenvorschlägen (u. a. ↗ Codes) für Telegrafie und Telefonie. Die wichtigsten CCITT-Codes sind der ↗ Fernschreibcode (CCITT-Nr. 2) und der CCITT-Code Nr. 5 (↗ ISO-7-Bit-Code).

CD
↗ **C**ommon **D**ata

character
↗ Zeichen

Chargenprozeß
charge process
↗ Dynamischer Prozeß oder ↗ Fließprozeß, bei dem die ↗ Variablen nur in diskreten Zeitintervallen kontinuierlich verlaufen.

Chip
chip
a) Siliziumplättchen mit fertig diffundierter Schaltung ohne Anschlüsse und ohne Gehäuse. Bezeichnung auch für
b) ↗ integrierter Schaltkreis.

clock
↗ Takt

Closed-loop-Betrieb
on-line closed-loop
Bei der geschlossenen ↗ Prozeßkopplung (Closed-loop-Betrieb) werden sowohl ↗ Eingabe- als auch ↗ Ausgabedaten ohne menschlichen Eingriff übertragen. Der ↗ Datenfluß ist in sich geschlossen. Der ↗ Prozeßrechner ist am Eingang und Ausgang mit dem ↗ Prozeß verbunden; er greift unmittelbar in das Prozeßgeschehen ein.

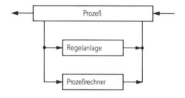

Closed-shop-Betrieb
closed-shop-operation
Dem ↗ Programmierer bzw. dem Auftraggeber ist für einen ↗ Programmablauf oder Programmtest das ↗ Rechenzentrum hierbei nicht zugänglich. Das ↗ Testen von ↗ Programmen sowie das Ablaufenlassen übernimmt das Personal des Rechenzentrums nach entsprechenden Anweisungen. Dadurch läßt sich ein besonders straffer Arbeitsablauf im Rechenzentrum erzielen.

CMOS
complementary **MOS**
Technologie von mittelschnellen MOS-Halbleiterschaltkreisen mit vernachlässigbarem Ruhestrom.

CML | Current Mode Logic

Sammelbezeichnung für u.a. ECL, E²CL

CNC
computerized numerical control
Steuerung ↗ numerisch gesteuerter ↗ NC-Maschinen durch ↗ Rechner.

COBOL
common business oriented language
Höhere ↗ Programmiersprache für ↗ kommerzielle Datenverarbeitungsanlagen.

CODASYL
conference on data systems languages
Ein internatioanler Arbeitskreis aus Firmen und Instituten, der ↗ Programmiersprachen, z.B. ↗ COBOL, und z.Zt. auch ↗ Datenbankkonzepte ausarbeitet.

Code
code
a) Eine Vorschrift für die eindeutige Zuordnung (Codierung) der ↗ Zeichen eines Zeichenvorrats zu denjenigen eines anderen Zeichenvorrats (Bildmenge).
Die Zuordnung braucht nicht umkehrbar zu sein (DIN 44300).
b) Der bei der Codierung der Bildmenge auftretende Zeichenvorrat.
c) ↗ Befehlsfolgen eines ↗ Programms, so benannt zur Unterscheidung von ↗ Daten (↗ Common Code, ↗ codieren).

codegebundene Textübertragung
standard mode transmission
↗ normierter Modus

Coderahmen
code frame
Anzahl der Informationsbits, die ein ↗ Zeichen in einem bestimmten ↗ Code darstellen (ohne ↗ Paritätsbit, ↗ Start- und ↗ Stoppschritt).

Codetabelle
code table
Tabellarische Zuordnungsvorschrift der ↗ Zeichen eines Zeichenvorrats zu denjenigen des anderen Zeichenvorrats. Codetabellen sind listenförmig oder matrixförmig aufgebaut.

codetransparente Übertragung
code transparent transmission
Eine ↗ Übertragungsart, bei der Zeichenfolgen beliebiger ↗ Codes oder eine beliebige zeitliche Folge von ↗ Binärzeichen übertragen werden können.

Code-Umsetzer
code translator, code converter
Ein ↗ Umsetzer, in dem den ↗ Zeichen eines ↗ Code A Zeichen eines Code B zugeordnet werden (DIN 44300).

codeunabhängige Textübertragung
code transparent transmission
↗ codetransparente Übertragung

Codewort
code word
Vereinbarte Zeichenketten, die der ↗ Operator zur Bedienung einer ↗ Datenverarbeitungsanlage auf dem ↗ Bedienungsgerät, z.B. ↗ Bedienungsblattschreiber, angeben muß. Die Codewörter werden von den entsprechenden ↗ Programmen, z.B. ↗ Standardbedienungsprogramm, ↗ Testprogramm, verstanden.

codieren

code, encode

Verschlüsseln. a) Das Zuordnen von ↗ Zeichen aus einem Zeichenvorrat zu Zeichen aus einem anderen Zeichenvorrat. Hierbei unterscheidet man häufig noch zwischen Codieren, ↗ Decodieren (Entschlüsseln) und ↗ Umcodieren (Umschlüsseln). In diesem Sinne ist Codieren das Umsetzen von ↗ Informationen aus einem ↗ Code großer ↗ Redundanz in einen Code kleinerer (genau definierter) Redundanz; z.B. die Umsetzung von geläufigen Begriffen in einen definierten, von einer Maschine erkennbaren Code (Codierung von ↗ Meßwerten, Grenzwerten, Meßstellennamen, ↗ Befehlen, ↗ Formaten, usw.).

b) Das Niederschreiben von ↗ Befehlsfolgen nach einem ↗ Programmablaufplan (↗ Codierer).

Codierer

a) programmer, b) coder

a) Beim ↗ Programmieren die Person, die in ↗ Diagrammen festgehaltene Arbeitsabläufe eines ↗ Programms in eine Folge von ↗ Befehlen oder ↗ Anweisungen überträgt. Mit Hilfe von ↗ Übersetzungsprogrammen können diese dann in die eigentliche ↗ Maschinensprache umgewandelt werden.

b) Eine Einrichtung in der ↗ Datenverarbeitungsanlage, die Daten in einem bestimmten ↗ Code verschlüsselt.

comment

↗ Kommentar

Common Code (CC)

common **c**ode

Von mehreren ↗ Programmen zentral benutzbare ↗ Befehlsfolgen, z.B. ↗ Unterprogramme. Ist Simultanbenutzbarkeit gefordert, so enthält der ↗ Code nur ↗ Befehle und ↗ Konstanten, keinen ↗ varianten Teil und ist nicht selbständig ablauffähig.

Eine bestimmte Befehlsfolge muß als Common Code nur einmal im ↗ System vorhanden sein.

Common Data (CD)

common **d**ata

Ein ↗ Datenbereich im ↗ Hauptspeicher, zu dem mehrere ↗ Programme ↗ simultan zugreifen dürfen. Sie dienen dem einfachen ↗ Datenaustausch zwischen Programmen. Wenn das ↗ Organisationsprogramm Common Data verwaltet und den ↗ Zugriff der Programme zu ihnen unterstützt, braucht der ↗ Programmierer ihre ↗ Speicheradressen nicht zu kennen.

Compiler

compiler

↗ Übersetzungsprogramm zur Übersetzung eines in einer höheren ↗ Programmiersprache geschriebenen ↗ Programms in die ↗ Maschinensprache.

Computer

computer

Oberbegriff für alle ↗ programmgesteuert, automatisch arbeitenden Anlagen mit mechanisch, elektrisch oder elektronisch arbeitenden ↗ Funk-

C-MCS, CMOS Complementary Metal Oxide Silicon MOS-Technik mit komplementären Transistoren

tionseinheiten. Das Arbeitsprinzip kann ↗ digital oder ↗ analog sein. Im deutschen Sprachgebrauch wird der Begriff Computer auch für den Begriff ↗ Elektronische Datenverarbeitungsanlage (EDVA) verwendet.

Einteilung der Computer nach

1. Verarbeitungsprinzipien in der Rechenanlage:
a) ↗ Digitalrechner,
b) ↗ Analogrechner,
c) ↗ Hybridrechner;

2. dem Einsatzzweck:
a) ↗ kommerzielle EDVA,
b) ↗ technisch-wissenschaftliche EDVA,
c) ↗ Prozeßrechner;

3. der Größenordnung, Anlagenumfang, Leistung, Preis in aufsteigender Reihenfolge:
a) ↗ Kleinstrechner (Mikro-Computer),
b) Anlagen der mittleren Datentechnik (Medium-Computer),
c) ↗ Mini- und ↗ Midi-Computer,
d) kleine EDVA,
e) mittlere EDVA,
f) größere EDVA,
g) Größtcomputer;

4. der Struktur:
↗ Kompaktrechner.

Computersystem
computer system
↗ System aus ↗ Hardware und ↗ Software.

control
↗ Steuerung

control unit
↗ Steuerwerk

CP
central **p**rocessor
↗ Zentralprozessor

CPU
central **p**rocessing **u**nit
↗ Zentraleinheit

CR
carriage **r**eturn
Codetabellenkurzzeichen; bedeutet als ↗ Gerätesteuerzeichen „Wagenrücklauf".

CRC-Prüfung
cyclic **r**edundancy **c**heck
Prüfung eines ↗ Bandblocks unter Verwendung eines modifizierten ↗ zyklischen Code (DIN 66010).

Cross-Assembler, Cross-Compiler Cross-Simulator
cross-assembler, cross-compiler, cross-simulator
Übersetzungs- bzw. Simulationsprogramme für Mikrocomputersysteme, die selbst auf einer Großanlage laufen.

Cross-Produkt
cross product
↗ Systemprogramm, z.B. ↗ Assembler zur Übersetzung eines ↗ Programms auf einer bestimmten ↗ Datenverarbeitungsanlage, das später auf einer anderen (systemfremden) Anlage ablaufen soll. Zum Beispiel ↗ Übersetzen auf Siemens 4004, ablauffähig auf Siemens ZE 330. (↗

Cross-Assembler, -Compiler, -Simulator).

CRT-Terminal
cathod ray tube terminal
↗ Datensichtstation

Cursor
cursor
Positionsanzeigesymbol, Schreibmarke. Der Cursor zeigt dem Bediener an, mit welchem Feld (↗ Zeichen) auf dem ↗ Monitor gearbeitet wird; z. B. wohin die ↗ Information auf den Monitor geschrieben wird. Jedem Feld auf dem Bildschirm ist eine ↗ Speicherzelle im ↗ Speicher der Sichtgerätesteuerung zugeordnet. Mit Hilfe des Cursor wird dieser Speicher adressiert.

Cycle-Stealing
cycle stealing
Beim Cycle-Stealing kann durch eine Zyklusanforderung an eine ↗ Funktionseinheit (z. B. ↗ Zentralprozessor) diese aufgefordert werden, einen Zyklus (meist ↗ Speicherzyklus) an eine andere Funktionseinheit (z. B. ↗ EA-Prozessor oder ↗ DMA-Steuerung) abzugeben.

Stellt z. B. ein peripheres ↗ Gerät, das über eine DMA-Steuerung an eine ↗ EA-Anschlußstelle der ↗ Zentraleinheit angeschlossen ist, eine ↗ Datenanforderung, während der ↗ Zentralprozessor gerade einen ↗ Befehl bearbeitet, dann wird im nächsten Zyklus der ↗ Datenverkehr ausgeführt und die ↗ Befehlsausführung mit dem übernächsten Zyklus fortgeführt; d. h. dem Zentralprozessor wurde während der Befehlsbearbeitung ein Zyklus „gestohlen".

DAC
Digital Analog Converter
Digital/Analog-Wandler

DA, D/A
digital/analog
Digital/Analog

DA
↗Datenausgabe, ↗ Digitalausgabe(-einheit)

Daisy-chain-Betrieb
daisy chaining
Beim Betrieb mehrerer ↗ Plattenspeicherlaufwerke werden die Laufwerke im Daisy-chain-Betrieb (signalmäßig gekettet) betrieben; d. h. einige Signalleitungen, z. B. die Auswahlleitungen für die Laufwerke und Rückmeldungen, werden von der ↗ Plattenspeichersteuerung über alle Laufwerke geschleift und nur die ↗ Daten werden zwischen der Plattenspeichersteuerung und den Laufwerken parallel übertragen.

data base
↗ Datenbank

data processing
↗ Datenverarbeitung

Datei
data file
Eine einheitlich benannte Menge von zusammengehörigen ↗ Daten vereinbarter Darstellung und Reihenfolge auf einem ↗ Datenträger. Die Daten sind in ↗ Sätze und ↗ Blöcke unterteilt. Eine Datei kann auch leer sein.
Auf dem ↗ Magnetband bildet eine Datei einen ↗ Abschnitt (physikalische Einheit). Auf einem ↗ Plattenspeicher kann eine Datei Teile einer ↗ Spur, eine oder mehrere Spuren, mehrere ↗ Zylinder oder auch mehrere Plattenstapel (physikalische Einheiten) umfassen. Dateien werden unter ↗ symbolischen Namen vom ↗ Organisationsprogramm verwaltet. Die ↗ Buchführung über alle Dateien auf ein und demselben Datenträger erfolgt auf dem Datenträger selbst.
Teilabbilder zur Beschleunigung des ↗ Zugriffs befinden sich oft auch im ↗ Hauptspeicher.

Dateiart
class of file
↗ Dateien lassen sich unterscheiden nach
a) dem Speichermedium:
Für hauptspeicherresidente Dateien (HRD) ist der ↗ Hauptspeicher ↗ Datenträger. Sie bieten den Vorteil des schnellen ↗ Zugriffs.
Peripherspeicherresidente Dateien (PRD) sind auf ↗ peripheren Speichereinheiten abgelegt.
Der Verkehr mit ihnen bedingt Gerätezugriffe.

b) dem Dateninhalt:
↗ alphanumerische Daten, ↗ binäre Daten;

c) der Art der Ablage auf dem Datenträger:
Random-Dateien für ↗ wahlfreien Zugriff; serielle Dateien zur Bearbeitung in aufsteigender Reihenfolge; sequentielle Dateien für den Zugriff nach einer durch Schlüsselwortlisten gegebenen Ordnung (↗ index-sequentiell).
In Random-Dateien bestimmt außerdem die Art der Adreßangabe den Zugriff (↗ Dateizugriff).

Dateietikett
file label
Ein durch das Programm auf dem ↗ Datenträger eines ↗ Magnetschichtspeichers aufgezeichneter ↗ Block, der zur ↗ Identifikation und zum Schutz gegen unbeabsichtigtes ↗ Überschreiben dient. Man unterscheidet:
a) Datenträger-Etikett zur Identifikation des Datenträgers,
b) Dateianfangs-Etikett zur Kennzeichnung der ↗ Datei und ihres Anfangs,
c) Dateiend-Etikett zur Kennzeichnung des Dateiendes,
d) Abschnitts-Etikett zur Kennzeichnung von ↗ Abschnittsmarken,
e) Fixpunkt-Etikett zur Kennzeichnung von Wiederanlaufpunkten auf ↗ peripheren Speichern und
f) Format-Etikett zur Angabe über die Ausdehnung der Unterbereiche einer Datei.

Dateiname
file name
Alphanumerische Zeichenkette zur ↗ Identifikation einer ↗ Datei gegenüber der ↗ Dateiverwaltung bzw. dem ↗ Betriebssystem.

Dateiorganisation
file organization
Mit Hilfe der Dateiorganisation, meistens eine Funktion des ↗ Organisationsprogramms, werden ↗ Speicher (↗ Peripherspeicher, ↗ Hauptspeicher) in einzelne, einem oder mehreren Benutzern zugeteilte, kleinere ↗ Speicherbereiche (↗ Dateien) aufgeteilt und verwaltet. Sie sind vom Benutzer einzurichten.
Dateien auf einem Peripherspeicher sind peripherspeicherresidente Dateien (PRD), Dateien im Hauptspeicher sind hauptspeicherresidente Dateien (HRD) (↗ Dateiarten). Die Dateiorganisation in Form von ↗ Bausteinen und ↗ Listen kann segmentiert sein.
Der Anwender verkehrt mit Dateien über ↗ ORG-Aufrufe.

Dateischutz
file protection
Es besteht die Möglichkeit, eine ↗ Datei mit Dateischutz zu versehen. Zu einer peripherspeicherresidenten Datei (PRD), für die Dateischutz besteht, hat nur der Anwender Zugriff, der das dateispezifische Benutzerkennzeichen (↗ Codewort) kennt. Ein weiterer Schutz läßt sich mit einem Eigentümerkennzeichen verwirklichen. Hier sind bestimmte Ver-

änderungen abgesichert, die nur der Eigentümer vornehmen darf.

Dateiverwaltung
file management
Das ↗ Organisationsprogramm (ORG) steuert den ↗ Zugriff der Benutzer zu den ↗ Dateien, indem es die ↗ Anforderungen geordnet abarbeitet. Zur ↗ Buchführung dienen dem ↗ ORG Datenträgeretiketten, Speicherbelegungstafeln, ein Dateikatalog sowie eine Dateinamensliste für die gerade bearbeiteten (eröffneten) Dateien.

Dateizeiger
file pointer, file index
Beim ↗ seriellen Zugriff führt das ↗ Organisationsprogramm einen Dateizeiger, der für den nächsten Transferaufruf mit seriellem Zugriff jene Stelle in der ↗ Datei angibt, von der ab gelesen bzw. geschrieben wird.

Dateizugriff
file access
Zu einer ↗ Datei kann man zugreifen durch
a) ↗ unmittelbaren Zugriff: nur bei hauptspeicherresidenten Dateien (HRD) durch absolute Adressierung der Speicherzelle;
b) ↗ direkten Zugriff: bei peripherspeicherresidenten Dateien (PRD) durch Angabe einer beliebigen Byteadresse innerhalb der Datei und/oder
c) ↗ seriellen Zugriff: bei PRD mit Hilfe des ↗ Dateizeigers.

Daten
data
↗ Informationen verschiedenster Art, die sich in eine für ↗ Datenverarbeitungsanlagen verständliche Form codieren lassen.
Man unterscheidet: ↗ numerische Daten, ↗ alphanumerische Daten, ↗ binäre Daten, oder
nach deren Ursprung zwischen: ↗ Eingabedaten (↗ Prozeßdaten, ↗ Urbelege) und ↗ Ausgabedaten.

Datenanforderung
data request
↗ Anforderung einer ↗ peripheren Einheit an die ↗ Zentraleinheit, ein ↗ Datum über die ↗ Datenleitungen in den ↗ Zentralspeicher einzugeben oder aus dem ↗ Zentralspeicher auszugeben.

Datenausgabe (DA)
data output
Das Ausgeben von ↗ Daten aus einem ↗ Prozeßrechner (aus dem ↗ Hauptspeicher) kann unter drei verschiedenen Gesichtspunkten erfolgen:

a) Ausgabe von Daten an den ↗ Prozeß (↗ closed-loop-Betrieb);

b) Speicherung der Daten auf einem ↗ peripheren Speicher oder einem maschinenlesbaren ↗ Datenträger zur Langzeitspeicherung;

c) Protokollierung der Daten auf druckenden ↗ Ausgabegeräten zur Verwendung durch das Betriebspersonal.

Datenaustausch – Dateneingabe (DE)

Datenaustausch
data communication
Findet ein ↗ Datenverkehr zwischen zwei ↗ Datenstationen in beiden Richtungen statt, dann spricht man von einem Datenaustausch. In den meisten Fällen wird der Datenaustausch im ↗ Halbduplexbetrieb abgewickelt.

Datenbank
data base
Eine Datenbank ist eine vorwiegend auf ↗ Massenspeichern hinterlegte Menge von ↗ Datenelementen. Diese Datenelemente sind nach bestimmten Strukturkonventionen (verknüpfte ↗ Dateien) zugänglich. Der ↗ Zugriff zu den Datenelementen wird über Schlüsselinformationen realisiert. Hierzu steht eine als Datenbanksystem bezeichnete spezielle ↗ Software zur Verfügung.

Datenblock
data block, ↗ Block

Datenbreite
data width
Anzahl der ↗ Bitstellen, die ein ↗ Datum einnimmt, z.B. Datenbreite beim ↗EA-Verkehr auf den ↗ Datenleitungen.

Datenbus
data bus, ↗ Bus

Datendarstellung
data representation
Darstellung von ↗ Daten für die Verarbeitung in einer ↗ Datenverarbeitungsanlage. Man unterscheidet

1. ↗ analoge Daten: Spannungen, Ströme, und

2. ↗ digitale Daten:

a) ↗ numerische Daten ↗ dual codiert;

b) ↗alphanumerische Daten im: Lochkartencode, ↗Lochstreifencode, ↗ Fernschreibcode oder im ↗ maschineninternen Code als Bildzeichen (Bildschirm-Tastatureingabe) und

c) ↗ binäre Daten: ↗ Binärmuster. Ein weiteres Merkmal ist die Darstellung der Daten als ↗ Zeichen, ↗ Byte, ↗ Wort oder in mehreren Wörtern. Die Daten einer ↗ Datei können überdies in ↗ Sätze fester oder variabler Länge gegliedert sein, auf die ↗ Dateizeiger und Transferoperationen Bezug nehmen.

Dateneingabe (DE)
data input
Für die Eingabe von ↗ Daten in eine als ↗ Prozeßrechner arbeitende ↗ Datenverarbeitungsanlage (Eingabe in den ↗ Hauptspeicher) gibt es verschiedene Möglichkeiten:

a) Eingabe von ↗ Prozeßdaten über ↗ Prozeßeingabegeräte;

b) Eingabe von Daten, die auf ↗ Datenträgern gespeichert sind, über geeignete ↗ Eingabegeräte;

c) Eingabe von Daten von anderen ↗ Rechnern (↗ Rechnerkopplung) oder ↗ Datenstationen über ↗ Datenübertragungseinrichtungen oder

d) manuelle Dateneingabe über ↗ Bedienungseinrichtungen.

Datenelement
data element
Das Datenelement ist die Informationseinheit innerhalb einer ↗ Datenbank. Es ist eine Anordnung zusammengehöriger ↗ Datenfelder nach einem vereinbarten ggf. elementspezifischen ↗ Format. Darin enthalten sind bestimmte ausgezeichnete ↗ Felder, die zur ↗ Identifikation des Datenelementes dienen können und als Schlüssel bezeichnet werden.

Datenendeinrichtung (DEE, DTE)
data terminal equipment
Sie kann bestehen aus einem oder mehreren Eingabe- und Ausgabegeräten (↗ Datenendgeräten), einer Steuerungs-, Fehlerschutz- und Synchronisiereinheit (↗DUET oder ↗ DUSTA).

Datenendgerät
data terminal
↗ Gerät, das der Eingabe oder Ausgabe von ↗ Daten dient (z. B. ↗ Datensichtstationen, ↗ Fernschreiber, ↗ Drucker, ↗ Lochkarten- und ↗ Lochstreifengeräte) und in Fernübertragungssystemen eingesetzt werden kann. Zum Datenendgerät zählt die Eingabe- bzw. Ausgabesteuerung, nicht aber die ↗ Datenübertragungssteuerung.

Datenerfassung
data acquisition
Aufzeichnung von ↗ Daten auf maschinell lesbare ↗ Datenträger. Man unterscheidet zwischen ↗ Off-line-Datenerfassung und der Direkteingabe von Daten in die ↗ Datenverarbeitungsanlage, der ↗ On-line-Datenerfassung.
Allgemein versteht man unter dem Begriff Datenerfassung alle Arbeitsgänge, die von der Entstehung der zu verarbeitenden Daten bis zu ihrer Übertragung nötig sind.

Datenerfassungsgerät
data acquisition device
↗ Eingabegerät, das die erfaßten ↗ Daten (↗ Datenerfassung) in eine maschinell lesbare Form umwandelt.

Datenerfassungsstation
data acquisition terminal
↗ Datenstation, in der ↗ Daten erfaßt werden.

Datenfeld
data field
a) Bei ↗ Platten- und ↗ Trommelspeichern: Der Teil eines ↗ Blocks, der die ↗ Daten enthält.
Zur Sicherung der ↗ Information enthält das Datenfeld außerdem Kontrollbytes.
b) Im ↗ Zentralspeicher: Block zusammenhängender Daten beliebiger Länge. Das Datenfeld wird über die ↗ Feldanfangsadresse adressiert.
c) Bereiche im ↗ Programm, in dem Daten für Eingabe- bzw. Ausgabeoperationen bereitgestellt oder erwartet werden.

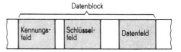

Datenfernübertragung – Datenflußplan

Datenfernübertragung
remote data transmission
↗ Datenübertragung über Fernleitungen (↗ Datenübertragungswege). Bei der Übertragung von ↗ Daten unterscheidet man fünf Übertragungsphasen:
a) ↗ Verbindungsaufbau,
b) Aufforderung zur Datenübertragung,
c) Textübermittlung (Datenübermittlung),
d) Beendigung der Datenübertragung und
e) ↗ Verbindungsabbau.

Datenfernverarbeitung (Dfv, DFV)
teleprocessing,
remote data processing
Zusammenfassung von ↗ Datenfernübertragung und ↗ Datenverarbeitung. Bei der Datenfernverarbeitung werden ↗ Informationen von einer ↗ Datenerfassungsstelle zu einer entfernt liegenden ↗ Datenverarbeitungsanlage gebracht und dort verarbeitet. Man unterscheidet zwischen ↗ indirekter Datenfernverarbeitung (off-line) und ↗ direkter Datenfernverarbeitung (on-line).

Datenfernverarbeitungsanlage, Dfv-Anlage
teleprocessing machine
Datenfernverarbeitungsanlagen sind in allen Bereichen von Wissenschaft, Wirtschaft, Technik und Verwaltung anzutreffen. Beispiele dafür sind: Buchungs- und Auskunftsysteme, Platzreservierungssysteme, Verkehrssteuerung (über Verkehrsrechner), Bodenstationen in der Raumfahrttechnik, Einsatz bei großen Sportveranstaltungen, Satellitensysteme.

Datenfernverarbeitungssystem (Dfv-System, DFVS)
teleprocessing system
Ein Datenfernverarbeitungssystem gliedert sich in drei Hauptspeicherabschnitte: ↗ Datenerfassung, ↗ Datenübertragung und ↗ Datenverarbeitung (DVA).
Ein Datenfernverarbeitungssystem setzt sich aus vier Systembestandteilen zusammen: den ↗ Datenendeinrichtungen (DEE), den ↗ Datenübertragungseinrichtungen (DUE), der ↗ Übertragungsstrecke (Leitung) und der ↗ Software.

Datenerfassung — Datenübertragung — Datenverarbeitung

Datenfluß
data flow
Die Folge zusammengehöriger Vorgänge an ↗ Daten und ↗ Datenträgern (DIN 44 300). Zum Beispiel der zeitliche Ablauf der ↗ Datenübertragung.

Datenflußplan
data flowchart
Die Darstellung des Datenflusses, die im wesentlichen aus ↗ Sinnbildern mit zugehörigem Text und orientierten Verbindungslinien besteht (DIN 44 300). Aus dem Datenflußplan gehen Eingabe bzw. Ausgabe und prinzipielle Verarbeitungsvor-

gänge hervor. (Sinnbilder für Datenflußpläne siehe DIN 66 001).

Datenformat
data format
Innerhalb der ↗ Zentraleinheit können ↗ Daten in verschiedenen Datenformaten verarbeitet werden. So unterscheidet man z.B. bei einem 16-Bit-Rechner folgende Grundformate: 8-Bit-Byte (2 Bytes in einem Wort), 16-Bit-Wort, 32-Bit-Doppelwort, 64-Bit-Vierfachwort.
Diese Grundformate können durch folgende Datentypen belegt sein: ↗ Binärmuster im Byte- und Wortformat, ↗ alphanumerische Zeichen im Byteformat, ↗ Betragszahlen im Wort- und Doppelwortformat, ↗ Festpunktzahlen im Wort-, Doppelwort- und Vierfachwortformat, ↗ Gleitpunktzahlen im Doppelwort- und Vierfachwortformat.

Datenkanal
data channel
Der Anschluß ↗ peripherer Einheiten an die ↗ Prozeßrechner der Siemens Systeme 300-24 Bit erfolgt über sogenannte Standard- und Schnellkanal-Nahtstellen. Diese verfügen jeweils über getrennte Daten- und ↗ Programmkanäle. Über den Datenkanal werden nur ↗ Daten in beiden Richtungen transferiert.

Datenkettung
data chaining
Möglichkeiten, ↗ Datenblöcke zu verketten. Führt zur Verringerung der Belastung des Organisationsprogramms durch Unterbrechungsanalysen. Zum Beispiel Kettung mehrerer ↗ integrierender Analogeingaben (IAE); diese werden nacheinander parametriert. Erst wenn alle integrierenden Analogeingaben ihre Verschlüsselung beendet haben, wird eine Fertigmeldung abgegeben.

Datenleitung
data line
An der ↗ EA-Anschlußstelle bezeichnet man die Leitungen für den ↗ Transfer von ↗ Daten in die ↗ Zentraleinheit und aus der Zentraleinheit als Datenleitungen. Im allgemeinen sind an der EA-Anschlußstelle einer Zentraleinheit getrennte Datenleitungen für die ↗ Dateneingabe (Dateneingabeleitungen) und für die ↗ Datenausgabe (Datenausgabeleitungen) vorhanden. Die Datenleitungen können als ↗ Stern-Netz oder ↗ Linien-Netz (↗ Bus) von der Zentraleinheit zur ↗ Peripherie geführt sein.

Datennetz
data network
Die Gesamtheit der Einrichtungen, mit denen ausschließlich ↗ Datenverbindungen zwischen ↗ Datenendeinrichtungen hergestellt werden. Die Datenverbindungen können über ↗ Vermittlungseinrichtungen geführt sein, in denen die ↗ Datensignale entweder direkt oder über Zwischenspeicher weitergeleitet werden.

Datenpufferung
I/O spooling
Ein Verfahren zur Bearbeitung des ↗ Eingabe-Ausgabeverkehrs mit lang-

samen ↗ Geräten, bei dem die Eingabe-Ausgabeaufrufe der ↗ Programme zusammen mit den ↗ Daten vor bzw. nach der Aufbereitung zwischengespeichert werden. Zwischenspeicherung und stellvertretende Ausführung der ↗ Aufrufe der Programme übernimmt dabei eine spezielle Betriebssystemfunktion. Die Arbeitsgeschwindigkeiten der Programme und die der Geräte sind voneinander entkoppelt. Programme brauchen nicht unbedingt auf das Operationsende zu warten und im ↗ Laufbereich des ↗ Hauptspeichers zu stehen. Die ↗ Programmabläufe und der Wechsel in den ↗ Laufbereichen sind schneller.

Datenquelle
data source
↗ Datenendeinrichtung, die textsendende Station ist. Beispiele: ↗ Datensichtstation (Tastatur), ↗ Fernschreiber (Tastatur), ↗ Lochkarteneingabe (-leser), ↗ Lochstreifeneingabe (-leser), ↗ Zentraleinheit (Speicherausgabe); (↗ Prozeßdatenquelle).

Datenrate
data rate
Anzahl der übertragenen Informationseinheiten (↗Bit, ↗ Byte, ↗ Wort) je Sekunde. (↗ Übertragungsgeschwindigkeit).

Datensatz
record
Die Menge ↗ Daten, die mit einem ↗ Aufruf von einem ↗ Programm transferiert werden.

Datenschutz
data privacy
a) Der Datenschutz betrifft Maßnahmen und Einrichtungen, die den Mißbrauch personenbezogener ↗ Daten verhindern sollen, wie er bei der Speicherung, Übermittlung und Veränderung mit den Mitteln der maschinellen ↗ Datenverarbeitung denkbar ist.
In der Bundesrepublik Deutschland ist der Datenschutz Gegenstand des Bundesdatenschutzgesetzes.

b) Soweit umgangssprachlich die Verhinderung des zerstörenden oder unbefugten Zugriffs zu Daten aller Art ebenfalls als Datenschutz bezeichnet wird, sind in der ↗ Prozeßdatenverarbeitung eher die Begriffe ↗ Datensicherung, ↗ Speicherschutz, ↗ Programmschutz, ↗ Schreibschutz oder ↗ Dateischutz gebräuchlich.

Datensenke
data sink
↗ Datenendeinrichtung, die textempfangende Station ist. Beispiele: ↗ Datensichtstation (Bildschirm), ↗ Fernschreiber (Papier), ↗ Lochkartenausgabe (-stanzer), ↗ Lochstreifenausgabe (Locher), ↗ Drucker, ↗ Zentraleinheit (Speichereingabe); (↗ Prozeßdatensenke).

Datensicherung
protection of data
Die Verfahren der Datensicherung werden zur Erkennung von ↗ Übertragungsfehlern angewandt. Bei gesicherter ↗ Übertragung finden fol-

gende Sicherungsverfahren Anwendung:

a) zeichenweise Datensicherung: ↗ Zeichenparitätssicherung;

b) blockweise Datensicherung: ↗ Blockparitätssicherung, Zeichen- und Blockparitätssicherung kombiniert (↗ Kreuzsicherung), ↗ zyklische Blocksicherung; (↗ CRC-Prüfung).

Datensichtstation
video data terminal
Eine Datensichtstation (↗ Bildschirmeinheit) wird als ↗ Dialogstation eingestzt und erlaubt die Anzeige ↗ alphanumerischer Daten oder alphanumerischer Daten und Grafiken, z.B. ↗ Diagramme, auf einem Bildschirm. Zur Datensichtstation gehören Steuereinrichtung und Anzeigeeinrichtung mit Tastatur; (↗ Zeichen-Bildschirmeinheit).

Datensignal
data signal
Ein ↗ Signal, das ↗ digitale Daten repräsentiert (DIN 44 302).

Datenspeicher
data storage
Mittel zum Aufbewahren von ↗ Daten.
Es gibt eine Vielzahl von physikalischen Prinzipien, die sich für die Datenspeicherung eignen. Technische Bedeutung haben nur die Datenspeicherung durch
a) stabilen magnetischen Fluß: ↗ Kernspeicher, ↗ Magnetschichtspeicher;

b) stabile Strom- bzw. Spannungsverteilung: ↗ Halbleiterspeicher;
c) Schwärzung photografischer Schichten (optisches Lesen) oder
d) Lochen von Karten und Streifen (mechanisches, optisches oder kapazitives Lesen): ↗ Lochkarten, ↗ Lochstreifen.

Datenstation (DSt)
terminal, data station/terminal
Eine Datenstation oder ein Terminal besteht aus ↗ Datenendeinrichtung (DEE) und ↗ Datenübertragungseinrichtung (DÜE). Man unterscheidet eigene oder ferne, rufende oder gerufene und ↗ Leit- oder Gegenstation (Unterstation). Bei der ↗ Datenfernverarbeitung steht in der Regel einer zentral installierten ↗ Datenverarbeitungsanlage eine Reihe von Datenstationen gegenüber.

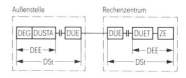

DEG   Datenendgerät
DUSTA Datenübertragungs-
*   steuerung für Außenstellen*
DUET   Datenübertragungseinheit
ZE   Zentraleinheit

Aufbau eines
Datenfernverarbeitungssystems
aus zwei Datenstationen

Datenträger – Datenübertragungseinheit (DUET)

Eine Datenstation kann also auch eine ↗ Zentraleinheit (ZE) enthalten. Der ↗ Datenaustausch zwischen Datenstationen läuft nach vorher vereinbarten Regeln ab; diese nennt man standardisierte ↗ Datenübertragungsprozeduren.

Datenträger
storage medium, data medium
Ein Mittel, auf dem ↗ Daten aufbewahrt werden können (DIN 44300). Beispiele sind ↗ Lochkarten, ↗ Lochstreifen, ↗ Magnetschichtspeicher.

Datentransfer
data transfer
Alle Arten der ↗ Übertragung von ↗ Daten innerhalb einer ↗ Datenverarbeitungsanlage faßt man unter der Bezeichnung Datentransfer zusammen. Ein Datentransfer kann zwischen ↗ Zentralspeicher und ↗ peripheren Speichern oder zwischen dem Zentralspeicher und den ↗ Eingabe- bzw. ↗ Ausgabegeräten stattfinden.

Datenübertragung (DÜ)
data transmission
Zwischen geografisch verschieden gelegenen Stellen können ↗ Daten mit Hilfe von ↗ Datenübertragungsleitungen übertragen werden. Die Endpunkte sind dabei zwei ↗ Datenstationen (↗ Off-line-Betrieb) oder eine Datenstation und eine ↗ Datenverarbeitungsanlage (↗ One-line-Betrieb) oder zwei Datenverarbeitungsanlagen (↗ Rechnerkopplung). Je nach dem Aufbau der ↗ Übertragungsstrecke werden die Daten ↗ parallel oder ↗ seriell übertragen. Bei der Datenübertragung sind drei Betriebsarten möglich:
a) ↗ Simplex-Betrieb (Richtungsbetrieb) sx,
b) ↗ Halbduplex-Betrieb (Wechselbetrieb) hdx oder
c) ↗ Vollduplex-Betrieb (Gegenbetrieb) dx.

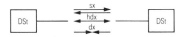

Datenübertragungsblock (DÜ-Block)
data transmission block, frame
Eine begrenzte Menge von ↗ Daten (↗ Zeichen), die zum Zwecke einer gesicherten ↗ Datenübertragung als eine Einheit behandelt wird. Die Größe der Menge kann von Fall zu Fall verschieden sein. Anfang und Ende eines Datenübertragungsblocks sind in geeigneter Weise gekennzeichnet.

Datenübertragungseinheit (DUET)
data link unit
Steuerungselement seitens der Datenverarbeitungsanlage, das sich aus ↗ Datenübertragungssteuerung (DUST) und Leitungspuffer(n) zusammensetzt. Es ist zwischen Einkanal-DUET und Mehrkanal-DUET zu unterscheiden. An eine Einkanal-DUET kann nur eine Gegenstelle angeschlossen werden.
Datenübertragungseinheiten lassen sich je nach der Art der Kopplung unterscheiden in ↗ Rechnerkopplungs-

einheiten oder ↗ Peripheriekopplungseinheiten.

Datenübertragungseinrichtung (DÜE, DCE)
data link, data circuit-terminating equipment, data set
Sie dient der Umsetzung zwischen leitungsspezifischen und gerätespezifischen Signalformen und Spannungen in beiden Richtungen. Die Datenübertragungseinrichtung ist das Bindeglied zwischen der Übertragungsleitung und der ↗ Datenendeinrichtung. Für die ↗ Datenfernübertragung dienen ↗ Modems und ↗ GDN-Einrichtungen als Datenübertragungseinrichtung.

Datenübertragungsleitung
data transmission line
↗ Datenübertragungsweg

Datenübertragungsprogramm
data transmission (teleprocessing) program
Diese ↗ Programme oder ↗ Bausteine sind Bestandteile des ↗ Betriebssystems bzw. des ↗ Organisationsprogramms einer ↗ Datenverarbeitungsanlage. Mehrere Datenübertragungsprogramme bilden das Datenübertragungsprogrammsystem. Aufgabe des Datenübertragungsprogramms ist es, die ↗ Dateneingabe und Datenausgabe über die ↗ Datenübertragungseinheit, bzw. ↗ Datenübertragungssteuerung abzuwickeln. Dabei wird bei neueren Entwicklungen von der ↗ Zentraleinheit nur der ↗ Datenverkehr zwischen Zentraleinheit und Datenübertragungssteuerung programmgesteuert ausgeführt, während die Datenübertragungssteuerung mit Hilfe eines eigenen ↗ Mikroprozessors und Programmspeichers (↗ ROM) die ↗ Datenübertragung mit ↗ Datenübertragungsprozeduren selbständig abwickelt.

Datenübertragungsprozedur
data communication procedure
In der ↗ Datenübertragung (DÜ) versteht man unter diesem Begriff Verfahren und Regeln für die zeitliche Reihenfolge des ↗ Datenaustausches auf einer ↗ Datenübertragungsleitung. Den standardisierten ↗ Ablauf einer Datenübertragung nennt man Prozedur. Die Normung (Standardisierung) der DÜ-Abläufe ist durch internationale Gremien vorgenommen worden, um Datenübertragungen auch über Ländergrenzen hinweg zu ermöglichen.
Eine Prozedur regelt den zeitlichen Ablauf und das Betriebsverhalten der Datenübertragung und umfaßt die Phasen: Aufforderung zur Datenübertragung, Textübermittlung und Beendigung der Datenübertragung. International genormt sind die gesicherten Stapel- und Dialogprozeduren, auch Basic-Mode-Prozeduren genannt. Die Basic-Mode-Familie beinhaltet vier Datenübertragungsprozeduren: LSV1, LSV2, MSV1 und MSV2. Hierbei bedeuten: LS (low speed) ↗ Asynchronbetrieb, MS (medium speed) ↗ Synchronbetrieb; V1 Variante 1 (nur bei Standleitungen) und V2 Variante 2 (bei Stand- und Wählverbindungen).

Datenübertragungssteuerung (DUST)
data communication controller,
data transmission controller
Die Datenübertragungssteuerung wird wie eine ↗ Geräteanschaltung der ↗ Standardperipherie an die ↗ Zentraleinheit angeschlossen. Der ↗ Datenverkehr zwischen Datenübertragungssteuerung und ↗ Zentraleinheit erfolgt ↗ byteweise. Die Datenübertragungssteuerung koordiniert die ↗ Datenübertragung und führt zur Entlastung der Zentraleinheit eine Reihe von Steuerungs- und Kontrollfunktionen selbständig aus. Das sind u.a. die Erkennung von ↗ Steuerzeichen, die Überwachung einer bestehenden ↗ Verbindung, die ↗ Datensicherung (Übertragungsfehlererkennung), die Serien-Parallel-, bzw. Parallel-Serien-Umwandlung der ↗ Zeichen. Die programmtechnische Abwicklung der ↗ Datenübertragung mittels ↗ Datenübertragungsprozeduren ist bei neueren Entwicklungen meist Bestandteil der Datenübertragungssteuerung und wird durch einen ↗ Mikroprozessor vorgenommen.

An eine Datenübertragungssteuerung für ↗ Außenstellen (DUSTA) sind mehrere ↗ Datenendgeräte anschließbar.

Die DUSTA wird vielfach auch Fernbetriebseinheit genannt.

Datenübertragungssteuerzeichen
data transmission control character
↗ Übertragungssteuerzeichen

Datenübertragungsweg
data transmission line
Bei der ↗ Datenfernverarbeitung ist der Datenübertragungsweg gekennzeichnet durch die
a) Leitungsart (↗ Telegrafieleitung, ↗ Fernsprechleitung, ↗ Breitbandleitung, ↗ galvanisch durchgeschaltete Leitung),
b) Verbindungsart (↗ Standverbindung, ↗ Wählverbindung),
c) Netzkonfiguration (↗ Punkt-zu-Punkt-Verbindung, ↗ Mehrpunkt-Verbindung, ↗ Konzentrator-Verbindung).

Datenverarbeitung (Dv, DV)
data processing (dp)
Informationsverarbeitung mit technischen Mitteln für ↗ Daten aus Wissenschaft, Technik, Verwaltung und Wirtschaft.

Datenverarbeitungsanlage (DVA, DPM)
data processing machine, computer
Oberbegriff für alle programmgesteuert, automatisch arbeitenden Anlagen mit mechanisch, elektrisch oder elektronisch arbeitenden ↗ Funktionseinheiten mit ↗ digitalem oder ↗ analogem Arbeitsprinzip.
Datenverarbeitungsanlagen sind Gerätekonfigurationen, bei denen ↗ Dateneingabe und ↗ Datenausgabe mit Ausnahme der ↗ Dialogperipherie jeweils durch separate abgesetzte Einheiten erfolgt.

Datenverarbeitungssystem (DVS)
data processing system
Komplette arbeitsfähige ↗ Daten-

verarbeitungsanlage, die neben der ↗ Zentraleinheit auch Peripheriegeräte für ↗ Dateneingabe und Datenausgabe, ↗ periphere Speicher, sowie bei ↗ Prozeßrechnern die ↗ Prozeßperipherie umfaßt. Neben der als ↗ Hardware benannten Gerätekonfiguration, sind die zum funktionalen Betrieb erforderlichen ↗ Programme (↗ Software) wesentlicher Bestandteil eines Datenverarbeitungssystem.

Datenverbindung
data circuit
Die Gesamtheit von ↗ Datenübertragungseinrichtungen und Übertragungsleitungen, die in einer bestimmten Betriebsart die Übertragung von ↗ Daten (↗ Datenübertragung) ermöglicht.

Datenverkehr
data transfer
↗ Programm- oder direktgesteuerte (↗DMA) ↗ Dateneingabe oder ↗ Datenausgabe zwischen zwei oder mehreren ↗ Funktionseinheiten, z.B. ↗ Zentraleinheit und ↗ periphere Einheit. Beim programmgesteuerten Datenverkehr unterscheidet man zwischen ↗ Einzelverkehr und ↗ Blockverkehr, sowie zwischen ↗ zentraler Initiative und ↗ peripherer Initiative.

Datenverwaltung
data management
Die ↗ Daten, die mit einer ↗ Datenverarbeitungsanlage verarbeitet werden sollen, werden als Datenbestände auf ↗ Speichern aufgezeichnet. Unter Datenverwaltung versteht man in erster Linie das Ablegen dieser Daten auf die vorgesehenen Speicher sowie deren Wiederauffinden, wenn sie von einem ↗ Programm benötigt werden. Die Datenverwaltung wird meist von einem ↗ Betriebssystem übernommen.

Datenwort
data word
↗ Datum von der Länge eines ↗ Maschinenwortes.

Datex
Datex (data exchange)
Unter dem Namen Datex betreibt die Deutsche Bundespost ein besonderes Wählnetz für die ↗ Datenübertragung. Es arbeitet nach dem ↗ Telegrafieprinzip (digital) mit einer ↗ Übertragungsgeschwindigkeit bis 200 bit/s. Die Teilnehmeranschlüsse sind als Vierdrahtanschlüsse ausgeführt, deshalb ist ↗ Vollduplexbetrieb möglich. Die Betriebsgüte des Datex-Netzes liegt über der anderer Netze.

Dation
dation
In der ↗ Programmiersprache ↗ PEARL eine Datenstation, d.h. jede beliebige ↗ Quelle oder ↗ Senke von ↗ Daten, z.B. ↗ Gerät, ↗ Datei.

Datum
data, data element
Neben der Kalenderbezeichnung wird der Begriff „Datum" auch für ein einzelnes ↗ Datenwort oder Datenbyte (für einen ↗ Operanden) verwendet.

DAU
digital-analog converter
↗ Digital-Analog-Umsetzer

dB
decibel
Abkürzung für Dezibel; logarithmische Angabe eines Spannungs- oder Leistungsverhältnisses:

$x = 20 \lg \dfrac{U_1}{U_2}$ (in dB) (U Spannung),

$x = 10 \lg \dfrac{N_1}{N_2}$ (in dB) (N Leistung).

DDC
direct digital control
↗ direkte digitale Regelung

DDP
↗ Distributed Processing

DE
data input
↗ Dateneingabe, ↗ Digitaleingabe

debugging
Fehler suchen und beseitigen.

debugging program, debugging routine
Hilfsprogramm zur Fehlererkennung.

decodieren
decoding
↗ Umsetzen von ↗ Informationen aus einem ↗ Code geringerer ↗ Redundanz in einen Code größerer Redundanz, z. B. in die normale Umgangssprache. Unter Befehlsdecodierung versteht man z. B. die Interpretation des ↗ Operationsteils eines ↗ Befehls durch den ↗ Zentralprozessor (↗ codieren).

Decodierer
decoder
Ein ↗ Code-Umsetzer mit mehreren Eingängen und Ausgängen, bei dem für jede spezifische Kombination von (↗ binären) Eingangssignalen immer nur ein bestimmter Ausgang ein ↗ Signal abgibt (DIN 44 300).
Beispiel eines Decodierers:

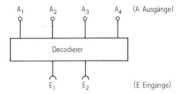

E_1	E_2	A_1	A_2	A_3	A_4
0	0	1	0	0	0
1	0	0	1	0	0
0	1	0	0	1	0
1	1	0	0	0	1

dedicated circuit
Schaltung, die auf ein bestimmtes Problem zugeschnitten ist.

DEE
data terminal equipment
↗ Datenendeinrichtung

DE-Einrichtung
data terminal equipment
↗ Datenendeinrichtung

definierter Makro
defined macro
↗ Makros, deren Struktur explizit mittels Definition festgelegt wird („Makroerklärung"), sind im Sprachgebrauch des ↗ Makroübersetzers „definierte Makros" (Gegensatz: ↗ Basismakros). Die Definition kann dem ↗ Programmierer in einer zentral verwalteten ↗ Bibliothek zur Verfügung stehen (↗ Standardmakro) oder er kann sie sich selber schreiben (↗ Anwendermakro).

DEG
data terminal, ↗ Datenendgerät

dekrementieren
decrement
Beim Dekrementieren wird ein dual verschlüsselter ↗ Operand, z.B. eine ↗ Adresse, um eine Einheit vermindert (Adresse -1).

Dekrementieren und Springen (DSP)
decrement and branch
↗ Bedingter Sprungbefehl. Als Bedingung dient bei diesem ↗ Sprungbefehl ein ↗ Operand, der bei der ↗ Befehlsausführung ↗ dekrementiert (-1) wird. Ist der Operand nach dem Dekrementieren ungleich Null (≠0), so wird der Sprung ausgeführt; ist er gleich Null (=0), dann ist die ↗ Sprungbedingung nicht erfüllt und der auf den Sprungbefehl folgende ↗ Befehl wird ausgeführt.

DEL
delete
Codetabellenkurzzeichen; bedeutet als ↗ Gerätesteuerzeichen „Löschen"

demand paging
↗ Seitenwechsel

device
↗ Gerät

dezentrale Datenverarbeitung
decentralized data processing
Liegen die Anlageteile des zu automatisierenden ↗ Prozesses weit auseinander, wird vorteilhaft ein leistungsfähiger zentraler ↗ Prozeßrechner (PR) mit mehreren dezentral aufgestellten ↗ Satellitenrechnern eingesetzt:

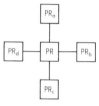

Die ↗ Prozeßdaten der Teilprozesse werden in der Nähe ihres Entstehungsprozesses (dezentral in bezug auf den zentralen Prozeßrechner) verarbeitet. Nur die ↗ Daten bzw. Ergebnisse, die für den Gesamtprozeß nötig sind, werden von den dezentralen Prozeßrechnern an den zentralen Prozeßrechner weitergeleitet.

dezentrale Peripherie
decentralized peripherals
Gesamtheit der ↗ Eingabe-Ausgabeeinheiten innerhalb eines ↗ digitalen Rechensystems, die über ↗ Datenübertragungseinrichtungen angeschlossen sind.

dezentraler Prozeßrechner
decentralized process computer
Autonome Teilprozesse lassen sich mit dezentral eingesetzten ↗ Prozeßrechnern automatisieren. Hierbei werden die niedrigen Automatisierungsfunktionen (Überwachung, ↗ Steuerung, ↗ Regelung der Einzelvorgänge) mit dezentralen Prozeßrechnern verwirklicht, während die für die optimale Lenkung des Gesamtprozesses erforderlichen Automatisierungsfunktionen mit einem übergeordneten Prozeßrechner ausgeführt werden.

Dezimalsystem
decimal system
Ein ↗ Zahlensystem mit der ↗ Basis 10.

Dezimalziffer
decimal digit
Ein ↗ Zeichen aus einem Zeichenvorrat von 10 Zeichen, denen als Zahlenwerte die ganzen ↗ Zahlen 0...9 umkehrbar eindeutig zugeordnet sind.

DFÜ
remote data transmission
↗ Datenfernübertragung

Dfv (DFV)
remote data processing
↗ Datenfernverarbeitung

Dfv-Anlage
teleprocessing machine
↗ Datenfernverarbeitungsanlage

Dfv-System (DFVS)
teleprocessing system
↗ Datenfernverarbeitungssystem

Diagramm
diagram
In der Datentechnik werden sachliche, logische oder auch mathematische Zusammenhänge bevorzugt unter Zuhilfenahme grafischer Mittel dargestellt. Besondere Bedeutung haben dabei Diagramme, die den Ablauf der Verarbeitung von ↗ Daten veranschaulichen. Diese Diagramme nennt man ↗ Ablaufdiagramme.
Zur Vereinheitlichung dieser Darstellungen wurden ↗ Sinnbilder genormt. Zeichenschablonen mit diesen Sinnbildern erleichtern das Zeichnen der Diagramme. In der Regel wird im Diagramm die grafische Darstellung durch ↗ Text ergänzt und erläutert.

Dialogbetrieb
conversational mode
Er ist für den sofortigen Informationsaustausch zwischen ↗ Außenstelle (AST) und ↗ Datenverarbeitungsanlage (DVA) bestimmt und dient dem Dialog zwischen Mensch und ↗ Rechner. Beim Dialogverkehr werden die ↗ Daten in der AST, meist über eine ↗ Tastatur, eingegeben, zur DVA übertragen und dort umgehend verarbeitet. Das Verarbeitungsergebnis wird sofort zur AST zurückübertragen. In der AST erscheint das Ergebnis auf einem visuell lesbaren ↗ Datenträger. Im Gegensatz zur ↗ Stapelverarbeitung werden beim Dialogbetrieb meist nur kleinere Datenmengen je Übertra-

gungsvorgang als Frage-Antwort-Folge transferiert.
Beispiele dafür sind Auskunftstationen und Buchungsplätze.

Dialogeinheit
conversational unit, interactive terminal
↗ Periphere Einheit der ↗ Standardperipherie, über die der ↗ Operator die ↗ Datenverarbeitungsanlage bedienen kann.

Dialoggerät
conversational device
↗ Gerät zur unmittelbaren Befehlseingabe, ↗ Dateneingabe und Datenausgabe.

Dialogperipherie
conversational peripherals
Zur Dialogperipherie einer ↗ Datenverarbeitungsanlage (DVA), z.B. eines ↗ Prozeßrechners, gehören die ↗ peripheren Einheiten der ↗ Standardperipherie, mit denen der ↗ Operator die DVA bedienen kann; z.B. ↗ Bedienungsblattschreiber, ↗ Datensichtstationen. Im weiteren Sinne gehören auch ↗ Dialogstationen, die für den ↗ Dialogbetrieb geeignet sind, zur Dialogperipherie.

Dialogstation
conversational terminal
Die für den ↗ Dialogbetrieb geeigneten ↗ Geräte nennt man Dialogstationen, z.B. ↗ Fernschreiber, ↗ Datensichtstation.

Dialogverkehr
conversational communication
↗ Dialogbetrieb

Dienstprogramm
utility program
↗ Systemprogramm von ↗ Betriebssystemen; sie dienen der Anwenderunterstützung vorwiegend bei Aufgaben, die in der ↗ Datenverarbeitung selbst ihren Ursprung haben, z.B. ↗ Umsetzen zwischen ↗ Datenträgern, Ablisten, ↗ Testen. Dienstprogramme sind Hilfsmittel für den Betrieb einer ↗ Datenverarbeitungsanlage. Es lassen sich mit ihnen viele Aufgaben ganz oder teilweise mit stark reduziertem Programmieraufwand lösen.

Differenzzeituhr
differential clock, timer
↗ Zeitgeber, der einem Benutzer entweder die Zeitdifferenz zu einem willkürlichen Anfangspunkt oder das Erreichen des Endes eines willkürlichen Zeitintervalls mitteilt.

digit
↗ Ziffer

digital
digital
↗ Zahlen und andere Werte lassen sich in digitaler und ↗ analoger Form darstellen. Bei der digitalen Darstellung werden ganze Einheiten (diskrete physikalische ↗ Größen) verwendet, z.B. die ↗ Ziffern der ↗ Zahlensysteme.
Ein ↗ Rechensystem heißt digital, wenn es nur mittels ↗ Zeichen dargestellte ↗ Informationen verarbeitet oder anders dargestellte ↗ Daten vor der Verarbeitung in Zeichen umsetzt.

Digital-Analog-Umsetzer (DAU)
digital to analog converter (DAC)
↗ Funktionseinheit, die ein ↗ digitales Eingangssignal in ein ↗ analoges Ausgangssignal umsetzt.

Digitalanzeige
digital display
Optische Anzeige ↗ digitaler Werte.

Digitalausgabe(einheit)
digital output(unit)
Die ↗ Funktionseinheit eines ↗ Prozeßrechensystems zur Ausgabe ↗ digitaler Signale (DIN 66201). Die Digitalausgabe(einheit) ist Teil der ↗ Prozeßperipherie und wird auch als ↗ Prozeßsignalformer bezeichnet.

digitale Daten
digital data, discrete data
↗ Daten, die nur aus ↗ Zeichen bestehen (DIN 44300). Digitale Datenumfassen jeweils ganze, diskrete Einheiten (diskrete physikalische Größen) wie z.B. 1, 2; A, B. Im erweiterten Sinn auch diskrete Bruchteile von Einheiten: 0,1; 0,2; usw.

digitale Datenverarbeitungsanlage
digital computer
Die Gesamtheit der Baueinheiten, aus denen ein ↗ digitales ↗ Rechensystem aufgebaut ist (DIN 44300).

Digitaleingabe(einheit)
digital input(unit)
Die ↗ Funktionseinheit eines ↗ Prozeßrechensystems, mit der ↗ digitale Daten von außen zugeführt werden (DIN 66201).
Bei der a) statischen Digitaleingabe stehen die ↗ Prozeßdaten am Eingang in binärer Form an; bei der Abfrage werden sie zur ↗ Zentraleinheit durchgeschaltet.
Bei der b) dynamischen Digitaleingabe können kurzzeitige ↗ Impulse bis zur Abfrage gespeichert werden. ↗ Prozeßsignalformer für dynamische Digitaleingabe werden auch als Alarmeingaben (↗ Alarmwort) verwendet.

digitale Rechenanlage
digital computer
Die Gesamtheit der ↗ Baueinheiten, aus denen ein ↗ digitales Rechensystem aufgebaut ist (DIN 44300).

digitales Ausgangssignal
digital output signal
↗ digitales Signal

digitales Rechensystem
digital data processing system
Ein Rechensystem zur ↗ Verarbeitung ↗ digitaler Daten.

digitales Signal
Ein ↗ Signal, dessen ↗ Signalparameter eine ↗ Nachricht oder ↗ Daten darstellt, die nur aus ↗ Zeichen besteht bzw. bestehen (DIN 44300).

digitale Steuerung
digital control
Eine innerhalb der Signalverarbeitung mit ↗ digitalen Signalen arbeitende ↗ Steuerung, die vorwiegend zahlenmäßig dargestellte ↗ Informationen verarbeitet (DIN 19237).
Die Signalverarbeitung erfolgt vorwiegend mit digitalen ↗ Funktions-

einheiten wie ↗ Zähler, ↗ Register, ↗ Speicher, ↗ Rechenwerke. Die zu verarbeitenden Informationen sind üblicherweise in einem ↗ Binärcode dargestellt.

Digitalisierung
digitization
Umsetzung ↗ analoger Signale mit Hilfe eines ↗ Analog-Digital-Umsetzers in ↗ digitale Daten.

Digitalrechner
digital computer
↗ Rechner, in dem die ↗ Information in ↗ digitaler Form dargestellt ist. Der Digitalrechner verwendet bei der Lösung von Problemen Nullen („0") und Einsen („1") zur Darstellung aller ↗ Variablen. Sind beim Einsatz von Digitalrechnern ↗ analoge Daten aufzunehmen bzw. abzugeben, dann müssen diese Daten bei der Eingabe mit dem ↗ Analog-Digital-Umsetzer in die digitale bzw. bei deren Ausgabe mit dem ↗ Digital-Analog-Umsetzer in die analoge Darstellungsweise gebracht werden.

DIN
Deutsche Industrie Norm

DIP
Dual-In-Line-Gehäuse

direct access
↗ direkter Zugriff

direkte Datenfernverarbeitung
direct teleprocessing
Im ↗ On-line-Betrieb ist die ↗ Außenstelle direkt mit der ↗ Datenverarbeitungsanlage (DVA) verbunden. Eine Zwischenspeicherung der ↗ Daten und das manuelle Umladen von ↗ Datenträgern entfällt. Bei der direkten Datenverarbeitung sind ↗ Datenerfassung, ↗ Datenübertragung und ↗ Datenverarbeitung zu einem ↗ System zusammengefaßt und so aufeinander abgestimmt, daß ein kontinuierlicher ↗ Datenfluß von und zur DVA möglich ist. Solche Systeme sind für Aufgaben, die kurze Reaktionszeiten verlangen, ausgelegt.

direkte digitale Regelung (DDC)
direct digital control
Digitale Regelung mit einem ↗ Prozeßrechensystem, wobei der ↗ Regelalgorithmus durch ein ↗ Programm realisiert wird.
Im allgemeinen ersetzt das ↗ Prozeßrechensystem mehrere ↗ Regler.

direkte Prozeßkopplung
on-line system
↗ Prozeßkopplung, bei der ↗ Eingabedaten und/oder ↗ Ausgabedaten ohne menschlichen Eingriff übertragen oder übergeben werden (DIN 66201).

direkter Speicherzugriff (DMA)
direct memory access
Informationsaustausch zwischen ↗ peripheren Einheiten und ↗ Zentralspeicher ohne Beteiligung des ↗ Zentralprozessors.
Der direkte Speicherzugriff wird von einer peripheren ↗ Steuerung koordiniert. Bei einer DMA-Anforderung erhält die DMA-Steuerung nach dem

DIL, DIP Schaltungsgehäuse mit in zwei Reihen angeordneten senkrechten Anschlussstiften
Dual In Line (Package)

direkter Zugriff – Distributed Processing (DDP)

↗ Cycle-stealing-Prinzip einen ↗ Speicherzyklus zugeteilt, in dem der ↗ Datentransfer in den oder aus dem Zentralspeicher ohne Beteiligung eines ↗ Prozessors erfolgt.

direkter Zugriff
random access, direct access
Wahlfreier Zugriff. Wenn der ↗ Zugriff zu den in einem ↗ Speicher enthaltenen ↗ Informationen unabhängig von der Aufzeichnungsreihenfolge möglich ist, spricht man von wahlfreiem oder direktem Zugriff. Die entsprechenden Speicher nennt man ↗ Direktzugriffsspeicher.
In den Transferaufrufen für den direkten Dateizugriff ist eine explizite Datensatzangabe, z. B. als Byteadresse, erforderlich, gleichgültig ob die ↗ Datei aus ↗ Sätzen fester oder unterschiedlicher Länge besteht. Ein Direktzugriff verstellt den ↗ Dateizeiger nicht.

Direktzugriffsspeicher
random access memory
Alle Speicher, die sich mit ↗ direktem Zugriff adressieren lassen:
a) als ↗ Zentral- bzw. ↗ Hauptspeicher eingesetzte Speicher: ↗ Kernspeicher, ↗ Halbleiterspeicher; kleinste adressierbare Einheit: 1 Byte oder 1 Wort;
b) ↗ periphere Speicher mit direktem Zugriff: ↗ Plattenspeicher, ↗ Trommelspeicher, ↗ Festkopfspeicher; kleinste adressierbare Einheit: 1 Block.

disk storage unit
↗ Plattenspeichereinheit

Diskette
↗ Floppy-disk-Einheit

diskontinuierlicher Prozeß
discontinuous process
Ein durch häufig wechselnde Prozeßparameter gekennzeichneter ↗ Prozeß.

display
↗ Anzeige

display device
↗ Sichtgerät

Distanzadresse
floating address, displacement
Die ↗ Operandenadresse innerhalb eines ↗ Befehls setzt sich bei bestimmten ↗ Befehlsformaten aus zwei Teilen zusammen: ↗ Basisadresse und ↗ Distanzadresse. Mit der Distanzadresse kann oft nur ein begrenzter ↗ Speicherbereich adressiert werden, z. B. mit 12 Bits max. 4096 Speicherzellen. Die ↗ absolute Speicheradresse erhält man durch ↗ Addition der Distanzadresse zu der in einem ↗ Basisadreßregister oder ↗ Standardregister enthaltenen Basisadresse (↗ Indizierung).

Distributed Processing (DDP)
distributed **d**ata **p**rocessing
Hierbei erfolgt die ↗ Datenverarbeitung bzw. die Computerleistung am Ort des Entstehens der ↗ Daten (anwendernah) z. B. mittels ↗ Minicomputer mit ↗ Echtzeit-Betriebssystemen (↗ Prozeßrechner) und der Fähigkeit, untereinander oder mit Großrechnern zu kommunizieren.

Division
division
Die Division ist eine ↗ arithmetische Operation:

> Dividend : Divisor = Quotient

Im ↗ Rechenwerk einer ↗ Zentraleinheit wird die Division in der Regel schrittweise durch Subtrahieren und Verschieben durchgeführt. Als Ergebnis einer Division erhält man den Quotienten und meist einen Divisionsrest.

Divisionsbefehl
divide instruction
Der Divisionsbefehl ist ein ↗ arithmetischer Befehl. Die ↗ Operanden (Dividend und Divisor) können als ↗ Festpunktzahlen (Festpunktdivision), als ↗ Betragszahlen (Betragsdivision) oder als ↗ Gleitpunktzahlen (Gleitpunktdivision) auftreten und müssen mit dem entsprechenden Divisionsbefehl verarbeitet werden.

DLE
data **l**ink **e**scape
Codetabellenkurzzeichen; bedeutet als ↗ Übertragungssteuerzeichen „Datenübertragungsumschaltung".

DMA
direct **m**emory **a**ccess
↗ direkter Speicherzugriff

DMA-Anforderung
DMA-request
↗ direkter Speicherzugriff

DNC
direct **n**umerical **c**ontrol
Ein ↗ System zur Rechnerdirektführung von mehreren ↗ numerisch gesteuerten Arbeitsmaschinen. Die Aufgaben des DNC-Rechners bestehen zum einen in der zeit- und formatgerechten Verteilung der Steuerinformation, zum anderen in der Verwaltung der NC-Programme und der ↗ Verarbeitung der Betriebsdaten.

doppeln
duplicate
Unter Doppeln oder Duplizieren versteht man das Übernehmen von ↗ Daten eines ↗ Datenträgers, z.B. einer ↗ Lochkarte, auf einen anderen Datenträger derselben Art.

Doppelrechnersystem
double computer system,
dual computer system
Mit einem Doppelrechnersystem läßt sich ein redundantes oder sicheres ↗ Prozeßrechensystem aufbauen, das für Automatisierungsaufgaben eingesetzt wird. Man unterscheidet zwischen dem
a) Bereitschaftsrechnersystem (Stand-by-System) und dem
b) Zweirechnersystem (Master-Slave-System).

a) Das Bereitschaftsrechner- oder Stand-by-System besteht aus zwei gekoppelten ↗ Einrechnersystemen mit gleicher Geräteausstattung. Im Normalbetrieb werden alle Aufgaben auf einem der beiden ↗ Rechner (Arbeitsrechner) bearbeitet. Der andere Rechner steht in Bereitschaft

Doppelstrom – DR

und erhält in bestimmten Zeitabständen vom aktiven Rechner die aktuellen ↗ Daten übermittelt, die für eine Übernahme der Aufgaben bei einer Störung des aktiven Rechners erforderlich sind:

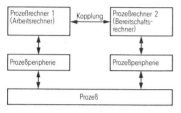

Bereitschafts- oder Stand-by-System

b) Ein Zweirechner- oder Master-Slave-System besteht aus zwei gekoppelten Rechnern mit unterschiedlicher Geräteausstattung und unterschiedlichen Aufgaben:

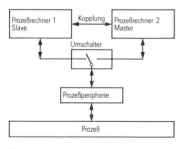

Zweirechner- oder Master-Slave-Rechnersystem

Bei Ausfall eines der beiden Rechner werden die wesentlichen Aufgaben vom anderen mit übernommen.

Doppelstrom
double current
Mit den Begriffen ↗ Einfachstrom und Doppelstrom bezeichnet man die beiden möglichen Betriebsweisen einer ↗ Fernschreibleitung.

Der Vorteil dieses Verfahrens gegenüber dem Einfachstrombetrieb liegt darin, daß Leitungsunterbrechungen als Störungen erkannt werden. Die ↗ Übertragungssicherheit ist daher größer als beim Einfachstrombetrieb.

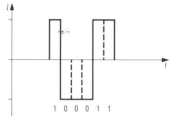

Übermittlung von Binärziffern im Doppelstromprinzip

down-time
↗ Ausfalldauer

DP
data **p**rocessing
↗ Datenverarbeitung

DPM
data **p**rocessing **m**achine
↗ Datenverarbeitungsanlage

DR
↗ Drucker, ↗ Digitalrechner

Dreirechnersystem
three-computer system
Zum Aufbau von Prozeßautomatisierungssystemen mit hohen Sicherheitsanforderungen, z. B. Kernreaktoren. Sie bestehen aus drei identischen Prozeßrechnerteilsystemen mit je einer eigenen ↗ Stromversorgung. Die auszugebenden ↗ Prozeßsignale werden in einer Auswahllogik (Zweivon Dreiauswahl) überwacht und miteinander verglichen.

drop in
↗ Störsignal

drop out
↗ Signalausfall

drucken
print
Beschriften von Papier oder Karten mit einem Druckaggregat.

Drucker
printer
Sie dienen in der ↗ Datenverarbeitung zur Ausgabe und Protokollierung von ↗ Daten. Mit Ausnahme der ↗ Blattschreiber (Schreibmaschinen), die Typenhebel, Kugelkopf oder Schreibrad als Typenträger besitzen und zeichenweise drucken, werden als schnelle Ausgabeeinheiten Schnelldrucker eingesetzt. Sie drucken zeilenweise, z. B. 132 Zeichen je Zeile, mittels Schreibwalze bzw. Schreibtrommel.
Nach dem Druckprinzip unterscheidet man z. B. Trommeldrucker, Kettendrucker und Matrixdrucker.
Die Druckgeschwindigkeiten von Schnelldruckern mit mechanischem Druckaggregat liegen zwischen 100 und 600 (bis 2000) Zeilen je Minute. Die Druckgeschwindigkeit ist dabei unabhängig von der Anzahl der ↗ Zeichen pro Zeile. Drucker mit elektrostatischem Druckprinzip sind zwar schneller, haben bisher aber noch keine große Bedeutung.
Laserdrucker kommen auf Druckleistungen von 20 000 Zeilen je Minute (↗ nichtmechanische Drucker).

drum storage
↗ Trommelspeicher

DSt
data station, ↗ Datenstation

Dualsystem
binary digit system
Bekanntestes und wichtigstes ↗ binäres ↗ Zahlensystem; auch als Zweiersystem bezeichnet. Es ist ein Zahlensystem mit der Basis 2 und benötigt demzufolge nur die (Binär-) Ziffern Null („0") und Eins („1").
Bei der ↗ Stellenschreibweise von ↗ Dualzahlen ist der Stellenwert durch ganzzahlige Potenzen von 2 ausgedrückt:

dezimal

10^2	10^1	10^0	
1	0	0	=

dual

2^6	2^5	2^4	2^3	2^2	2^1	2^0
1	1	0	0	1	0	0

Dualzahl
binary number
↗ Zahl im ↗ Dualsystem. Man un-

terscheidet: ↗ Betragszahlen, ↗ Festpunktzahlen und ↗ Gleitpunktzahlen.

Dualziffer
binary digit
Ein ↗ Zeichen aus einem Zeichenvorrat von zwei Ziffern, denen als Zahlenwerte die ganzen Zahlen 0 und 1 zugeordnet sind.

DÜ
data transmission
↗ Datenfernübertragung, ↗ Datenübertragung

DÜE
data link, data circuit-terminating equipment
↗ Datenübertragungseinrichtung

DUET
data link unit
↗ Datenübertragungseinheit

duplex
duplex, ↗ vollduplex

duplizieren
duplicate, ↗ doppeln

Durchlauf
pass
Das Ablaufen eines ↗ Programms oder Programmteils in einer ↗ Datenverarbeitungsanlage vom Beginn bis zum Ende.

Durchsatz
throughput, thruput
Anzahl von ↗ Operationen, die ein ↗ Computer pro Zeiteinheit leistet.

DUST
data communication controller
↗ Datenübertragungssteuerung

DUSTA
↗ Datenübertragungssteuerung

Dv, DV
data processing
↗ Datenverarbeitung

DVA
data processing machine, computer
↗ Datenverarbeitungsanlage

DVS
data processing system
↗ Datenverarbeitungssystem

dx
duple**x**
↗ vollduplex (duplex)

dyadisch
dyadic
Die Eigenschaft eines ↗ Operators – zwischen zwei ↗ Operanden stehend –, diese zu verknüpfen.

dynamische Digitaleingabe
dynamic digital input device
↗ Digitaleingabe

dynamischer Adreßteil
dynamic address part
↗ Adressenrechnung

dynamischer Prozeß
dynamic process, ↗ Fließprozeß

dynamischer Speicher
dynamic storage
↗ MOS-Speicher mit großer Packungsdichte. Die ↗ Speicherzellen bestehen hierbei aus (parasitären) Gate-Kanal-Kapazitäten; der Inhalt der Zellen ist durch die Ladung von Kondensatoren (etwa 0,05pF) definiert. Um den Speicherinhalt zu sichern, muß jede Zelle nach einer bestimmten Zeit (etwa 1 ms) durch sogenannte Auffrischungszyklen (refresh cycles) nachgeladen werden.

dynamisches Prozeßmodell
dynamic process model
Ein ↗ Prozeßmodell, das die Übertragungsvorgänge in der Darstellung eines ↗ Prozesses einschließt (DIN 66 201).

```
                    Diode Transistor Logic
        DTL
                    Dioden-Transistor-Logik
```

EA
I/O, input/output
Abkürzung für Eingabe/Ausgabe.

EA-Anschlußstelle
I/O interface channel
↗ Anschlußstellen einer ↗ Zentraleinheit zum Anschluß der ↗ Standard- und ↗ Prozeßperipherie. Aus Kompatibilitätsgründen ist die Signalbelegung der EA-Anschlußstellen innerhalb einer ↗ Rechnerfamilie (Modellreihe) gleich. Die EA-Anschlußstelle ist eine spezielle ↗ Schnittstelle einer Zentraleinheit; physikalisch wird sie durch eine Steckverbindung realisiert.

EA-Anschlußstellen-Umschalter
I/O interface switch
↗ Steuerung für die Realisierung des abwechselnden ↗ Zugriffs von mehreren ↗ Zentraleinheiten auf eine ↗ periphere Einheit. Die Umschaltung kann durch Schalter von Hand oder per ↗ Programm, gegebenenfalls koordiniert, erfolgen.

EA-Befehl
I/O instruction
↗ Befehle zur Ausführung des programmgesteuerten ↗ Datenverkehrs mit der ↗ Peripherie. EA-Befehle für ↗ zentrale Initiative und EAP-Simulationsbefehle (↗ EA-Prozessor-Simulation) für ↗ periphere Initiative werden vom ↗ Zentralprozessor bearbeitet. EA-Prozessorbefehle sind die EA-Befehle des ↗ EA-Prozessors und werden von diesem bearbeitet.

EABS
I/O teletypewriter
↗ Bedienungsblattschreiber
Abkürzung für Eingabe-Ausgabeblattschreiber.

EA-Kanal
I/O channel, ↗ Kanal

EAP
I/O processor, ↗ EA-Prozessor

EAP-Anzeigen
I/O processor flags
Sie kennzeichnen interne Ablaufbesonderheiten, die im ↗ EA-Prozessor während eines Informationstransfers auftreten. Sie werden im EAP-Anzeigenregister zwischengespeichert und bei der folgenden Anzeigenbearbeitung in den ↗ Zentralspeicher transferiert.

EAP-Befehl
I/O processor instruction
EA-Prozessor-Befehl; ↗ EA-Befehl

EA-Prozessor (EAP)
I/O processor
↗ Funktionseinheit innerhalb einer ↗ Zentraleinheit, die durch Interpretation eines ↗ Programms im Hauptspeicher den ↗ EA-Verkehr abwickelt.
Eingabe-Ausgabe-Prozessor und ↗ Zentralprozessor einer Zentraleinheit arbeiten gleichzeitig (größere Anlagen) oder abwechselnd (kleinere und mittlere Anlagen).

EA-Prozessor-Simulation
I/O processor simulation
Bei kleineren ↗ Zentraleinheiten (ZE) einer ↗ Rechnerfamilie, deren Systemkonzept einen EA-Prozessor (EAP) vorsieht, wird dieser oft aus Kostengründen simuliert; d.h. die Aufgaben des EAP werden vom ↗ Zentralprozessor der ZE übernommen. Dieser benutzt dazu spezielle ↗ EA-Befehle, sogenannte EAP-Simulationsbefehle.

EAROM
electrically alterable ROM
Ein ↗ Festwertspeicher, der ↗ Bit für Bit ↗ programmiert wird und dessen Inhalt sich elektrisch verändern läßt.

EA-Steuerung
I/O controller
Eine ↗ Prozeßeinheit, z.B. PE 3600, besteht aus einer Anzahl von EA-Steuerungen und den ↗ Prozeßsignalformern. Die EA-Steuerungen verwalten und überwachen den ↗ Datenverkehr zwischen der ↗ Zentraleinheit und den Prozeßsignalformern.
Konstruktiv sind die ↗ Flachbaugruppen einer EA-Steuerung zusammen mit den zugehörigen ↗ Anschlußstellen, z.B. 16 für Prozeßsignalformer, in einem ↗ Baugruppenträger untergebracht. Anstelle von Prozeßsignalformern lassen sich auch weitere EA-Steuerungen über diese Anschlußstellen anschließen (sternförmige hierarchische Struktur).

EA-Verkehr
I/O transfers
↗ Datenverkehr der ↗ Zentraleinheit mit den ↗ peripheren Einheiten über die ↗ EA-Anschlußstellen. Der EA-Verkehr kann entweder programmgesteuert mit ↗ zentraler oder ↗ peripherer Initiative oder aber mittels ↗ direktem Speicherzugriff erfolgen.
Der EA-Verkehr wird teils vom ↗ Organisationsprogramm, teils von den ↗ Prozessoren simultan zum Ablauf der ↗ Programme abgewickelt und überwacht.

EA-Werk
I/O unit
Dient zur Steuerung des ↗ Datenaustausches zwischen der ↗ Zentraleinheit und den Einheiten der ↗ Prozeß- und ↗ Standardperipherie. Führt das EA-Werk den Datenaustausch autonom und parallel zum ↗ Zentralprozessor durch, nennt man es ↗ EA-Prozessor.

EBCDI-Code
extended binary coded decimal interchange code
Der Verarbeitungscode vieler ↗ Datenverarbeitungsanlagen der dritten Generation ist der einfach belegte 8-Bit-EBCDI-Code. Es können 256 Bitkombinationen dargestellt werden, von denen zur Zeit aber nur 152 belegt sind.

Echtzeitbetrieb
real-time operation
Realzeitbetrieb. Zum Unterschied vom ↗ Stapelbetrieb strebt der Echtzeitbetrieb eine sofortige ↗ Verarbeitung der ↗ Daten fast im Augenblick ihrer Entstehung an. Dies ist besonders für ↗ Prozeßrechner unerläßlich, da das Programmgeschehen im ↗ Rechner stets mit dem ↗ Prozeß schritthalten muß (↗ geregelte Prozeßoptimierung).
Im Echtzeit- oder Realzeitbetrieb erfolgt die Eingabe der ↗ Prozeßdaten zyklisch (↗ Meßwerte) oder ereignisabhängig (↗ Alarme). Dabei werden sehr schnelle, gleichzeitige ↗ Anforderungen ggf. von der ↗ Hardware kurzzeitig zwischengespeichert und nach einem Prioritätsschema mit Unterstützung durch das ↗ Echtzeit-Betriebssystem abgearbeitet.
Ob der ↗ Rechner im Echtzeitsinn mit dem ↗ Prozeß synchron bleibt, hängt u. a. von Totzeiten und Trägheit des Prozesses und der Änderungsgeschwindigkeit oder Frequenz der Prozeßdaten ab. Für ein Walzwerk, einen Hochofen, eine Satellitenbahnverfolgung oder die Patientenüberwachung auf einer Intensivstation gelten unterschiedliche Anforderungen (↗ Realzeitbetrieb).

Echtzeit-Betriebssystem
real-time operating system
↗ Betriebssystem für ↗ Echtzeit-Rechensysteme. Anforderungen: Rechtzeitige und gleichzeitige Abwicklung einer Vielzahl von Automatisierungsprogrammen, koordinierte Bereitstellung der ↗ Betriebsmittel, Unterstützung der ↗ Simultanarbeit der ↗ Programme und ↗ Geräte unter Berücksichtigung der ↗ Prioritäten, kurze Antwortzeiten auf ↗ Anforderungen, Aufgabenverlagerung auf verschiedene Unterbrechungsebenen, weitgehend selbständige Verwaltung der ↗ Objekte auf Peripherspeichern, leistungsfähige ↗ Fehlerbearbeitung, umfassende Sicherheitsvorkehrungen.
Die Vielfalt der Aufgaben mit unterschiedlichen Schwerpunkten und die gleichzeitige Forderung nach wenig Platzbedarf aber schnellen Reaktionen (also Speicherresidenz) bedingt modular aufgebaute und mittels Generierung an den Einsatzfall anpaßbare Betriebssysteme.

Echtzeit-Programmierung
real-time programming
Realzeit-Programmierung. Bezeichnung für Programmierung von ↗ Echtzeit-Rechensystemen. Bei der Echtzeit-Programmierung sind bestimmte Zeitbedingungen zu beachten. Es treten Forderungen nach Rechtzeitigkeit und Gleichzeitigkeit auf.

Rechtzeitigkeit: ↗ Eingabedaten müssen rechtzeitig abgerufen werden, damit die daraus gewonnenen Ergebnisse innerhalb einer bestimmten Zeitspanne verfügbar sind.
Gleichzeitigkeit: Echtzeit-Rechensysteme müssen auf gleichzeitig ablaufende Vorgänge im ↗ Prozeß reagieren. Entsprechend der seriellen Arbeitsweise der eingesetzten ↗ Digitalrechner können die ↗ Prozeßdaten jedoch nur nacheinander bearbeitet werden. Man spricht dann von ↗ Simultanarbeit. Der zeitverschachtelte aber sehr schnelle ↗ Ablauf von Programmteilstücken tritt dabei für den Prozeß nicht als asynchron oder verzögert in Erscheinung, obwohl echte Gleichzeitigkeit nur bei mehreren unabhängigen ↗ Steuerungen oder ↗ Prozessoren möglich ist (↗ Echtzeitbetrieb).

Echtzeit-Programmiersprache
real-time language
↗ Problemorientierte Programmiersprache, die es erlaubt, Aufgaben, die im ↗ Echtzeitbetrieb erfüllt werden müssen, zu programmieren. Dazu gehören u.a. leistungsfähige EA-Anweisungen, die echtzeitoptimale Nutzung der ↗ Maschinenbefehle durch den ↗ Compiler und Koordinierungsmöglichkeiten (Multiprogramming, Tasking).

Echtzeit-Rechensystem
real-time data processing system
a) Dialogsysteme; Größenordnung der zulässigen Antwortzeit: Sekunden (↗ Dialogbetrieb, ↗ Dialogperipherie).
b) ↗ Prozeßrechensysteme; Größenordnung der zulässigen Antwortzeit: Millisekunden.

Echtzeituhr
real-time clock, ↗ Absolutzeitgeber

ECL
emitter **c**oupled **l**ogic
Emitterkopplungslogik (digitale Schaltkreistechnik). Besonders schnell arbeitende Logikfamilie, bei der die Transistoren nicht in die Sättigung gesteuert werden.

ECMA
european **c**omputer **m**anufacturing **a**ssociation
Europäische Vereinigung der Hersteller von Datenverarbeitungsanlagen.

ED
error **d**etection
Fehlerkennung (↗ Fehlerkennungscode).

EDC
error **d**etection and **c**orrection
Fehlererkennung und Fehlerkorrektur z.B. durch ↗ Paritätsbits (↗ Fehlerkorrekturcode).

Editor
editor
↗ Programm zur Aufbereitung ↗ alphanumerischer Zeichenfolgen im

emittergekoppelte Logik; ungesättigte bipolare Logik (siehe auch CML)

weitesten Sinn. Zum Beispiel kann der Anwender mit dem Editor sowohl Textstellen in einen zur Verfügung gestellten ↗ Puffer fortlaufend neu schreiben (editieren) als auch bestimmte Textstellen suchen und diese ändern. Er ermöglicht außerdem das ↗ Doppeln und Protokollieren von ↗ alphanumerischen Daten.

EDP
electronic data processing
↗ elektronische Datenverarbeitung

EDPM
electronic data processing machine
↗ elektronische Datenverarbeitungsanlage

EDV
electronic data processing
↗ elektronische Datenverarbeitung

EDVA
electronic data processing machine
↗ elektronische Datenverarbeitungsanlage, EDV-Anlage.

EDV-System
electronic data processing system
Mit dem Begriff „EDV-System" bezeichnet man die funktionsfähige ↗ elektronische Datenverarbeitungsanlage.

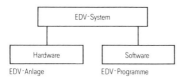

Ein-Adreß-Befehl
single-address instruction
Ein ↗ Befehl, dessen ↗ Adressenteil nur eine ↗ Adresse oder nur einen ↗ Operanden aufnehmen kann. Die Adresse gibt den ↗ Speicherplatz an, der für eine auszuführende ↗ Operation einen der beiden Operanden enthält oder an dem nach einer ausgeführten Operation das Ergebnis gespeichert werden soll. Ein-Adreß-Befehle laufen hauptsächlich auf ↗ Ein-Adreß-Maschinen ab; aber auch in den ↗ Befehlslisten von ↗ Mehr-Adreß-Maschinen gibt es Ein-Adreß-Befehle, z.B. ↗ Sprungbefehle.

Ein-Adreß-Maschine
single-address machine
Sie arbeitet mit ↗ Befehlen, die neben dem ↗ Operationsteil nur einen ↗ Adreßteil enthalten.
Um mit einer Ein-Adreß-Maschine eine Verknüpfung zweier ↗ Operanden auszuführen, muß zunächst der 1. Operand in ein Rechenwerksregister transferiert werden, das ↗ Akkumulator genannt wird. Der 2. Operand wird während der ↗ Befehlsausführung des Verknüpfungsbefehls, z.B. eines ↗ Additionsbefehls, bereitgestellt. Das Ergebnis der ↗ Operation steht anschließend im Akkumulator und wird bei Bedarf durch einen Transferbefehl in den ↗ Zentralspeicher austransferiert.

Einbauplatz
location, slot
↗ Baugruppenträger verfügen über eine bestimmte Anzahl von Einbau-

plätzen zur Aufnahme von ↗ Baugruppen bzw. ↗ Flachbaugruppen, z.B. 16 oder 24. Ein Einbauplatz entspricht dabei etwa der Breite eines ↗ Steckverbinders. In einen Einbauplatz eines einzelligen Baugruppenträgers kann z.B. eine Flachbaugruppe mit den Abmessungen 100 mm x 160 mm (Europaformat) gesteckt werden.

Einbaurahmen
frame, ↗ Baugruppenträger

Einerkomplement
ones complement
↗ Einserkomplement

Einfachstrom
single current
Mit den Begriffen Einfachstrom und ↗ Doppelstrom bezeichnet man die beiden möglichen Betriebsarten einer ↗ Fernschreibleitung.

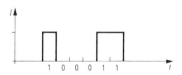

Übermittlung von Binärziffern im Einfachstromprinzip (eine Stromflußrichtung)

Eingabedaten
input data
↗ Daten, die in eine ↗ Datenverarbeitungsanlage entweder zur Verarbeitung oder zur Aufnahme in ↗ Speichern eingegeben werden.

Eingabedaten können von verschiedenen Quellen in die ↗ Zentraleinheit gelangen: z.B. ↗ Prozeßdaten aus dem ↗ Prozeß, auf ↗ Datenträgern (↗ Lochkarten, ↗ Lochstreifen, ↗ Magnetschichtspeicher) gespeicherte Daten, über ↗ Tastaturen eingegebene ↗ Information.

Eingabeeinheit
input unit
Eine ↗ Funktionseinheit innerhalb eines ↗ digitalen Rechensystems, mit der das ↗ System ↗ Daten von außen her aufnimmt (DIN 44300).

Eine Eingabeeinheit besteht aus dem ↗ Eingabegerät und der ↗ Geräteanschaltung, mit der die einheitliche ↗ EA-Anschlußstelle an die ↗ Geräteschnittstelle angepaßt wird.

Eingabegerät
input device
↗ Geräte zur ↗ Dateneingabe lassen sich in verschiedene Gruppen einteilen:

a) Eingabegeräte, die im ↗ Prozeß anfallende ↗ Meßwerte auf ↗ Anforderung der ↗ Zentraleinheit (ZE) (↗ zentrale Anforderung) durchschalten, z.B. ↗ Prozeßsignalformer für ↗ Digital- und ↗ Analogeingabe; oder sporadische (Unterbrechungs-)Signale (↗ Alarme) auf Anforderung der ↗ peripheren Einheit (↗ periphere Anforderung) zur Zentraleinheit durchschalten, z.B. Prozeßsignalformer für ↗ dynamische Digitaleingabe;

b) Eingabegeräte zum Eingeben von ↗ Daten, die auf maschinenlesbaren ↗ Datenträgern enthalten sind, z.B. ↗ Lochstreifen- und ↗ Lochkartenleser;
c) Eingabegeräte für die Eingabe von Daten von Hand über ↗ Tastaturen, z.B. ↗ Blattschreiber, ↗ Sichtgeräte;
d) Eingabegeräte, die gespeicherte Daten in die Anlage eingeben können, z.B. ↗ Magnetschichtspeicher.

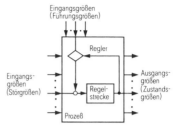

Schematische Darstellung eines technischen Prozesses

Eingabegeschwindigkeit
input rate
Die Anzahl ↗ digitaler Daten, die im Dauerbetrieb über die ↗ Analog- oder ↗ Digitaleingabe im ↗ Hauptspeicher je Zeiteinheit bereitgestellt werden kann (DIN 66 201). Als Kennwert wird meistens der Maximalwert angegeben.

Eingabekanal
input channel, ↗ Kanal

Eingangsdaten
input data
Die Eingangsdaten einer ↗ Funktionseinheit, z.B. ↗ Rechensystem, können ↗ parallel oder ↗ seriell am Eingang anstehen. Sie werden programmgesteuert oder direkt übernommen.

Eingangsgröße
input variable
Unabhängige Prozeßveränderliche. Die einstellbaren Eingangsgrößen sind die ↗ Führungsgrößen; die nicht einstellbaren Eingangsgrößen stellen die ↗ Störgrößen dar.

Eingangssignal
input signal
Am Eingang einer ↗ Funktionseinheit können ↗ digitale und/oder ↗ analoge Eingangssignale anstehen.

Einkanal-Datenübertragungssteuerung
single-channel communication controller
Einkanal-Datenübertragungssteuerungen (DUST) sind besonders für den ↗ Datenaustausch zwischen zwei ↗ Rechnern (↗ Rechnerkopplung) geeignet, da sie nur den Anschluß einer ↗ Datenübertragungseinheit (DÜE), z.B. ↗ Modem, zur ↗ Datenfernübertragung zu einer ↗ Datenstation ermöglichen:

Datenfernübertragung mit einer Einkanal-Datenübertragungssteuerung

einlesen
read in, input, ↗ schreiben

Einrechnersystem
stand-alone computer system
Ein ↗ Prozeßrechner bedient einen oder mehrere ↗ Prozesse. Die einzelnen Automatisierungsaufgaben werden im ↗ Rechner ↗ simultan bearbeitet. Im Gegensatz dazu werden bei Rechnerhierarchien die Aufgaben auf mehrere Rechner verteilt (↗ Stand-alone).

einrichten (Datei)
file creation
Damit eine ↗ Datei im ↗ System registriert (Buchführungseintrag, Platzzuweisung) und damit gebrauchszugänglich ist, muß sie vom Anwender eingerichtet werden. Das kann in einem zentralen Anlaufprogramm oder in einem beliebigen ↗ Anwenderprogramm geschehen. Das „Einrichten" erfolgt über einen ↗ Makroaufruf an das ↗ Organisationsprogramm.

einrichten (Datenträger)
installation of file bookkeeping
Einrichten bedeutet, einen magnetischen ↗ Datenträger für den ↗ Dateizugriff durch das ↗ Organisationsprogramm vorzubereiten. Das geschieht durch Hinterlegen der ↗ Adresse der Dateibuchführung an einer im ↗ System vereinbarten Stelle auf dem ↗ Datenträger und durch Reservieren des Buchführungsplatzes. Das Einrichten erfolgt durch ein ↗ Dienstprogramm.

Einsatzbaugruppe
module, ↗ Baugruppe

einschreiben
write, ↗ schreiben

Einserkomplement
ones complement
Das ↗ Komplement wird auf die ↗ duale Eins bezogen; z. B. Einserkomplement von 101 ergibt 0 1 0.

Eintransfer
data input
Befehlsgesteuerte ↗ Dateneingabe von einer ↗ peripheren Einheit, z. B. ↗ peripherer Speicher, über eine ↗ EA-Anschlußstelle in den ↗ Hauptspeicher der ↗ Zentraleinheit.

Einzelsteuerung
individual control
Antriebssteuerung. ↗ Funktionseinheit zum ↗ Steuern eines einzelnen ↗ Stellgliedes (DIN 19237).
Die Einzelsteuerungsebene (Antriebssteuerungsebene) ist als Gesamtheit aller Einzel- bzw. Antriebssteuerungen definiert.

Ein-Wort-Befehl
single-word instruction
↗ Befehl, der nicht mehr ↗ Bits als die ↗ Wortlänge des ↗ Computers umfaßt, z. B. 16 Bits.

Einzelverkehr
single data transfer
Beim Einzelverkehr wird ein einzelnes ↗ Datum zwischen ↗ Zentraleinheit (↗ Zentralspeicher) und ↗ peripherer Einheit ausgetauscht.

Einzweckrechner – elektronische Datenverarbeitungsanlage

Einzweckrechner
single purpose computer
Diese ↗ Rechner haben nur eine spezielle Aufgabe zu bearbeiten.

elektrische Abtastung
electrical sensing/sampling
↗ Abtastverfahren

elektromechanisch
electromechanical
Eine Einrichtung nennt man „elektromechanisch", wenn sowohl elektrische (elektronische) als auch mechanische Vorgänge beteiligt sind, z.B. bei ↗ Eingabe- und ↗ Ausgabegeräten.

Elektronenrechner
electronic computer, ↗ Computer

Elektronik
electronic
Teilgebiet der Elektrotechnik. Bei Einrichtungen der Datentechnik wird häufig zwischen Elektronik und Mechanik unterschieden. Unter Elektronik versteht man dabei die ↗ Baugruppen oder Teile, bei denen kein mechanisches Teil bewegt wird, sondern die Energie oder ↗ Information als elektrischer Strom oder elektrisches ↗ Signal vorliegt; z.B. ↗ Flachbaugruppen mit ↗ integrierten Schaltkreisen (IC), Transistoren, Dioden, Kondensatoren, Widerstände.

elektronische Datenverarbeitung (EDV, EDP)
electronic data processing
Der Begriff elektronische Datenverarbeitung wird für das organisatorische Gesamtkonzept verwendet, d.h. für den externen und internen Datenfluß, also für Erfassung, Verarbeitung, Verknüpfung, Ausgabe und Auswertung von ↗ Daten, wobei die eigentliche ↗ elektronische Datenverarbeitungsanlage selbst hierbei nur ein Hilfsmittel ist.

elektronische Datenverarbeitungsanlage (EDVA, EDPM)
electronic data processing machine
EDV-Anlage. Eine – im allgemeinen per ↗ Software – speicherprogrammierte, elektronisch arbeitende Anlage zur ↗ Verarbeitung (vorwiegend) ↗ digitaler Signale. Die ↗ Dateneingabe und Datenausgabe erfolgt über ↗ periphere Geräte. Im Deutschen werden die Begriffe „elektronische Datenverarbeitungsanlage" (EDVA) und ↗ „Computer" in gleicher Bedeutung benutzt. Eine elektronische Datenverarbeitungsanlage besteht in der Regel aus der ↗ Zentraleinheit und der ↗ Peripherie.

Eine Sonderform der elektronischen Datenverarbeitungsanlagen stellen Computer dar, die intern ↗ analoge Signale verarbeiten (↗ Analogrechner).

Empfänger
receiver
Im Empfänger oder Empfängerteil einer ↗ Funktionseinheit werden die ↗ Eingangssignale an die ↗ Elektronik, z. B. bezüglich der Amplitude (↗ Pegelumsetzung) oder der Signalform angepaßt. Sie können aber auch verstärkt oder umgewandelt werden, z. B. analog/digital, bzw. seriell/parallel.

Empfangsaufruf
selecting
Der Aufruf an eine oder mehrere ↗ Datenstationen, ↗ Daten zu empfangen (DIN 44302).

Empfangsstation
slave station
Eine ↗ Datenstation zu der Zeit, zu der sie aufgefordert ist, für sie bestimmte ↗ Daten zu empfangen, nachdem sie ihre Betriebsbereitschaft hierzu gemeldet hat (DIN 44302). Die Empfangsstation wird auch mit „Slave" bezeichnet.

empirische Prozeßerkennung
empirical process identification
Eine ↗ Prozeßerkennung durch Erfahrung auf Grund von Beobachtungen (DIN 66201).

empirisches Prozeßmodell
empirical process model
Ein ↗ Prozeßmodell, das durch ↗ empirische Prozeßerkennung gewonnen wurde (DIN 66201).

Emulation
emulation
Softwaremäßige Nachbildung eines ↗ Computers.

Emulator
emulator
Eine ↗ Funktionseinheit, realisiert durch ↗ Programmbausteine und ↗ Baueinheiten, die Eigenschaften einer ↗ Rechenanlage A auf einer Rechenanlage B derart nachbildet, daß ↗ Programme für A auf B laufen (emuliert werden) können, wobei die ↗ Daten für A von B akzeptiert werden und die gleichen Ergebnisse wie auf A erzielt werden (DIN 44300).

Enable-Signal
enable
Freigabesignal von Schaltkreisen.

Endeadresse
end address
Bei ↗ EA-Befehlen bezeichnet die Endeadresse das Ende eines Pufferbereiches (↗ Puffer) im ↗ Zentralspeicher, der die auszugebenden ↗ Daten enthält oder die einzugebenden Daten aufnehmen soll.

Endeanweisung
trailer statement
↗ Anweisung an den ↗ Assembler; sie muß immer die letzte Zeile eines ↗ Abschnitts bilden, z. B. ‚ENDE'.

Endemeldung
termination
Jeder ↗ Blockverkehr zwischen ↗ Zentraleinheit (ZE) und ↗ peripherer Einheit (PE) wird durch eine En-

demeldung beendet. Zusammen mit der Endemeldung, die durch eine periphere Organisationsanforderung realisiert wird, übergibt die PE der ZE die ↗ Betriebsanzeigen.

Endezeichen
end mark
Bei der ↗ Datenübertragung wird jeder zu übertragende ↗ Block mit einem Endezeichen ↗ ETB oder ↗ ETX abgeschlossen. Die ↗ Gerätesteuerung erkennt diese ↗ Zeichen und reagiert entsprechend.

Endlospapier
continuous fan-fold stock
↗ Endlosvordruck

Endlosvordruck
continuous form
In langen Bahnen aneinanderhängende Vordrucke aus Papier für ↗ Blattschreiber, ↗ Fernschreiber und ↗ Drucker. Mit ihnen wird das Einlegen oder Einspannen einzelner Vordrucke in die Schreib- oder Druckeinrichtung vermieden. Endlosvordrucke werden meist in Zickzacklagen gefalzt, seltener von Rollen verarbeitet.

Energieprozeß
energy process
Alle ↗ Prozesse im Zusammenhang mit Energieerzeugung, -transport, -verteilung und -umwandlung.

ENQ
enquiry
Codetabellenkurzzeichen; bedeutet als ↗ Übertragungssteuerzeichen ↗ „Stationsaufforderung" (Aufforderung zu antworten).

entladen
unload
Das Herausnehmen eines ↗ Datenträgers, z.B. ↗ Lochkarten, ↗ Magnetband, aus dem ↗ peripheren Gerät.
Bei ↗ Plattenspeicher- und ↗ Festkopfspeicher- (Trommelspeicher-) Laufwerken wird das Abheben der ↗ Magnetköpfe aus der Flugposition (Arbeitsstellung) „entladen" genannt.

EOT
end **o**f **t**ransmission
Codetabellenkurzzeichen; bedeutet als ↗ Übertragungssteuerzeichen „Ende der ↗ Übertragung".

EPROM
erasable **p**rogramable **r**ead-**o**nly-**m**emory
↗ Festspeicher, dessen gesamte ↗ Information mit UV-Licht löschbar ist. Der Speicherbaustein läßt sich dann wieder neu ↗ programmieren.

erase head
↗ Löschkopf

Ergänzungsspeicher
auxiliary storage
Jeder Teil des ↗ Zentralspeichers, der nicht ↗ Hauptspeicher ist (DIN 44300). Zum Ergänzungsspeicher einer ↗ Zentraleinheit gehören bestimmte ↗ Register zur Zwischenspeicherung von ↗ Daten während der ↗ Befehlsausführungen, gegebenenfalls auch ↗ Festwertspeicher.

Ergebnisanzeigen
result indicators, flags
Sie werden bei der ↗ Befehlsausführung bestimmter ↗ Befehle erzeugt. Die Ergebnisanzeigen werden zwischengespeichert und können mit einem ↗ bedingten Sprungbefehl abgefragt werden. In Abhängigkeit von der Ergebnisanzeige eines Befehls läßt sich eine Sprungverzweigung realisieren. So kann man z.B. nach einem ausgeführten ↗ Additionsbefehl für ↗ Festpunktzahlen abfragen, ob das Ergebnis gleich Null (= 0), kleiner Null (<0), größer Null (>0) war oder ob ein ↗ Überlauf aufgetreten ist.

Erholzeit
recovery time
Bestandteil der ↗ Zykluszeit eines ↗ Halbleiterspeichers. Die Zykluszeit ergibt sich durch Addition von ↗ Zugriffszeit und Erholzeit.

error
↗ Übertragungsfehler

eröffnen (Datei)
file opening
Ein ↗ Programm muß eine ↗ Datei eröffnen, ehe es mit ihr verkehren kann. Damit sind je nach Leistungsumfang und Eigenart des ↗ Betriebssystems, z.B. das ↗ Belegen der Datei, gegebenenfalls die Einrichtung eines ↗ Dateizeigers und der Austausch von Buchführungsinformation verbunden. Das Eröffnen erfolgt über einen ↗ Makroaufruf.

Ersatzgerätezuweisung
alternative device allocation
Prozeßrechner-Betriebssysteme bieten vielfach die Möglichkeit, z.B. bei der Systemgenerierung zu jedem peripheren ↗ Gerät, ein Ersatzgerät gleichen oder ähnlichen Typs zu nennen. Ist das von einem ↗ Programm angesprochene Ausgabegerät defekt oder ausgeschaltet, so leitet das ↗ Betriebssystem bei der Aufrufbearbeitung die ↗ Daten an das Ersatzgerät um. Ein Programm- oder Aufrufabbruch wird dadurch vermieden.

Ersatzregler
back-up controller
Fallen in einem ↗ Prozeßrechensystem zur ↗ direkten digitalen Regelung Anlagenteile aus, so daß die Regelung gestört ist, dann müssen zumindest die ↗ Stellgrößen konstant gehalten werden oder in bestimmtem Unfang auch Ersatzregler eingeschaltet werden, die eine annähernd gleichwertige Regelung für die Zeit des Ausfalls des Prozeßrechensystems bewirken.

Erweiterungssteuerung
extension controller
E-Steuerung. Eine ↗ EA-Steuerung der ↗ Prozeßeinheit PE 3600; sie wird in den ↗ Ausbauebenen 2 und 3 eingesetzt. Die Erweiterungssteuerung verfügt über 16 Steuerungs- und Prozeßsignalformer-Anschlußstellen, an die jedoch nur ↗ Prozeßsignalformer mit ↗ zentraler Initiative (keine EA-Steuerungen) ange-

schlossen werden können. Der ↗ Datenverkehr erfolgt bei Eingabe und Ausgabe ↗ wortweise (16 Bits) parallel.

E-Steuerung
extension controller
↗ Erweiterungssteuerung

ES 902
Einbausystem ES 902. Es ist ein Bausteinsystem für vielfältige Anwendung in allen Bereichen der ↗ Elektronik. Das System entspricht den nationalen Normen und internationalen Empfehlungen (DIN 41494, IEC 297).
Zum Einbausystem ES 902 gehören aufeinander abgestimmte ↗ Rechnerschränke, ↗ Baugruppenträger, ↗ Flachbaugruppen und ↗ Steckverbinder.

ETB
end of transmission block
Codetabellenkurzzeichen; bedeutet als Übertragungssteuerzeichen „Ende des Datenübertragungsblocks".

Etikett
file label
Ein ↗ Satz, der zur ↗ Identifikation und Kontrolle einer ↗ Datei oder eines ↗ Datenträgers dient (↗ Dateietikett).

ETX
end of text
Codetabellenkurzzeichen; bedeutet als ↗ Übertragungssteuerzeichen „Ende des ↗ Textes".

even
geradzahlig

execution time
↗ Ausführungszeit

Exponent
exponent, ↗ Gleitpunktzahl

Externadresse
external address
Die einem ↗ Externnamen durch eine ↗ Externdefinition zugeordnete ↗ Adresse (*nicht* Adresse eines ↗ Objektes auf einem ↗ peripheren Speicher; extern, d. h. außerhalb des ↗ Übersetzungsobjektes) (↗ periphere Adresse).

Externdefinition
external definition
Zuordnung einer ↗Adresse, z. B. $0 \leq$ Ganzzahl ≤ 65535, zu einem ↗ Externnamen.

externer Speicher
external storage
↗ peripherer Speicher

Externname
external name
Ein Name, der vom ↗ Programmierer in einem ↗ Übersetzungsobjekt als ↗ Operand benutzt wird, jedoch in einem anderen – getrennt übersetzten – Übersetzungsobjekt defi-

niert ist. Derartige Übersetzungsobjekte sind im allgemeinen erst nach einem Bindevorgang ablauffähig (↗ Binden).

externspeicherresidentes Programm
peripheral memory resident program, non resident program, bulk-resident program
↗ peripherspeicherresidentes Programm

Fädelspeicher
wired read only memory
↗ Festwertspeicher

Fan in
Eingangslastfaktor von Halbleiterschaltkreisen.
Ist der Ausgang eines ↗ Schaltkreises mit dem Eingang eines anderen verbunden, so gibt der „Fan in" den Lastfaktor (Anzahl der Standardlasten der Logikserie) an, die der Eingang des Schaltkreises für den Ausgang des anderen im ungünstigsten Fall darstellt.

Fan out
Ausgangslastfaktor von Halbleiterschaltkreisen. Er gibt die Anzahl von ↗ Bausteinen gleicher Logikserie an, die bei Einhaltung der technischen Daten an einen Ausgang angeschlossen werden können.

Federleiste
clip contact connector
↗ Steckverbinder

feed
↗ Vorschub

Fehler
error
Die Abweichung der empfangenen ↗ Zeichen oder ↗ Zeichenfolgen von den gesendeten Zeichen oder Zeichenfolgen (DIN 44302).

Fehlerbearbeitung
error handling
Fehler können an den ↗ Geräten, im ↗ Organisationsprogramm (ORG) oder in den ↗ Anwenderprogrammen auftreten. Sie können günstigstenfalls am Ursprungsort erkannt, behoben oder umgangen werden. Andernfalls müssen in ↗ Wirkungsrichtung nachgeschaltete Einrichtungen die Fehlerwirkung abschwächen oder den Sachverhalt möglichst detailgenau melden.
Hardware- und ORG-Fehler führen meistens in eine höherpriore (eigene) Rechnerebene (↗ Prioritätsebene), der die Fehlerbehandlung obliegt. Zugeordnete ORG-Funktionen geben Mitteilungen an den Benutzer und entscheiden über die weitere Behandlung des fehlerhaften ↗ Befehls, ↗ Aufrufs oder ↗ Programms. Die dann eventuell noch möglichen Maßnahmen muß das Anwenderprogramm aufgrund der ↗ Anzeigen treffen.
Eine leistungsfähige Fehlerbehandlung durch das ↗ Betriebssystem ergänzt um eine gewissenhafte Auswertung der Anzeigen durch die Programme sind für die ↗ Prozeßautomatisierung besonders wichtig.

Fehlerbehandlung – Fehlerzweig

Fehlerbehandlung
error handling, ↗ Fehlerbearbeitung

Fehlerdiagnose
diagnosis, diagnostic
Sie umfaßt die Fehlererkennung und die Fehlerlokalisierung.

Fehlererkennungscode
error detecting code
Ein ↗ Code, bei dem die ↗ Zeichen nach solchen Gesetzen gebildet werden, die es ermöglichen, durch Störungen verursachte Abweichungen von diesen Gesetzen zu erkennen (DIN 44 300). Solche Codes gehören zu den redundanten Codes (↗ Redundanz).

Fehlerkorrekturcode
error correcting code
Ein ↗ Fehlererkennungscode, bei dem eine Teilmenge der gestörten ↗ Zeichen aufgrund der Bildungsgesetze (ohne Rückfrage) korrigiert werden kann (DIN 44 300).

Fehlermeldegerät
error message device
In einfachen ↗ Anlagen ist der ↗ Bedienungsblattschreiber (oder die ↗ Bildschirmeinheit) gleichzeitig Fehlermeldegerät. Bei größeren Prozeßrechneranlagen läßt sich oftmals ein bestimmtes Fehlermeldegerät bei der Systemgenerierung angeben. Es sollte auch Quittierungsmöglichkeit bieten. Ferner ist im Störungsfall die Meldungsumleitung auf ein Ersatzgerät ratsam (↗ Ersatzgerätezuweisung).

Alle vom ↗ Organisationsprogramm abgegebenen ↗ Meldungen laufen über das Fehlermeldegerät. Für Meldungen der ↗ Anwenderprogramme legt der ↗ Programmierer das ↗ Gerät fest.

Fehlermeldung
error message, error printout
Von den einzelnen Funktionsbausteinen des ↗ Organisationsprogramms erkannte Fehler werden mit einer Detailkennung und einem Fehlertext sowie ggf. der Zeitangabe dem Fehlerbaustein zur Ausgabe am ↗ Fehlermeldegerät (↗ Blattschreiber oder ↗ Bildschirmeinheit) übergeben, soweit diese Möglichkeit beim Systemgenerieren vorgesehen wurde.

Fehlerreaktion
error reaction
Fehlerreaktionen des ↗ Organisationsprogramms sind Mitteilungen (↗ Anzeigen) an den Benutzer und Maßnahmen zur Programmbehandlung.

Fehlerzweig
error branch
In einem Ablaufdiagramm ist der Fehlerzweig nach einer Abfrage der Zweig, in der die ↗ Fehlerbearbeitung dargestellt wird.

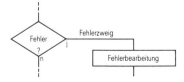

Feld
field

a) Einteilung eines ↗ Befehls einer ↗ Registermaschine, z.B.

16-Bit-Befehl:

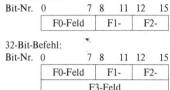

32-Bit-Befehl:

b) Eine auf ↗ Magnetband gespeicherte ↗ Datei kann in ↗ Sätze, und diese können in Felder unterteilt sein. Ein Feld enthält mehrere logisch zusammengehörige ↗ Zeichen.

c) Datenbereich in einem ↗ Programm oder auf beliebigem ↗ Datenträger einschließlich ↗ Zentralspeicher.

Feldadresse
field address

Eine beliebige ↗ Adresse einer ↗ Speicherzelle eines ↗ Datenfeldes wird Feldadresse genannt.

Feldanfangsadresse
field start address

Anfangsadresse eines ↗ Datenfeldes im ↗ Zentralspeicher.

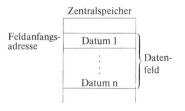

Fernschreibcode
international teletype code

Der Fernschreibcode ist ein Fünfercode. Jedes ↗ Zeichen besteht aus fünf ↗ Bits. Mit diesem ↗ Code sind 32 Bitkombinationen möglich. Die in der Fernschreibtechnik verwendeten ↗ Buchstaben, ↗ Ziffern und ↗ Sonderzeichen machen aber mehr als 32 Zeichen aus. Deshalb sind im Fernschreibcode sogenannte Umschaltzeichen vorhanden, die die

Nr.	Loch-Kombination 5 4 3 T 2 1	Buchstaben	Ziffern und Zeichen
1	• ○ ○	A	–
2	○ ○ • ○	B	?
3	○ ○ • ○	C	:
4	○ • ○	D	Wer da?
5	• ○	E	3
6	○ ○ • ○	F	(frei)
7	○ ○ • ○	G	(frei)
8	○ • ○	H	(frei)
9	○ • ○	I	8
10	○ • ○ ○	J	Klingel
11	○ ○ • ○	K	(
12	○ • ○	L	)
13	○ ○ ○ •	M	.
14	○ ○ •	N	,
15	○ ○ •	O	9
16	○ • ○	P	0
17	○ ○ • ○ ○	Q	1
18	○ • ○	R	4
19	• ○	S	'
20	○ •	T	5
21	○ • ○ ○	U	7
22	○ ○ ○ • ○	V	=
23	○ • ○ ○	W	2
24	○ ○ ○ •	X	/
25	○ • ○ •	Y	6
26	○ • ○	Z	+
27	○ • ○	Wagenrücklauf	
28	• ○	Zeilenschaltung	
29	○ ○ ○ • ○ ○	Umschaltung Buchstaben	
30	○ ○ • ○ ○	Umschaltung Ziffern/Zeichen	
31	○ •	Zwischenraum (Leertaste)	
32	•	(Nicht benutzt)	

Internationaler Fernschreibcode Nr. 2 des CCITT

doppelte Belegung der Codekombinationen ermöglichen.
Für öffentliche Fernschreibleitungen gibt es einen genormten Code mit der Bezeichnung CCITT Nr. 2, von dem nur unter bestimmten Bedingungen abgegangen werden darf.

Fernschreiber (FS)
teleprinter, teletypewriter
Blattschreiber. Elektrische Schreibmaschine, die an ↗ Fernschreibleitungen und im Telexnetz (↗ Telex) betrieben wird.

Fernschreibleitung
teletype circuit, TTY-line
Auf Fernschreibleitungen erfolgt die ↗ Datenübertragung nach dem Telegrafieprinzip, d.h. die Übertragung der Daten in Form einzelner Stromimpulse. Nach dem dabei verwendeten Verfahren spricht man von ↗ Einfach- oder ↗ Doppelstrom. Gebräuchliche ↗ Schrittgeschwindigkeiten sind 50, 75, 100 und 200 ↗ Baud.

Fernsprechleitung
telephone line
Fe-Leitung. Ein elektrischer ↗ Übertragungsweg, der zum Übertragen der menschlichen Sprache geeignet ist.
Die Übertragung der Sprache geschieht durch Analogsignale im Frequenzbereich zwischen 300 und 3400 Hz.
Fernsprechleitungen werden auch für die ↗ Datenfernübertragung verwendet. Eine dafür vorgesehene Leitung wird mit ↗ Modems zur Modulation und Demodulation der zu übertragenden ↗ Daten ausgerüstet.
Fernsprechleitungen können dem öffentlichen ↗ Fernsprechnetz angehören, als feste Verbindung zwischen zwei beliebig weit voneinander entfernten Orten bestehen (↗ Standleitung) oder Teil eines privaten Wählnetzes sein.

Fernsprechnetz
telephone system
Das am weitesten verbreitete Netz ist das Fernsprechnetz, es wird auch für die ↗ Datenfernübertragung verwendet. Zur Zeit sind auf Fernsprechwählleitungen ↗ Übertragungsgeschwindigkeiten bis 2400 bit/s zugelassen, auf Fernsprechstandleitungen bis 9600 bit/s.

Ferritkern
ferrit core
Der ringförmige Ferritkern mit rechteckförmiger ↗ Hystereseschleife bildet das ↗ Speicherelement von ↗ Kernspeichern. Ein Ferritkern wird entsprechend den beiden stabilen Magnetisierungszuständen zur Darstellung einer ↗ Binärstelle verwendet.

Hystereseschleife eines Ferritkerns

Ferritkernspeicher – Festpunktdarstellung

Ferritkerne sind statische Speicherelemente, die zur Aufrechterhaltung des Speicherzustandes keine Energie benötigen. Beim Abschalten oder beim ↗ Ausfall der Betriebsspannungen bleibt die gespeicherte ↗ Information erhalten.

Ferritkernspeicher
ferrite core storage, ↗ Kernspeicher

Fertigmeldung
completion message
↗ periphere Organisationsanforderung

Fertigungsprozeß
production process
↗ Diskontinuierlicher Prozeß bei der Einzelgütererzeugung, z.B. beim Fahrzeugbau.
Die Aufgaben und Lösungswege werden hauptsächlich durch mechanische Bearbeitung und Disposition bestimmt.

Festkomma-
fixed-point, ↗ Festpunkt-

Festkopfspeicher-(einheit)
fixed-head storage(unit),
head-per-track storage (unit)
Periphere Speichereinheit zur Aufnahme von Datenmengen und ↗ Programmen, die gerade im ↗ Zentralspeicher nicht benötigt werden. Die Festkopfspeichereinheit besteht aus den Funktionseinheiten Steuerung und Festkopfspeicherlaufwerk. Der eigentliche Festkopfspeicher besteht aus einer Trommel mit einer magnetisierbaren Speicherschicht.

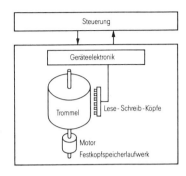

Um den Trommelumfang sind die ↗ Lese-Schreibköpfe fest angeordnet, über die man ↗ Information auf die Trommel ↗ schreiben und von der Trommel ↗ lesen kann.
Während die Trommel rotiert, schweben die Lese-Schreibköpfe auf einem Luftpolster in weniger als 2,5 µm Abstand von der Trommeloberfläche. Köpfe und Magnetschicht arbeiten dadurch praktisch verschleißfrei. An eine ↗ Steuerung können im allgemeinen mehrere, z.B. vier, Festkopfspeicherlaufwerke angeschlossen werden.

Festplattenspeicher
fixed-disk storage
↗ Plattenspeicher, deren ↗ Laufwerke im Gegensatz zu den ↗ Wechselplattenspeichern nur fest eingebaute Plattenstapel (Festplatte) enthalten.

Festpunktdarstellung
fixed-point representation
Im Gegensatz zur ↗ Betragsrechnung werden bei der ↗ Festpunkt-

Bitstelle:	0	1	2	3	4	5	6	7	8	9	10	11	12	13	14	15
Wertigkeit:	Vz	2^{14}	2^{13}	2^{12}	2^{11}	2^{10}	2^9	2^8	2^7	2^6	2^5	2^4	2^3	2^2	2^1	2^0

└─── Vorzeichenstelle

rechnung vorzeichenbehaftete ↗ Dualzahlen verwendet. Eine Festpunktzahl besteht aus einer Vorzeichenstelle und einer festgelegten Anzahl von ↗ Binärstellen, denen eine duale Wertigkeit zugeordnet ist.

Ist die Vorzeichenstelle (Vz) gleich Null, so entspricht dies einer positiven Festpunktzahl, ist sie jedoch gleich Eins, so entspricht dies einer negativen Festpunktzahl.

Reichen die Bitstellen eines ↗ Maschinenwortes nicht aus, so kann eine Festpunktzahl auch aus zwei oder vier Wörtern bestehen.

Festpunktoperation
fixed-point operation
Befehlsgesteuerte ↗ Operation mit ↗ Festpunktzahlen im ↗ Rechenwerk einer ↗ Zentraleinheit. Mit folgenden ↗ Befehlen können Festpunktoperationen durchgeführt werden: ↗ arithmetische Befehle, ↗ Vergleichsbefehle, ↗ Schiebebefehle und ↗ Ladebefehle (↗ Testen).
Nach allen Festpunktoperationen im Rechenwerk werden ↗ Ergebnisanzeigen gebildet, die eine qualitative Aussage über das Ergebnis zulassen. Zum Beispiel kann das Ergebnis nach einer Festpunktoperation gleich Null (= 0), kleiner Null (< 0) oder größer Null (> 0) sein, und es kann ein ↗ Überlauf und/oder ein ↗ Übertrag aufgetreten sein.

Festpunktrechnung
fixed-point arithmetic/computation
Arithmetische Verknüpfung vorzeichenbehafteter ↗ Zahlen, wobei das Rechenkomma an einem festen Platz relativ zum Zahlenanfang oder Zahlenende festgelegt zu denken ist. Die Stellung des Rechenkommas wird bei der ↗ Befehlsausführung nicht automatisch berücksichtigt. Der ↗ Programmierer muß dafür sorgen, daß die Lage des Kommas bei den zu verknüpfenden ↗ Operanden übereinstimmt, belanglos ist oder durch einen zusätzlichen Arbeitsgang ausgewertet wird.

Festpunktzahl
fixed-point number
↗ Festpunktdarstellung

Festspeicher
read only memory
↗ Festwertspeicher

Festwertspeicher
read only memory (ROM)
Festwertspeicher, auch Festspeicher genannt, dienen zur Aufnahme von ↗ Programmen und ↗ Daten. Im Gegensatz zum ↗ Schreib-Lesespeicher läßt sich der Inhalt eines Festwertspeichers nicht mehr verändern, er kann jedoch beliebig oft gelesen werden. Festwertspeicher werden im ↗ Zentralspeicher von ↗ Zentral-

einheiten zur Speicherung unveränderbarer Programmteile und Daten eingesetzt. Auch innerhalb der ↗ Elektronik werden Festwertspeicher, z.B. zur Dekodierung, vorteilhaft eingesetzt. Während man vor einigen Jahren die Festwertspeicher als Fädelspeicher mit ↗ Ferritkernen oder Ferritstäben und (Wort-)Drähten aufgebaut hat, werden heute Festwertspeicher als ↗ Halbleiterspeicher in Form von ↗ ROM- oder ↗ PROM-Bausteinen eingesetzt.

Festwort (FW)
fixed-length word
↗ Wort von definierter Länge, z.B. ↗ Maschinenwort.

FF
flip-flop, ↗ Flipflop

FF
form feed
Codetabellenkurzzeichen; bedeutet als ↗ Gerätesteuerzeichen „Formularvorschub".

Im Protokoll werden Wagenrücklauf und Papiertransport auf den Anfang der nächsten Seite ausgeführt.

FIFO, Fifo
first in – first out
Abnahmestrategie eines ↗ Pufferspeichers; in der Reihenfolge der Informationsübernahme erfolgt auch die Abnahme bzw. Bearbeitung der Information (↗ LIFO).

file
↗ Datei

Firmware
firmware
Systemkomponente zwischen ↗ Hardware und ↗ Software einer ↗ Datenverarbeitungsanlage. Die Firmware besteht aus ↗ Mikroprogrammen, die in einem ↗ Festwertspeicher hinterlegt sind.

fixed-point
↗ Festpunkt-, ↗ Festkomma-

Flachbaugruppe
printed circuit board (PCB)
Eine Flachbaugruppe besteht aus einer ↗ Leiterplatte (Isolierplatte), auf der die Leiterbahnen meist doppelseitig aufgedruckt (geätzt) sind und einer oder mehreren Steckleisten (↗ Steckverbinder) sowie den ↗ Bauelementen, die im Tauch-(Schwall-)Lötverfahren mit den Leiterbahnen verlötet werden.

Die Flachbaugruppen werden in einen rahmenartigen ↗ Baugruppenträger eingeschoben.
Man unterscheidet einfach hohe Flachbaugruppen, z.B. 100 mm x 160 mm (Europakarte) und doppelt hohe Flachbaugruppen, z.B. 233,4 mm x 160 mm bei ↗ ES 902.

flag
↗ Kennzeichen, ↗ Ergebnisanzeigen

Flag-Byte
flag-byte
↗ Speicherzelle (Kennzeichenregister) in einem ↗ Mikroprozessor,

welche die ↗ Kennzeichen (Bedienungsbits oder Zustandsbits) aufnimmt, die infolge von arithmetischen und logischen Funktionen auftreten. Ein Beispiel stellt das Flag-Byte des SAB 8080 dar.

Bit-Nr. 7 6 5 4 3 2 1 0

S	Z	0	AC	0	P	1	C

0:C – Carrybit (Übertragsbit)
1:1 – immer 1
2:P – Paritybit (Paritätsbit)
3:0 – immer 0
4:AC – Hilfs-Carrybit (Hilfs-Übertragsbit)
5:0 – immer 0
6:7 – Zerobit (Nullbit)
7:S – Signbit (Vorzeichenbit)

Fließprozeß
dynamic process
Dynamischer ↗ Prozeß, bei dem als ↗ Variable zeitabhängige oder zeit- und ortsabhängige Variable auftreten können.

Flipflop (FF)
flip-flop
Flip-Flop. Ein Speicherglied mit zwei stabilen Zuständen, das aus jedem der beiden Zustände durch eine geeignete Ansteuerung in den anderen Zustand übergeht (bistabile Kippstufe).

floating-point
↗ Gleitpunkt-

Floppy-disk-Einheit
floppy disk unit
Preiswerter Kleinplattenspeicher. Es gibt Ausführungen mit das Speichermedium (Diskette) berührenden und mit nicht berührenden (fliegenden) Schreib-Leseköpfen. Der ↗ Speicher kann mit ↗ wahlfreiem oder ↗ seriellem Zugriff betrieben werden.
Eine Floppy-disk-Einheit besteht aus den ↗ Funktionseinheiten Floppy-disk-Laufwerke und Floppy-disk-↗Anschaltung.
Ein Laufwerk verfügt neben den mechanischen Vorrichtungen für Antrieb und Positionierung über alle analogen und digitalen Schreib-, Lese- und Steuerelektroniken, die notwendig sind, um mit einfachen Steuersignalen Datentransfer-Operationen durchzuführen. Jedes Laufwerk enthält eine Diskette, die in einer Schutzhülle rotiert. Sie ist eine flexible, ein- oder beidseitig magnetisch beschichtete Kunststoffscheibe mit einem Durchmesser von 18 cm.

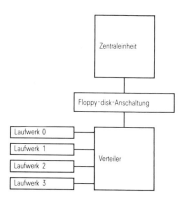

flowchart – Formatangabe

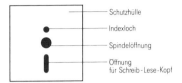

Diskette

Beispiel: Floppy-disk-Einheit (Siemens Systeme 300-16 Bit)

Umdrehungszahl: 360 min^{-1}
Übertragungsrate: 250 000 bit/s
mittlere Zugriffszeit: 326 ms
Spuren: 77
Speicherkapazität: 256 KBytes

flowchart
↗ Ablaufdiagramm

Fluchtsymbol
escape character
Ein alphanumerisches ↗ Zeichen besonderer Bedeutung in einer ↗ Programmiersprache. Es ist als ↗ Steuerzeichen vereinbart und löst beim Erkennen durch ein ↗ Übersetzungsprogramm die zugeordneten Reaktionen aus. Ein Beispiel sind Makrosteuerzeichen o. ä., die einem als Zeichengenerator arbeitenden ↗ Makroübersetzer Beginn oder Ende eines ↗ Makroaufrufes anzeigen.

Flußdiagramm
flowchart, flow diagram
↗ Ablaufdiagramm

Flußplan
flowchart, ↗ Ablaufdiagramm

Flußwechseldichte
density of flux transitions
Anzahl der Magnetisierungswechsel auf einer bestimmten Länge der ↗ Spur (DIN 66010).

FNI
Abkürzung für **Fachn**ormenausschuß **I**nformationsverarbeitung im deutschen Normenausschuß.

Folgeprozeß
sequential process
Folgeprozesse (sequentielle Prozesse) sind durch Folgen von Einzelereignissen gekennzeichnet. Als ↗ Variable treten ↗ binäre diskrete Informationselemente auf, die diese Ereignisse melden oder Ereignisse auslösen. Zum Beispiel An- und Abfahrvorgänge (Turbinen, Werkzeugmaschinen), Prüfvorgänge.

Format
format
↗ Befehlsformat oder eine Aussage über den Aufbau von ↗ Nachrichten oder ↗ Informationen.

Formatangabe
format specification
a) Bei einem ↗ Maschinenbefehl einer ↗ Registermaschine gibt sie an, wo die zu verknüpfenden ↗ Operanden stehen, z. B. im ↗ Befehlswort, im ↗ Standardregister, in einer ↗ Speicherzelle und wie der ↗ Zentralprozessor zu den Operanden zugreifen muß.

Beispiel:

In diesem Beispiel besagt die Formatangabe, daß der 1. Operand in einem Standardregister und der 2. Operand im Befehlswort steht.
b) In höheren ↗ Programmiersprachen läßt sich der Aufbau ein- oder auszugebender ↗ Daten (das ↗ Format) nach einem syntaktisch vereinbarten Schema mit ↗ Formatschlüsseln angeben.

formatieren
record, format recording, format
Speichern. ↗ Plattenstapel im Neuzustand müssen vor der erstmaligen Verwendung formatiert werden. Die Formatierung erfolgt über ein spezielles Formatierungsprogramm. Das Formatieren ist eine systemspezifische Etikettierung des ↗ Datenträgers; hierbei werden u. a. die ↗ Adressen auf den Datenträger geschrieben, die zum Wiederauffinden von ↗ Informationen benötigt werden. Der ↗ EA-Verkehr zwischen ↗ Zentraleinheit und formatiertem Datenträger wird über das ↗ Organisationsprogramm abgewickelt. In enger Verbindung mit dem Formatieren erfolgt oft das ↗ Einrichten des Datenträgers.

Formatkennzeichen
format characteristic
In einem ↗ Standardbefehl einer ↗ Registermaschine geben die Formatkennzeichen darüber Auskunft, wo die ↗ Operanden hinterlegt sind, zum Beispiel:

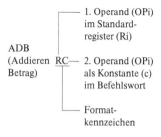

Formatmodifikation
format modification
Von einem ↗ Grundbefehl gibt es in der ↗ Befehlsliste einer ↗ Zentraleinheit (↗ Registermaschine) meist mehrere Formatmodifikationen, die sich nur in den ↗ Formatkennzeichen unterscheiden, z. B.: Siemens Systeme 300-16 Bit, ZE 330: ADB (Addieren Betrag), RC, RR, RA, RAI, RAX.

Formatschlüssel
format key
Symbolische Kurzbezeichnung für vereinbarte ↗ Datenformate in höheren ↗ Programmiersprachen (↗ Formatangabe).

FORTRAN
Formula **Tran**slation
FORTRAN ist eine ↗ problemorientierte Programmiersprache. Da FORTRAN auf die mathematische Schreibweise aufbaut, eignet sich diese ↗ Programmiersprache besonders für mathematikintensive Pro-

gramme aus Wissenschaft und Technik, obwohl sie darauf nicht allein beschränkt ist.

Die z.Z. am meisten ausgereifte FORTRAN-Version ist FORTRAN IV. (Für Prozeßanwendungen: ↗ Prozeß-FORTRAN).

Fortsetzadresse
continuation address
↗ Adresse, mit der ein unterbrochenes ↗ Programm fortgesetzt werden kann. Bei einer ↗ Programmunterbrechung wird diese Adresse unter einer definierten programmspezifischen ↗ Speicherzelle zwischengespeichert und kann von dort bei der Fortsetzung dieses Programms wieder in das ↗ Befehlsadreßregister geladen werden.

Fotodiode
photo diode
↗ Abtastverfahren, ↗ LED

fotoelektrische Abtastung
photo-electric scanning
↗ Abtastverfahren

FP
fixed-point
Festpunkt

freigeben
release, ↗ belegen (freigeben)

Frequenz
frequency
In der Physik gibt die Frequenz die ↗ Zahl der Schwingungen je Sekunde in der Einheit Hertz (↗ Hz) an (1 Hz = 1/s).

In der ↗ Datenverarbeitung gibt man den Grundtakt einer ↗ Datenverarbeitungsanlage in Hertz an.

Frontstecker
front connector/plug
Die an einem Kabelende angebrachte ↗ Federleiste mit Griffschale zusammen mit der an der Frontseite einer ↗ Flachbaugruppe angeordneten ↗ Messerleiste. Über die Frontstekker werden externe oder von anderen ↗ Baugruppenträgern kommende Signale zu- oder abgeführt.

Durch die räumliche Trennung von der rückseitigen internen Verdrahtung (Wrap-Feld) erhält man günstige Verhältnisse bezüglich der Störbeeinflussung.

FS
teleprinter, teletypewriter
↗ Fernschreiber

FSP
read only memory
↗ Festwertspeicher

Fühler
sensor
Ein Fühler oder Geber wandelt die ihm zugeleitete ↗ Meßgröße in ein elektrisches ↗ Signal um.

führende Einsen
leading ones, ↗ führende Nullen

FPLA
Field Programmable Logic Array
feldprogrammierbare Logikanordnung, vom Anwender nach der Herstellung einmal freiprogrammierbare Anordnung

führende Nullen
leading zeroes
In der ↗ Datenverarbeitung werden die vor der höchstwertigen ↗ Stelle einer ↗ Zahl stehenden Nullen als führende Nullen bezeichnet. Sie füllen die freien Stellen, die auf einem ↗ Datenträger oder innerhalb eines ↗ Speicherplatzes vor der höchstwertigen mit einer ‚1' besetzten ↗ Bitstelle oder Zahl vorhanden sind.
Bei der ↗ Komplementdarstellung einer Zahl innerhalb einer ↗ Zentraleinheit (2-Komplement) werden aus führenden Nullen „führende Einsen".

Führungsgröße
reference input
In der Regelungstechnik der konstante oder zeitabhängige ↗ Sollwert einer ↗ Regelgröße, also eine unabhängig Veränderliche.
Der Unterschied von Führungsgröße und tatsächlichem Wert der Regelgröße wird ↗ Regelabweichung genannt.
Als Führungsgrößen werden auch bei ↗ Steuerungen und in Mehrgrößensystemen unabhängige ↗ Größen bezeichnet, mit denen man den ↗ Ablauf der Steuerung oder des ↗ Prozesses beeinflußt.

Führungsleiste
guide strip
Kunststoffleisten, die zur Führung von ↗ Baugruppen, insbesondere von ↗ Flachbaugruppen im ↗ Baugruppenträger dienen.

Führungsloch
sprocket hole, ↗ Lochstreifen

Füllzeichen
filler
Ein ↗ Zeichen, das zum Auffüllen dient, wenn ein ↗ Datenübertragungsblock bestimmter Länge erforderlich ist und die Zeichen im ↗ Kopf und/oder ↗ Text hierzu nicht ausreichen (DIN 44302).

Fünfercode
five-level code, ↗ Fernschreibcode

Funkstörgrad
degree of radio interference
Frequenzabhängige Grenze für Funkstörungen. Er gilt sowohl für die Störspannung als auch für die Störfeldstärke und wird mit den Buchstaben G (grob), N (normal) und K (klein) angegeben (DIN 89008). Grenzwerte sind in VDE 0875 festgelegt.

Bessere (geringere) Störwerte werden oft als Abstand von der Normkurve des Störgrades im logarithmischen Maßstab angegeben als, z.B. Funkstörgrad: N – 10 dB (dB Abkürzung für Dezibel ↗ dB).

Das bedeutet etwa um den Faktor 3 geringere Werte als die der Kurve N. Funkstörquellen sind ↗ Geräte, Maschinen und Anlagen, die Funkstörungen verursachen können.

Funktionseinheit
functional unit
Ein nach Aufgabe oder Wirkung abgrenzbares Gebilde (DIN 44300).

Der Begriff Funktionseinheit wird in der ↗ Hard- und ↗ Software verwendet:

	Aufbau als:	zur Erfüllung der Aufgabe nötig:
Software	Programmbaustein	Funktionseinheit
Hardware	Baueinheit	

FW
fixed-length word, ↗ Festwort

galvanisch durchgeschaltete Leitung
directly connected line
Eine galvanisch durchgeschaltete Leitung ist eine direkte Drahtverbindung von ↗ Datenstation zu Datenstation ohne zwischengeschaltete Koppelglieder und Richtfunkstrecken. Sie wird überwiegend für niedrige und mittlere ↗ Übertragungsgeschwindigkeiten (bis etwa 9600 bit/s) eingesetzt.

GAMM-Mix
Der GAMM-Mix wird zur Berechnung einer mittleren Befehlsausführungszeit bei ↗ Programmen für technisch-mathematische Probleme verwendet. Die erhaltene ↗ Mixzahl ist anlagenabhängig und kann zum Leistungsvergleich zwischen verschiedenen Rechneranlagen herangezogen werden.
GAMM ist die Abkürzung von: **G**esellschaft für **a**ngewandte **M**athematik und **M**echanik.

Gate
gate
a) ↗ Gatter,
b) Steuerelektrode bei Feldeffekttransistoren.

Gatter
gate
Schaltung, die mindestens zwei ↗ digitale ↗ Signale (binäre Variable) miteinander verknüpft.

GDN-Einrichtung
Abkürzung für **G**leichstrom**d**atenübertragungseinrichtung für **n**iedrige Sendespannung.
↗ Datenübertragungseinrichtung, die bei galvanisch durchgeschalteten Fernleitungen eingesetzt werden kann und mit einer Sendespannung von 0,3 V arbeitet.

Geber
sensor, ↗ Fühler

GEDA-Block
device control block, device file block
↗ ORG-Aufrufe, die sich auf ↗ Geräte oder ↗ Dateien beziehen, müssen neben dem ↗ Parameterblock einen Geräte-Datei-Block zur Verfügung stellen.
Der GEDA-Block enthält u. a. Zellen für den Eintrag des ↗ symbolischen und ↗ logischen Gerätenamens, Zellen für die ORG-Buchführung und für Zustandskennbits und – bei Dateien – Angaben zur Datei.
Im Verkehr mit Dateien benutzt das ↗ Organisationsprogramm den GEDA-Block auch zur Übergabe von ↗ Informationen über die Datei an den Benutzer.

gedruckte Schaltung
printed circuit, ↗ Flachbaugruppe

Gegenbetrieb
duplex transmission
↗ Vollduplexbetrieb

gegenständliches Prozeßmodell
physical process model
Ein ↗ Prozeßmodell, das durch gegenständliche Nachbildung dargestellt ist, und zwar entweder durch gleiche oder andere physikalische Größen (DIN 66201).

general purpose component
↗ Standardbaustein

Generator(-programm)
generator program
Mit Hilfe eines Generatorprogramms – auch Programmgenerator genannt – lassen sich unter Zugabe von ↗ Parametern aus einer Menge von ↗ Programmbausteinen anwendungs- oder anlagenspezifische ↗ Programme generieren. Es gibt Programmgeneratoren für ↗ Anwenderprogramme und für ↗ Systemprogramme. Das Generieren ist für Hersteller und Anwender von Software einfacher und wirtschaftlicher als die Vorratshaltung oder Bestellung einer Vielzahl, je nach ↗ Anlagenausstattung oder Einsatzschwerpunkt unterschiedlicher Versionen.

generieren
generate, ↗ Generator

gepufferte Stromversorgung
buffered power supply
Dient der kurzzeitigen Weiterführung des Betriebs bei kurzzeitigen Netzstörungen und zur definierten Abschaltung bei längerdauernden ↗ Netzausfällen. Hierbei wird die gerade durchgeführte Informationsverarbeitung erst dann beendet, wenn Zwischenergebnisse zu Ende gerechnet und so abgespeichert sind, daß bei Wiederaufnahme des Betriebs an einem eindeutig bekannten Zustand der ↗ Verarbeitung begonnen werden kann. Für eine definierte Abschaltung der ↗ Zentraleinheit nach einem ↗ Spannungsausfall genügt eine Zeit von 1 ms bis 5 ms. Bei kleineren Anlagen kann bei einem Spannungsausfall, z.B. unterbrechungsfrei, auf eine ↗ Akkumulatorbatterie umgeschaltet werden. Bei größeren Anlagen kann es aber erforderlich sein, auch einen laufenden ↗ Transfer zwischen Zentraleinheit und ↗ Peripherspeicher vor dem Abschalten ordnungsgemäß zu beenden.

Gerät
(peripheral) device
Für die Eingabe, Ausgabe und Speicherung von ↗ Informationen lassen sich an eine ↗ Zentraleinheit ↗ Eingabegeräte, ↗ Ausgabegeräte und ↗ Speichergeräte anschließen. Zusammen mit den erforderlichen ↗ Anschaltungen bilden die Geräte ↗ Eingabeeinheiten, ↗ Ausgabeeinheiten und ↗ Speichereinheiten. Entsprechend den Aufgaben dieser Geräte unterscheidet man bei ↗ Prozeßrechnern zwischen

a) Geräten der ↗ Standardperipherie, z.B. zeichenverarbeitende Geräte, ↗ Peripherspeicher, ↗ Rechnerkopplung und
b) Geräten der ↗ Prozeßperipherie, z.B. Analog-Digital-Eingabe oder Ausgabe, Alarmgeber, ↗ Zähler.

Geräteadresse
device address
Zur Adressierung von ↗ Geräten, die an eine ↗ Zentraleinheit angeschlossen sind, wird eine Geräteadresse bzw. ein Geräteadreßbyte verwendet. Diese Geräteadresse wird bei der Ausgabe von der ↗ Zentraleinheit und bei dem Eingabe von der ↗ Gerätesteuerung zur ↗ Information hinzugefügt.

Geräteanschaltung
interface module
Sie bildet zusammen mit dem ↗ Gerät eine ↗ periphere Einheit.
Auf der Geräteanschaltung wird die gerätespezifische ↗ Schnittstelle an die ↗ EA-Anschlußstelle der ↗ Zentraleinheit angepaßt. Auf der Geräteanschaltung befindet sich auch die Steuerlogik zur Abwicklung des ↗ Datenaustausches zwischen ↗ Zentraleinheit und peripherer Einheit.
Eine Geräteanschaltung ist auf einer oder zwei ↗ Flachbaugruppen untergebracht, die in die Steckplätze der EA-Anschlußstelle direkt gesteckt werden können.

Geräteanzeigen
device flags
Geräteanzeigen, auch Sekundäranzeigen genannt, beschreiben den speziellen Zustand eines ↗ peripheren Gerätes besonders in Fehlerfällen. Die Geräteanzeigen werden befehlsgesteuert der ↗ Zentraleinheit übergeben und ausgewertet.

Geräteausstattung
device configuration
Gibt an, welche ↗ peripheren Einheiten über die ↗ EA-Anschlußstellen an eine ↗ Zentraleinheit angeschlossen sind.

Gerätebefehl
device instruction
Bei der Eingabe und Ausgabe muß die ↗ Zentraleinheit an die ↗ periphere Einheit bestimmte ↗ Informationen übergeben, wie der ↗ EA-Verkehr ablaufen soll. Dazu dient u.a. ein Gerätebefehl, der in der ↗ Geräteanschaltung zwischengespeichert und entschlüsselt wird. Für einen ↗ Bedienungsblattschreiber kann der Gerätebefehl z.B. folgende Information enthalten: Eingabe alphanumerisch oder Eingabe binär; aber auch Ausgabe alphanumerisch oder Ausgabe binär.

Geräte-Datei-Block
device control block, ↗ GEDA-Block

Geräte-Identifikation
device identification
↗ Programme bezeichnen ↗ Geräte mit systemvereinbarten ↗ logischen Gerätenamen. Zu ihnen wurde bei der Generierung (↗ Generieren) die Verdrahtung angegeben und in der ↗

Geräteliste hinterlegt. Bei EA-Aufrufen sucht das ↗ Organisationsprogramm dort mit dem ↗ logischen Gerätenamen die physikalische ↗ Geräteadresse und spricht mit ihr das Gerät an.

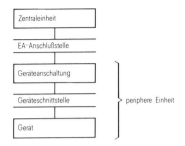

Geräteliste
device list
↗ Liste des ↗ Organisationsprogramms; sie enthält ↗ Geräteadressen, Bearbeitungsinformationen, Steuerungsangaben über ↗ Geräte und ↗ Adressen zugehöriger ↗ Warteschlangen.

Gerätename
device name
↗ logischer Gerätename, ↗ symbolischer Gerätename

Geräterechner
dedicated system
Rechnereinheiten, die nur für eine Aufgabe eingesetzt werden, z. B. Laborautomatisierung, Bordrechner (↗ Einzweckrechner).

Geräteschnittstelle
device interface
Innerhalb einer ↗ peripheren Einheit bildet die Geräteschnittstelle die ↗ Schnittstelle zwischen dem ↗ Gerät und der ↗ Geräteanschaltung.

Je nach Art und Arbeitsweise des Gerätes unterscheidet man parallele, z. B. Datenschnittstelle 38, und serielle, z. B. ↗ V. 24, Geräteschnittstellen.

Gerätesteuerung
device interface adapter
In speziellen Fällen auch ↗ Geräteanschaltung oder ↗ Eingabe-Ausgabesteuerung genannt. Sie bildet zusammen mit einem ↗ Gerät oder mehreren Geräten eine ↗ periphere Einheit.
Die Gerätesteuerung paßt die gerätespezifische ↗ Schnittstelle an die ↗ EA-Anschlußstelle der ↗ Zentraleinheit an. Nach einer Versorgung der Gerätesteuerung von der ↗ Zentraleinheit mit Hilfe von ↗ EA-Befehlen kann die periphere Einheit selbständig mit der Zentraleinheit ↗ Daten austauschen.
Die ↗ Flachbaugruppen einer Gerätesteuerung sind i. allg. in einem eigenen ↗ Baugruppenträger untergebracht.

Gerätesteuerzeichen
device control characters
Zur Steuerung von ↗ peripheren Geräten sind im ↗ maschineninternen Code bestimmte Kombinationen reserviert.
So kann man, z. B. bei einem Ausgabeblattschreiber, folgende Reaktio-

nen bewirken: Zeilenvorschub (LF), Wagenrücklauf (CR), Formularanfang ansteuern (FF), Rot-Umschaltung, Schwarz-Umschaltung, Textende.

Geräteverwaltung
I/O spooling
↗ Datenpufferung, ↗ Ersatzgerätezuweisung

geregelte Prozeßoptimierung
feed back process optimization
↗ Prozeßoptimierung, bei der nur die ↗ Ausgangsgrößen des ↗ Prozesses ↗ Eingabedaten (für den ↗ Rechner) sind. Das ↗ Rechensystem berechnet daraus den Wert der ↗ Zielfunktion und verstellt nach einer vorgegebenen Strategie die ↗ Führungsgrößen so, daß der Wert der Zielfunktionen ein Maximum (Optimum) annimmt.
Eine Kenntnis der Prozeßzusammenhänge (↗ Prozeßmodell) ist nicht erforderlich (DIN 66 201).

geschlossene Prozeßkopplung
closed loop system
↗ Prozeßkopplung, bei der sowohl ↗ Eingabedaten als auch ↗ Ausgabedaten ohne menschlichen Eingriff übertragen oder übergeben werden und ein geschlossener Datenfluß besteht (DIN 66 201). (↗ Closed-loop-Betrieb).

geschützter Speicherbereich
protected storage area
Bereich eines ↗ Speichers, der gegen unerwünschtes ↗ Lesen und/oder Überschreiben gesperrt ist (DIN 44 300).
Meist bezieht sich der ↗ Speicherschutz nur auf das unerwünschte Überschreiben durch ↗ Programme bzw. Anwender, die dazu nicht berechtigt (privilegiert) sind (↗ Speicherschutz).

gesicherte Stapel- und Dialogprozeduren
binary synchronous communication
↗ Datenübertragungsprozeduren

gesteuerte Prozeßoptimierung
feed forward process optimization
↗ Prozeßoptimierung, bei der nur die ↗ Eingangsgrößen des ↗ Prozesses ↗ Eingabedaten (für den ↗ Rechner) sind. Das ↗ Rechensystem enthält ein ↗ Prozeßmodell und berechnet nach einer vorgegebenen ↗ Zielfunktion die optimalen Werte der ↗ Führungsgrößen.
Eine Erfassung der ↗ Ausgangsgrößen des Prozesses ist nicht erforderlich (DIN 66 201).

Gibson-Mix
Als Basis für den Vergleich der Geschwindigkeiten verschiedener ↗ Datenverarbeitungsanlagen bei der Lösung technisch-wissenschaftlicher Probleme sieht der Gibson-Mix eine bestimmte Mischung von Operationen vor, deren Zeitbedarf für die Gesamtzahl von hundert ↗ Befehlen die Mixkennzahl liefert.

Gleichlaufverfahren
synchronism methods
Verfahren, mit dem die Synchronisa-

Gleitkomma – Gleitpunktzahl

tion zwischen ↗ Sende- und ↗ Empfangsstation hergestellt und aufrechterhalten wird.
Man unterscheidet die ↗ asynchrone Übertragung und die ↗ synchrone Übertragung von ↗ Daten.

Gleitkomma
floating-point, ↗ Gleitpunkt

Gleitpunktbefehl
floating-point instruction
Mit einem Gleitpunktbefehl lassen sich ↗ Operanden (↗ Gleitpunktzahlen) in Gleitpunktschreibweise miteinander verknüpfen (↗ Gleitpunktrechnung). Die Gleitpunktbefehle werden durch einen speziellen ↗ Gleitpunktprozessor ausgeführt, der meist nicht zum Grundausbau einer ↗ Zentraleinheit gehört.
Ist kein Gleitpunktprozessor innerhalb der Zentraleinheit vorhanden, dann müssen Gleitpunktbefehle per ↗ Software simuliert werden.

Gleitpunktprozessor
floating-point processor
↗ Prozessor, der ↗ Gleitpunktbefehle ausführen kann.

Gleitpunktrechnung
floating-point arithmetic/computation
Die Gleitpunktrechnung erfolgt im ↗ Gleitpunktprozessor. Anlagenintern haben ↗ Gleitpunktzahlen feste Längen, z.B. 32 Bits (kurze Gleitpunktzahl), 64 Bits (lange Gleitpunktzahl).
Die wichtigsten Rechenregeln für die ↗ arithmetischen Operationen sind:

Addition: ↗ Addition der Mantissen nach Exponentenangleich;
Subtraktion: ↗ Subtraktion der Mantissen nach Exponentenangleich;
Multiplikation: ↗ Multiplikation der Mantissen und Addition der Exponenten;
Division: ↗ Division der Mantissen und Subtraktion der Exponenten.

Gleitpunktzahl
floating-point number
In der ↗ Gleitpunktrechnung wird jeder ↗ Operand bzw. jede ↗ Zahl in der Form $Y \cdot X^n$ dargestellt.
Die ↗ Basis X ist für eine ↗ Zentraleinheit fest; meist ist $X = 2$.
n = Exponent (Charakteristik)
Y = Mantisse.
Beispiel für die Darstellung einer Gleitpunktzahl (Siemens Systeme 300-16 Bit):

Exponent (8 Bits) und Mantisse (24 Bits) haben jeweils eine Vorzeichenstelle. Normalisierte Zahlendarstellung:
Eine Gleitpunktzahl liegt dann in normalisierter Form vor, wenn sich Vorzeichenbit und erstes Mantissenbit unterscheiden, d.h. keine führenden Nullen bei positiven oder führende Einsen bei negativen Mantissen rechts vom Komma haben. Das Komma (der Gleitpunkt) ist stets zwischen dem Vorzeichenbit der Man-

tisse und dem ersten Mantissenbit zu denken:

positive Mantisse: 0|1 0 0 ... 11
negative Mantisse: 1|0 0 1 ... 11
              ↙   ↘
           Bit 0 ≠ Bit 1

Bit 0 ist hier die Vorzeichenstelle der Mantisse.

Glied
element, circuit, component, component part, member, term
↗ Regelungen und ↗ Steuerungen lassen sich längs des ↗ Wirkungsweges in Glieder aufteilen.
Bei der gerätemäßigen Betrachtung spricht man von Baugliedern, bei der wirkungsmäßigen Betrachtung von Übertragungsgliedern (DIN 19226).

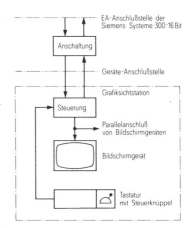

Blockschaltplan der Grafik-Bildschirmeinheit

Grafik-Bildschirmeinheit
graphic display unit
Sie ermöglicht die Eingabe und Ausgabe von alphanumerischen ↗ Texten und Grafiken. Sie besteht aus der Grafiksichtstation und der ↗ Anschaltung. Die Grafiksichtstation enthält folgende konstruktiv getrennte Teile: Bildschirmgerät, ↗ Steuerung und ↗ Tastatur mit Steuerknüppel.

Als Bildschirmgeräte werden handelsübliche Schwarzweiß- und Farbfernsehmonitore verwendet. Die Steuerung beinhaltet den ↗ Bildwiederholspeicher, den ↗ Zeichen- und ↗ Symbolgenerator, den Videoumsetzer und die Steuerung für die ↗ Datenübertragung. Von einer Steuerung aus kann ein Bild auf mehreren Bildschirmgeräten ↗ parallel gezeigt werden. Zur Eingabe stehen eine alphanumerische Tastatur, Kurztelegrammtasten und ein Steuerknüppel zur Verfügung. Mit Hilfe des Steuerknüppels kann auf dem Bildschirm eine Feldmarkierung hin und her geführt und die so angewählte Position dem Rechner übergeben werden. Damit besteht die Möglichkeit, über den Bildschirm anhand einer Grafik, z.B. eines Anlagenschemas, den ↗ Prozeß zu steuern.

Grafik-Sichtstation
graphic display unit
↗ Grafik-Bildschirmeinheit

Größe
quantity
Eine Größe, die auf eine ↗ Funktionseinheit wirkt, kann von anderen Größen, z.B. ↗ Ausgangsgrößen, abhängig oder unabhängig sein. Sie kann eine Dimension haben, aber auch dimensionslos, zeitabhängig oder zeitunabhängig (konstant) sein.

Großspeicher
mass storage, bulk storage
↗ Magnetschichtspeicher, deren ↗ Daten in ↗ direktem Zugriff zur Verfügung stehen (↗ Direktzugriffsspeicher); z.B. ↗ Plattenspeicher, ↗ Trommelspeicher.

Grundbefehl
basic instruction
In der ↗ Befehlsliste einer ↗ Registermaschine gibt es eine Anzahl von Grundbefehlen, die in verschiedenen ↗ Modifikationen (↗ Befehlsformaten) auftreten. Jede Modifikation eines Grundbefehls zählt als selbständiger Befehl.

Beispiel
Grundbefehl: ADB (Addieren Betrag)
Modifikationen: ADB_{RC}, ADB_{RR}, ADB_{RA}, ADB_{RAI}, ADB_{RAX}.

Grundprogramm
basic routine
Dies sind Softwareteile, die als Bindeglied zwischen dem Bedienungspersonal, der ↗ Anwendersoftware und der Prozeßrechnerhardware dienen. Ihre Aufgabe ist es, die in der ↗ Grundsprache vorliegende Anwendersoftware in den ↗ Prozeßrechner einzubringen und anschließend deren ↗ Ablauf zu steuern. Dabei muß der ↗ Zugriff zu den ↗ Betriebsmitteln (↗ Zentralprozessor, ↗ periphere Geräte) und zu den verwalteten Objekten (↗ Programme, ↗ Dateien) koordiniert werden. Aufgrund der Aufgabenstellung der Grundprogramme lassen sie sich gliedern in ↗ Ladeprogramm, ↗ Standardbedienungsprogramm, ↗ Organisationsprogramm und in einige Dienstfunktionen.
Der volle Umfang aller möglichen Grundprogrammfunktionen ist in Form eines ↗ Masterstapels realisiert. Die Generierung des anlagenspezifischen Systems erfolgt durch den ↗ Systemgenerator.

Grundsprache
object code
Der ↗ Assembler oder ↗ Compiler übersetzt ein ↗ Programm in die Grundsprache. Diese ↗ Sprache enthält maschinenverständliche ↗ Befehle und außer den eigentlichen ↗ Informationen für den ↗ Programmablauf noch Relativierungs-, Sicherungs- und gegebenenfalls Bindeinformationen. Sie dient als Eingabe für den ↗ Lader und gegebenenfalls den ↗ Binder.
Das folgende Bild zeigt das ↗ Laden von Grundsprache am Beispiel der ↗ Zentraleinheiten ZE 330 und ZE 340 der Siemens Systeme 300-16 Bit:

Grundsprachemodul – Gültigkeitsbereich

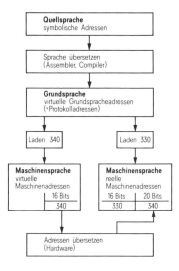

Grundsprachemodul
object code module
Ein vom ↗ Assembler, ↗ Compiler oder ↗ Binder erzeugtes und somit in ↗ Grundsprache vorliegendes Programmstück.

Grundspracheprogramm
object code program
↗ Ladeobjekt, das sich mit einem Ladeprogramm (↗ Lader) in einen absoluten ↗ Adressenbereich des ↗ Hauptspeichers laden läßt.

Grundsteuerung
basic controller
Die Grundsteuerung wird in der ↗ Prozeßeinheit PE 3600 als universelle ↗ EA-Steuerung in den ↗ Ausbauebenen 1 und 2 eingesetzt. Sie wird auch als G-Steuerung bezeichnet.
Die Grundsteuerung verfügt über 16 Steuerungs- und Prozeßsignalformer-Anschlußstellen (SP-AS) zum Anschluß von EA-Steuerungen oder ↗ Signalformern. An einer Grundsteuerung angeschlossene ↗ Prozeßsignalformer oder EA-Steuerungen können im Simultanbetrieb über ↗ zentrale und ↗ periphere Initiative mit der ↗ Zentraleinheit verkehren. Der ↗ Datenverkehr erfolgt bei Eingabe und Ausgabe ↗ wortweise (16 Bits) parallel.

Grundtakt
basic machine cycle, clock
Maschinentakt. Taktgesteuerte ↗ Funktionseinheiten besitzen einen Grundtakt, von dem sie weitere Takte ableiten können.

Gruppensteuerung
group control
↗ Funktionseinheit zum ↗ Steuern eines zusammenhängenden Teilprozesses, die den dazugehörenden ↗ Einzel- oder Antriebssteuerungen übergeordnet ist.
Die Gesamtheit aller Gruppensteuerungen bezeichnet man als Gruppensteuerungsebene (DIN 19 237).

G-Steuerung
basic controller, ↗ Grundsteuerung

Gültigkeitsbereich
scope
Der Programmbereich, in dem ein Bezeichner (Name, ↗ Identifikation, ↗ Marke) bekannt ist.

H
high
Logikpegel: entspricht bei positiver Logik der logischen Eins.

Halbduplexbetrieb (hdx, hx)
half-duplex operation
↗ Datenübertragung abwechselnd in beiden Richtungen (Wechselbetrieb).

Halbleiterspeicher
semiconductor storage
↗ Datenspeicher, die aus Halbleiterbausteinen (↗ Flipflops) aufgebaut sind. Man unterscheidet:

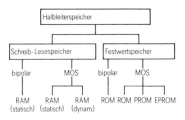

Halteglied
hold element
Hinter dem ↗ Abtaster hält es den erfaßten Wert bis zur nächsten Abtastung als ↗ Ausgangssignal aufrecht (DIN 19226).

Haltepunkt
break-point, ↗ Ablaufverfolgung

Halteverstärker
sample-hold amplifier
Sie folgen dem ↗ analogen Signal (Spannung) linear bis zum Zeitpunkt des Haltesignals. Von da ab halten sie den letzten Wert nahezu unverändert über relativ lange Zeit. Sie werden bei ↗ Analogeingaben mit Momentanwerterfassung eingesetzt.

Hamming-Abstand
signal distance
Bei zwei, ↗ Stelle für Stelle verglichenen ↗ Wörtern gleicher Länge die Anzahl der Stellen unterschiedlichen Inhalts (DIN 44300).
Auch die kleinste Anzahl der ↗ Bitstellen, um die sich zwei beliebige ↗ Zeichen eines ↗ Codes unterscheiden. Zum Beispiel der ISO-7-Bit-Code (↗ Interncode): Er enthält 128 Zeichen und ermöglicht 128 verschiedene 7-Bit-Kombinationen. Je zwei Zeichen unterscheiden sich in mindestens einem ↗ Bit. Dieser Code hat also den Hamming-Abstand 1.

Handler
handler
Automatische Prüfeinrichtung. ↗ Routine zur Kontrolle eines ↗ peripheren Gerätes.

Handregelung
manual control
Nichtselbsttätige ↗ Regelung. Eine Regelung, bei der die Aufgabe mindestens eines ↗ Gliedes im ↗ Regelkreis vom Menschen übernommen wird (DIN 19226).

Handshaking
handshaking
↗ Datenverkehr zwischen verschiedenen ↗ Geräten, der durch gegenseitige Rückmeldungen kontrolliert wird (↗ Anforderungs-Quittungsverfahren).

Hardware
hardware
Alle gerätetechnischen Einrichtungen einer ↗ Funktionseinheit, z.B. eines ↗ Prozeßrechners (↗ Software).

Hash-Codierverfahren
hash-coding
Ein Codierverfahren, das Schlüsselinformationen (Namen, Kennungen) nach einem bestimmten ↗ Algorithmus (dem Hash-Code) in ↗ Adressen umwandelt und dadurch das automatische Bearbeiten von ↗ Listen (Zuteilung eines Listenplatzes, Suchvorgänge) erleichtert. Für die Transformation des Namens in die Adresse (Platznummer in der Liste) gibt es verschiedene Techniken, z.B. das Divisions-Rest-Verfahren, die Faltung, Bitextraktion und Ziffernanalyse. Dabei sind anzustreben ein einfacher und schneller Umwandlungsalgorithmus und eine möglichst gleichförmige Verteilung der Namen auf die Listenplätze.

Hauptprogramm
main program
Folge von ↗ Befehlen und ↗ Daten, die aus der Sicht des ↗ Betriebssystems als kleinste Einheit selbständig und ↗ simultan zu anderen Hauptprogrammen ablauffähig ist (↗ Unterprogramm).

Hauptspeicher (HSP)
main storage
Der Teil des ↗ Zentralspeichers, dessen einzelne ↗ Speicherzellen durch ↗ Maschinenadressen aufgerufen werden können (DIN 44300).

Hauptspeicheradresse
main storage address
↗ Adresse zur Identifizierung einer ↗ Speicherzelle innerhalb des ↗ Hauptspeichers.

hauptspeicherpräsentes Programm
program in core
↗ Hauptspeicherresidentes oder ↗ peripherspeicherresidentes Programm, das sich gerade in einem ↗ Laufbereich des ↗ Hauptspeichers befindet.

hauptspeicherresidentes Programm (HRP)
core resident program,
main memory resident program
Es steht ständig im ↗ Hauptspeicher an dem beim ↗ Laden vergebenen Platz, auch wenn es ruht.

Hauptspeicher-Segmentierung
segmentation of resident programs
Sie bietet die Möglichkeit, ↗ Programme, die länger als das ↗ Adreß-

volumen sind, in voller Länge in einem ↗ virtuell adressierten ↗ Hauptspeicher zu halten und damit die für den ↗ Realzeitbetrieb wichtigen kurzen ↗ Reaktionszeiten zu erreichen. Dabei werden ↗ Segmente außerhalb des ↗ Adreßvolumens durch Umladen der Adreßübersetzungstafel zugänglich gemacht. Das Umladen erfolgt automatisch durch das ↗ Organisationsprogramm (Siemens System 340-R40). (↗ Adreßübersetzung, ↗ Übersetzungstafel).

HDLC-Datenübertragungsprozedur
HDLC-data communication procedure, **h**igh level **d**ata **l**ink **c**ontrol
Diese ↗ Datenübertragungsprozedur ist ein bitorientiertes Datenübertragungssteuerungsverfahren, das im Vergleich zu den ↗ Basic-Mode-Prozeduren Vorteile bietet.
Die HDLC-Prozedur entspricht den Empfehlungen und Normen von ↗ ECMA und ↗ ISO, die in „Frame Structure" ISO 3909.2 bzw. ECMA 40 und „Elements of Procedures" ISO DIS 4335 bzw. ECMA 49 festgelegt wurden. (Siehe auch DIN 66 221, Entwurf).
Die HDLC-Prozedur strebt im Vergleich zu bisherigen Verfahren geringe Übertragungsredundanz, Unabhängigkeit vom Übertragungscode, höhere Sicherheit des Verkehrsablaufes und der Daten sowie höhere Leitungsausnutzung bei beidseitiger Datenübermittlung an.

hdx
half-duplex operation
↗ Halbduplexbetrieb

hexadecimal
↗ Sedezimalsystem

Hilfsregister
auxiliary register
↗ Register einer ↗ Funktionseinheit, z.B. des ↗ Zentralprozessors, das von außen nicht adressiert werden kann. Lade- und Lesevorgänge eines Hilfsregisters werden von der Funktionseinheit intern gesteuert.

Hilfszelle
auxiliary location
Innerhalb von ↗ Programmen werden Hilfszellen zur Aufnahme von ↗ Operanden, ↗ Daten oder Zwischenergebnissen benötigt.

HRD
core resident data file
Abkürzung für **h**auptspeicher**r**esidente **D**atei (↗ Dateiarten).

HRP
core resident program
↗ Abkürzung für **h**auptspeicher**r**esidentes **P**rogramm.

HSP
main storage
Abkürzung für ↗ **H**aupt**sp**eicher.

hx
half-duplex operation
↗ **H**albdu**x**betrieb

Hybridrechner
hybrid computer
Die Verbindung eines ↗ Analogrechners mit einem ↗ Digitalrechner oder die Verbindung ↗ digital und ↗

analog arbeitender Einheiten zu einem Elektronenrechner wird als Hybridrechner bezeichnet.

Hybridrechner bieten mehr Möglichkeiten als reine Analogrechner, weil sie mit den Vorteilen des Analogrechners (sehr einfache Darstellung komplizierter mathematischer Zusammenhänge) die Vorteile des Digitalrechners (hohe Arbeitsgeschwindigkeit, große Genauigkeit, digitale Eingabe und Ausgabe) verbinden.

Hystereseschleife
hysteresis loop
In magnetischen Informationsspeichern wird die magnetische Hystereseschleife mit ihren zwei stabilen Remanenzpunkten technisch genutzt. Die Form der Hystereseschleife ist entscheidend dafür, ob sich ein bestimmtes Material für die Datenspeicherung eignet oder nicht. Die Hystereseschleife beschreibt den nichteindeutigen Zusammenhang zwischen der Magnetisierung M und der magnetischen Feldstärke H.

Materialien mit einer rechteckförmigen Hystereseschleife sind als Speichermaterialien geeignet.

Rechteckschleife

Hz
Abkürzung von „Hertz". Einheitenzeichen für die ↗ Frequenz; $1\,\text{Hz} = \frac{1}{\text{s}}$

IAE
Abkürzung für ↗ **i**ntegrierende **A**nalog**e**ingabe.

IC
Abkürzung für **i**ntegrated **c**ircuit (↗ integrierte Schaltung).

Identifikation
identification
a) Kennung in Form einer Nummer oder eines Namens; z.B. Identifikation eines ↗ Programms oder ↗ Common Codes durch eine Nummer, bzw. eines ↗ Gerätes durch einen im ↗ System fest vereinbarten ↗ logischen Gerätenamen des ↗ Datenträgers.
b) ↗ Prozeßerkennung.

Identifizierung
identifier
Ein ↗ Zeichen oder eine ↗ Zeichenfolge, mittels derer eine ↗ Datenendeinrichtung (DEE) ihre eigene ↗ Datenstation kenntlich macht (DIN 44 302).

IIL, I²L
integrated **i**njection **l**ogic
Halbleitertechnologie mit hoher Geschwindigkeit und sehr geringem Platzbedarf.

Impuls
pulse
Einmaliger, stoßartiger Vorgang endlicher Dauer. Er ist durch seine Form, Amplitude, Dauer und den Zeitpunkt seines Auftretens gekennzeichnet. In ↗ digital arbeitenden ↗ Funktionseinheiten werden elektrische rechteckförmige Impulse sowohl als ↗ Steuersignale als auch zur Darstellung von ↗ Information in Form von ↗ Binärzeichen verwendet.

Impulsausgabe
pulse output module
Sie dient der Ausgabe impulsförmiger ↗ Signale vom ↗ Prozeßrechner über die ↗ Prozeßeinheit an den ↗ Prozeß. ↗ Impulse bzw. Impulsserien werden zur Ansteuerung von Stell- und Schrittmotoren benötigt. Zur Impulsausgabe werden (spezielle) ↗ Prozeßsignalformer für ↗ Digitalausgabe verwendet.

Impulseingabe
pulse input module
Bei der Erfassung impulsförmiger ↗ Prozeßsignale werden in der ↗ Prozeßeinheit als ↗ Prozeßsignalformer ↗ Zähler bzw. Zähleingaben eingesetzt. Damit lassen sich Zählwerte und ↗ Impulsfrequenzen erfassen.

Ein ↗ Überlauf oder eine Vorzeichenänderung im Zähler wird der ↗ Zentraleinheit als ↗ Alarm gemeldet.

Impulsfrequenz
pulse repetition rate, ↗ Taktgeber

Impulsgenerator
digit emitter, pulse generator
↗ Taktgeber

Index
subscript
In der Mathematik versteht man unter Index ein an einem ↗ Buchstaben unten oder oben angehängtes Unterscheidungsmerkmal. Es dient im allgemeinen zur Unterscheidung mehrerer vorhandener Werte, die für einen Begriff gelten können, z.B. $A_1 \ldots A_n$.

Indexmarke
index mark
Fest verbunden mit dem Kern des ↗ Plattenstapels einer ↗ Plattenspeichereinheit ist an der untersten Platte die im Umfang etwas größere Indexplatte befestigt. Sie hat am Rande eine etwa 2 mm breite Nut, die sogenannte Indexmarke. Da die Köpfe im ↗ Gerät senkrecht übereinander angeordnet sind, bestimmt die Indexmarke Spuranfang und Spurende für alle ↗ Spuren. Bei einigen Plattenstapeln ist die Indexmarke als Doppelschlitz ausgeführt.

Indexplatte
index disk, ↗ Indexmarke

Indexregister
index register
Man kann oft die ↗ Adresse eines ↗ Operanden zum Zeitpunkt der Programmierung noch nicht angeben, sondern erst während des ↗ Programmablaufs ermitteln. Das kann mit einer ↗ Indizierung der ↗ Operandenadresse geschehen. Dabei wird der Inhalt eines Indexregisters vor der Interpretation der Operandenadresse zu dieser addiert. In ↗ Registermaschinen dienen die ↗ Standardregister als Indexregister. Im ↗ Befehl werden sie mit ihrer ↗ Registernummer angesprochen. Beispiel: ↗ Sprungliste.

index-sequentieller Zugriff
index sequential access
Verfahren, bei dem der ↗ direkte Zugriff zu ↗ Daten mittels ↗ Adreßbüchern (Indizes) mit dem ↗ sequentiellen Zugriff – nach aufsteigendem Kennbegriff geordnet und in dieser Reihenfolge physikalisch aufgezeichnet – kombiniert ist.
Dabei werden innerhalb einer Folge ↗ sequentiell geordneter Daten kleinere Bereiche unter einem ↗ Index – dem höchsten im Bereich vorkommenden Kennbegriff – zusammengefaßt. In diesem Bereich ist nur sequentieller Zugriff möglich. Die Indizes der Bereiche bilden dann einen neuen Bereich, den Indexbereich. In ihm ist der höchste Kennbegriff der Index für den Indexbereich. Mehrere Indexbereiche können einen neuen Index erhalten usw. Es entsteht ein hierarchisches System von Indexlisten. Das Verfahren wird auch als

indirekte Datenfernverarbeitung – Informationsloch

ISAM (index sequential access method) bezeichnet.

indirekte Datenfernverarbeitung
indirect teleprocessing
Bei der indirekten ↗ Datenfernverarbeitung ist die ↗ Außenstelle zwar direkt mit dem ↗ Rechenzentrum, nicht aber mit der ↗ Zentraleinheit der ↗ Datenverarbeitungsanlage verbunden (↗ Off-line-Betrieb).

indirekte Adressierung
indirect addressing
↗ indirekter Zugriff

indirekte Prozeßkopplung
off-line system
Eine ↗ Prozeßkopplung, in der Weise, daß sowohl ↗ Eingabedaten als auch ↗ Ausgabedaten nur durch menschlichen Eingriff übergeben werden (DIN 66 201).

indirekter Zugriff
indirect access
Ist eine ↗ Adresse oder ein ↗ Operand in einem ↗ Befehlswort nicht direkt enthalten, sondern die ↗ Registernummer des ↗ Registers, in dem die Adresse oder der Operand steht, dann spricht man von indirektem Zugriff.

Indizierung
indexing
↗ Modifikation der in einem ↗ Befehl enthaltenen ↗ Operandenadresse mit Hilfe eines ↗ Indexregisters.

Information
information
In der ↗ Datenverarbeitung ist „Information" eine allgemeine Bezeichnung für ↗ Daten. Oft werden die Begriffe Information und Daten als gleichbedeutend angenommen. Häufig versteht man jedoch unter „Information" auch eine logisch in sich abgeschlossene Einheit und stellt sie als höhere Ordnung den Daten gegenüber, aus denen sie sich zusammensetzt (↗ Informationseinheit).

Informationsdarstellung
information representation
In der ↗ Datenverarbeitung versteht man unter dem Begriff Informationsdarstellung die Art, in der ↗ Informationen (↗ Daten) ↗ codiert werden. Dabei ist zu beachten, daß innerhalb einer ↗ Datenverarbeitungsanlage stets verschiedene Informationsdarstellungen nebeneinander vorhanden sind, z.B. unterscheiden sich die Darstellungen auf ↗ Lochkarten, ↗ Lochstreifen, ↗ Magnetband, ↗ Drucker und innerhalb der ↗ Zentraleinheit (↗ Datenformat).

Informationseinheit
information unit
Eine Folge von ↗ Zeichen oder ↗ Daten, die eine logische Einheit bilden.

Informationsloch
code hole
Ein Loch zur Darstellung eines ↗ Binärzeichens (DIN 66 218).

Informationsprozeß
information process
Alle ↗ Prozesse, bei denen ↗ Informationen in Form von ↗ Meßwerten anfallen, die übertragen, gesammelt, geordnet, verdichtet und ausgewertet werden müssen.

Informationsspur
data track, code track
Eine ↗ Spur zur Aufnahme der ↗ Informationslöcher (DIN 66 218).

Informationstheorie
information theory
Von C. E. Shannon 1948 begründete mathematische Theorie zur Behandlung von Nachrichtenübertragung, Nachrichtenverarbeitung und Nachrichtenspeicherung. Die Theorie bedient sich der Wahrscheinlichkeitsrechnung und erlaubt es, z.B. den Informationsgehalt einer ↗ Nachricht zu bestimmen und danach die technisch-wirtschaftlich optimale Bemessung von Nachrichtenverarbeitungseinrichtungen vorzunehmen (siehe auch DIN 44 301).

Informationsträger
information medium
Ein ↗ Impuls, eine Schwingung oder eine magnetisch oder mechanisch angebrachte Markierung mit einer bestimmten Bedeutung kann Träger einer ↗ Information sein. Bei der Informationsübertragung (↗ Datenübertragung) sind ein Impuls oder eine Folge von elektrischen Impulsen Träger der übermittelten Information. Bei der Sprache sind es Luftschwingungen. In der Datenspeicherung sind es z.B. Lochungen in ↗ Lochstreifen oder ↗ Lochkarten, Magnetisierungen in ↗ Magnetschichtspeichern oder Bildzeichen auf Papier oder einem Bildschirm. Häufig wird die Bezeichnung Informationsträger auch im Sinne von ↗ Datenträger verwendet.

informationsverarbeitende Maschine
information processing machine
↗ Datenverarbeitungsanlage

inhaltsadressierter Speicher
content-addressed storage, associative memory
↗ Assoziativspeicher

Inhibitdraht
inhibit wire
↗ Kernspeicher, die als 3D-Speicher organisiert sind, sind ↗ Koinzidenzspeicher mit Inhibitdraht. Ein Stromimpuls durch den Inhibitdraht (Inhibitstrom) verhindert das Einschreiben einer „1" in den durch Koinzidenz ausgewählten Ringkern.

Initiative
initiative
↗ EA-Verkehr: ↗ zentrale Initiative; ↗ periphere Initiative.
↗ Datenübertragung: Berechtigung zum Beginn einer Datenübertragung (Prozedurparameter).

Initiierprogramm
cold start program, ↗ Anlauf

Initiierungskonflikt
initiation conflict
Versuch von zwei Stellen aus gleich-

zeitig einen ↗ Datenverkehr einzuleiten; z. B. von ↗ Zentraleinheit und ↗ peripherer Einheit oder von zwei gleichberechtigten ↗ Datenstationen.

Inkrementbildung
incrementing
Kann entweder per ↗ Befehl (AI-Format) oder hardwaremäßig realisiert werden.

inkrementieren
increment
Erhöhung eines Wertes, z. B. ↗ Adresse oder ↗ Befehlsadreßregister-Inhalt, um plus 1.

innerbetrieblicher Bereich
inplant zone
Für den Einsatz bzw. Anschluß ↗ peripherer Einheiten – vor allem ↗ Datenübertragungseinheiten – definierter Entfernungsbereich bis 2 km.

innerer Speicher
internal storage, ↗ Zentralspeicher

input
↗ Eingabe-, ↗ Eingangs-

Instruktion
instruction, ↗ Befehl

integer
ganze Zahl

integrierende Analogeingabe
integrating analog input module
Dieser ↗ Prozeßsignalformer enthält einen ↗ Analog-Digital-Umsetzer, der während einer fest vorgegebenen Meßzeit, z. B. 20 ms, das Integral über die analoge Spannung bildet. Der Integralwert wird dann in eine ↗ Dualzahl umgesetzt. Bei diesem Verfahren ergeben sich geringe Umsetzgeschwindigkeiten, z. B. 50 Werte pro Sekunde, aber eine hohe Störspannungsunterdrückung.

integrierter Schaltkreis
integrated circuit
↗ IC; ↗ integrierte Schaltung.

integrierte Schaltungen (IC, IS)
integrated circuit
Schaltungen, bei denen sämtliche oder ein Teil der in ihnen enthaltenen ↗ Bauelemente sowie die zugehörigen Verbindungen in einem gemeinsamen Herstellungsprozeß auf einer gemeinsamen Grundlage erzeugt werden. Sie werden auch als integrierte Schaltkreise bezeichnet.

intelligentes Terminal
intelligent terminal
↗ Gerät (↗ Datenstation), das die Eingabe oder/und Ausgabe von ↗ Daten gestattet, entfernt von der ↗ Zentraleinheit aufgestellt ist und einen eigenen ↗ Prozessor mit ↗ Speicher enthält.
Es ist in der Lage, Teilaufgaben selbständig zu bearbeiten.

interactive terminal
↗ Dialoggerät

interaktiv
interactive
Die Eigenschaft, vorwiegend im rückwirkenden Dialog mit einem Partner (↗ Gerät, ↗ Programm, ↗ System, Mensch) ↗ Abläufe zu bestimmen und Leistungen zu erbringen.

Interface
interface
Pegelmäßig und ablaufmäßig genormter Anschluß zwischen zwei ↗ Geräten (↗ Schnittstelle). Das Interface kann dabei auch aus einer elektronischen Schaltung (↗ Anpassung) bestehen.

Interleaving
interleaving
Zeitlich, örtlich oder funktionell in Teilen ineinandergreifend.
Das Prinzip des „Interleaving" wird u. a. bei ↗ Zentralspeichern von leistungsfähigen ↗ Zentraleinheiten angewendet, um den ↗ Datenverkehr an der ↗ Schnittstelle zwischen ↗ Zentralspeicher und ↗ Prozessor (↗ Zentralprozessor oder ↗ EA-Prozessor) zu beschleunigen, indem man mit einem Speicherzugriff (↗ Zugriff) mehrere ↗ Wörter aus dem ↗ Speicher liest und diese ↗ parallel zum Prozessor überträgt.
Ein Speicher, z.B. 64 KWörter, wird in mehrere Blöcke, z.B. 4, gleicher Größe unterteilt (Siemens-ZE 340-R40). In diesem Speicher sind aufeinanderfolgende ↗ Speicheradressen nach folgendem Schema auf die einzelnen Speicherblöcke verteilt:

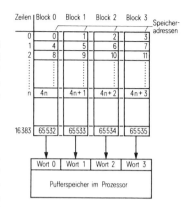

Die im Blockschaltbild gezeichneten Blöcke entsprechen im Zentralspeicher den Speichermodulen, z.B. 16K Wörter.
Die Speicherblöcke oder Speichermodulen sind so aufgebaut, daß mit einem Speicherzugriff aus einem Speicherblock nur ein Wort ausgelesen werden kann. Infolge der Verteilung der Speicheradressen auf die einzelnen Blöcke (s. Blockschaltbild) werden mit einem Speicherzugriff der Speicherinhalt von vier Speicherzellen (eine Zeile) gleichzeitig ausgelesen. Der angeschlossene Prozessor übernimmt die ausgelesenen vier Wörter in einen schnellen ↗ Pufferspeicher (↗ Cache).

Interncode
internal code
↗ Code, der innerhalb der ↗ Zentraleinheit verwendet wird.

Interpretierer, Interpreter – I/O-, i/o-

			B8	0	0	0	0	0	0	0	0
		B7		0	0	0	0	1	1	1	1
	B6			0	0	1	1	0	0	1	1
B5				0	1	0	1	0	1	0	1
B4	B3	B2	B1	0	1	2	3	4	5	6	7
0	0	0	0	NUL	DLE	SP	0	@	P	`	p
0	0	0	1	SOH	DC1	!	1	A	Q	a	q
0	0	1	0	2 STX	DC2	"	2	B	R	b	r
0	0	1	1	3 ETX	DC3	#	3	C	S	c	s
0	1	0	0	4 EOT	DC4	$	4	D	T	d	t
0	1	0	1	5 ENQ	NAK	%	5	E	U	e	u
0	1	1	0	6 ACK	SYN	&	6	F	V	f	v
0	1	1	1	7 BEL	ETB	'	7	G	W	g	w
1	0	0	0	8 BS	CAN	(	8	H	X	h	x
1	0	0	1	9 HT	EM	)	9	I	Y	i	y
1	0	1	0	10 LF	SUB	*	:	J	Z	j	z
1	0	1	1	11 VT	ESC	+	;	K	[	k	{
1	1	0	0	12 FF	FS	,	<	L	\	l	|
1	1	0	1	13 CR	GS	-	=	M	]	m	}
1	1	1	0	14 SO	RS	.	>	N	∧	n	~
1	1	1	1	15 SI	US	/	?	O	_	o	DEL

abdruckbare Zeichen der Assemblersprache

Intercode der Siemens-Systeme 300-16 Bit ISO 7-Bit-Code (mit USASCII-Belegung), erweitert auf 8 Bits.

Im Rahmen des Codes sind die ↗ abdruckbaren Zeichen und die Auswertung und Bedeutung der ↗ Steuerzeichen gerätespezifisch. Eine Teilmenge der ↗ Zeichen ist für alle ↗ Geräte zugelassen.

Interpretierer, Interpreter
interpreter
Ein ↗ Programm, das es ermöglicht, auf einer bestimmten ↗ digitalen Rechenanlage ↗ Anweisungen, die in einer von der ↗ Maschinensprache dieser Anlage verschiedenen ↗ Sprache abgefaßt sind, ausführen (interpretieren) zu lassen (DIN 44 300).

Interrupt
↗ Programmunterbrechung

Interrupt Service Routine
interrupt service routine
↗ Programm, das im Fall einer ↗ Programmunterbrechung (Interrupt) angesprungen wird.

Interruptvektor
↗ Unterbrechungsvektor

invariante Befehlsfolge
invariant sequence of instructions
Folge von ↗ Befehlen und konstanten ↗ Daten (↗ Binärmuster, ↗ Masken, u. a.), die beim ↗ Ablauf der ↗ Befehlsfolge nicht verändert werden.

invarianter Programmteil
invariant program section
Teil eines ↗ Programms, der ausschließlich aus ↗ invarianten Befehlsfolgen besteht.

Invarianz
invariancy
Die Eigenschaft einer ↗ Variablen, mit einer Vorbesetzung (Initialisierung) als konstant erklärt zu sein.

Inverter
inverter
Schaltung zur Negation (Inversion).

I/O-, i/o-
input/output, ↗ EA-

IS
↗ Integrierte Schaltung; (IC)

ISO
International Standards-Organization
Internationale Organisation aller Normenausschüsse, New York.

ISO 7-Bit-Code
↗ Interncode

Istwert
actual value
Der Wert, den eine phyikalische ↗ Größe im betrachteten Zeitpunkt tatsächlich hat (DIN 19226).

```
I²L  Integrated Injection Logic

integrierte Injektionslogik; integrierte
Logikschaltung, bei der Ladungsträger
injiziert werden (siehe auch MTL)
```

J

Job
job
Auftrag an ein Steuerprogramm (↗ Monitor), eine Folge von Rechnerleistungen abzuwickeln. Diese Leistungen werden meistens von einer Anzahl verschiedener ↗ Programme erbracht, deren Ablauffolge und Verkettungen der ↗ Monitor steuert.

Jobbearbeitung
job processing
Durch einen ↗ Monitor gesteuerte ↗ Stapelverarbeitung.

K

K
1K = 1024 = 2^{10}
Wird als Faktor zur abgekürzten Schreibweise von Vielfachen von 1024 verwendet; z.B. Speicherausbau: 64 KWörter oder 128 KB (KByte).

Kabelsteckverbindung
cable connector
Verbindung zweier oder mehrerer ↗ Funktionseinheiten (↗ Baugruppenträger) durch steckbare Kabel (↗ Kabelverbindung).

Kabelverbindung
cable connection
Signalmäßige Verbindung von zwei oder mehreren ↗ Funktionseinheiten mit Hilfe von Kabeln, die für den jeweiligen Einsatzfall geeignet sind. Wegen der zu berücksichtigenden ↗ Laufzeiten und Störbeeinflussungen ist die maximale Länge einer Kabelverbindung immer begrenzt. Kabelverbindungen können an den Endpunkten fest verdrahtet oder steckbar ausgeführt sein (↗ Datenübertragung).

Kachel
page
Ein zusammenhängender Speicherplatz im ↗ Hauptspeicher von der Länge einer ↗ Seite.
Ablauffähige Seiten werden bei Bedarf in freie Kacheln geladen bzw. dorthin transferiert. Die reelle Anfangsadresse der Kacheln beträgt ganzzahlige Vielfache der Seitenlänge von 1KWörtern.

Kaltstart
cold stard, ↗ Systemanlauf

Kanal
channel
↗ Funktionseinheit, die einen Datenweg zwischen einem ↗ Steuerwerk und dem ↗ Zentralspeicher herstellt.

Kapazität
↗ Speicherkapazität

Karte
card, ↗ Lochkarte

Kartenleser
card reader, ↗ Lochkartenleser

Kartenstanzer
card punch, ↗ Lochkartenstanzer

KB
Kurzzeichen für KByte

Keller
push-down storage
Ein Pufferbereich, in den ↗ Daten in

der Reihenfolge ihres Eintreffens abgespeichert werden. Das Auslesen erfolgt in umgekehrter Reihenfolge (↗ LIFO). Angewandt wird das Kellern z. B. bei der Unterprogrammtechnik.

Kellerspeicher
push-down storage
Eine Folge gleichartiger ↗ Speicherelemente, von denen ↗ nur das erste aufgerufen wird. Bei der Eingabe in den Kellerspeicher wird der Inhalt jedes Speicherelements in das nächstfolgende übertragen und das zu speichernde ↗ Wort in das erste Speicherelement geschrieben. Bei der Ausgabe wird der Inhalt des ersten Speicherelements bei jedem Zugriff verändert.

Kennungsfeld
count field
↗ Feld innerhalb eines ↗ Datenblockes auf einem ↗ Magnetschichtspeicher (↗ Plattenspeicher), das die ↗ Blockadresse enthält.

Kennzeichen
flag
Name für die Bedingungsbits oder Zustandsbits, die im Kennzeichenregister als ↗Flag-Byte zwischengespeichert werden. Kennzeichen können nur von anzeigensetzenden ↗ Befehlen gesetzt werden. Die Auswertung der Kennzeichen erfolgt über bestimmte Befehle, z.B. ↗ bedingte Sprungbefehle.

Kennzeichenregister
flag register, ↗ Flag-Byte

Kern
core, ↗ Ferritkern

Kernspeicher (KSP)
core storage
Haupteinsatzgebiet im ↗ Zentralspeicher von ↗ Datenverarbeitungsanlagen. Er besteht aus der Ansteuerelektronik und den Kernspeichermatrizen, die aus ↗ Ferritkernen aufgebaut sind. Bei einem wortweise organisierten Kernspeicher ist jeder ↗ Bitstelle des ↗ Wortes eine eigene Speichermatrix zugeordnet; d.h. ein ↗ Kernspeichermodul enthält mindestens so viele Speichermatrizen wie ein ↗ Maschinenwort ↗ Bitstellen hat. Der Kernspeicher ist ein ↗ Koinzidenzspeicher. Bei der Adressierung einer ↗ Speicherzelle wird in jeder Speichermatrix des ausgewählten Kernspeichermoduls ein Kern durch Stromkoinzidenz im X- und Y-Draht ausgewählt.
Es gibt die Grundbetriebsarten Lesen/Wiedereinschreiben und Löschen/Schreiben. Andere mögliche Betriebsarten werden davon abgeleitet.
Kernspeicher sind ↗ Direktzugriffsspeicher und werden als ↗ Schreib-Lesespeicher (RAM) innerhalb des Zentralspeichers eingesetzt. Ein großer Vorteil des Kernspeichers, z.B. gegenüber ↗ Halbleiterspeichern, ist, daß bei einem ↗ Netzspannungsausfall die gespeicherte ↗ Information nicht verloren geht.

Kernspeichermodul
core storage module
Der ↗ Kernspeicher eines ↗ Zen-

tralspeichers ist meist modular aufgebaut. Die Ansteuerung der einzelnen ↗ Module übernimmt eine gemeinsame Kernspeichersteuerung. Die ↗ Speicherkapazität gängiger Kernspeichermodule beträgt 4K, 8K oder 16K.

Kernspeicherplatz
core memory location
↗ Speicherplatz, den z. B. ein ↗ Programm im ↗ Kernspeicher belegt.

Kettung
chaining
↗ Befehlskettung, ↗ Datenkettung

keyboard
↗ Tastatur

Kilohertz
kilocycle
1KHz = 1000 Hz; (↗ Hz).

Kippschaltung
multivibrator (astable-, bistable-, monostable multivibrator)
Schaltungen, deren ↗ Ausgangssignale sich sprunghaft oder nach einer bestimmten Zeitfunktion zwischen zwei Amplitudenwerten ändern, wobei der jeweilige Zustand entweder von der Schaltung selbst oder von Steuersignalen an den Eingängen der Schaltung abhängig ist, werden als Kippschaltungen oder Kippstufen bezeichnet.

Man unterscheidet:
a) Astabile Kippschaltungen: sie haben keinen stabilen Zustand, z.B. Taktgeneratoren (↗ Taktgeber);

b) Bistabile Kippschaltungen: sie haben zwei stabile Zustände (↗ Flipflop);

c) Monostabile Kippschaltungen: sie haben nur einen stabilen Zustand, z. B. Zeitglieder.

Klarmeldung
ready message
Mit diesem ↗ Signal teilt eine ↗ Funktionseinheit, z. B. ↗ Zentraleinheit, der über die ↗ EA-Anschlußstelle angeschlossenen Funktionseinheit, z. B. ↗ peripheren Einheit, mit, daß sie betriebsbereit ist.

Klarschrift
optical characters
Druckschriften oder Handschriften im Gegensatz z. B. zur Lochschrift auf ↗ Lochstreifen und ↗ Lochkarten. Man unterscheidet nicht maschinenlesbare (nicht genormte) und maschinenlesbare (genormte) Schrift.

Genormte Klarschrift kann von ↗ Klarschriftlesern gelesen werden.

Klarschriftleser
optical character reader
↗ Eingabegerät, das ↗ Klarschrift in einen maschinenlesbaren ↗ Code umwandelt.

Klartext
clear text
Vom Menschen lesbarer unverschlüsselter Text.

Kleinstrechner
microcomputer, ↗ Mikrocomputer

Klimaversorgung
air-conditioning
Ein Raum mit staubfreier Kühlluft ist für die Aufstellung einer Rechneranlage nur dann erforderlich, wenn empfindliche elektromechanische ↗ periphere Einheiten verwendet werden. Während die elektronischen ↗ Funktionseinheiten (↗ Zentraleinheit, ↗ Prozeßeinheit, u. a.) auch noch bei extremen Umgebungsbedingungen arbeitsfähig sind, ist ein zuverlässiger Betrieb elektromechanischer peripherer Einheiten, vor allem ↗ Magnetschichtspeicher, nur dann gewährleistet, wenn ein verhältnismäßig enger zulässiger Bereich von Lufttemperatur, Luftfeuchtigkeit und Staubgehalt der Luft eingehalten wird. Das gilt teilweise auch für die ↗ Datenträger selbst, z. B. ↗ Lochkarte, ↗ Plattenstapel.

Kluft
block gap, interblock space,
↗ Blockzwischenraum

Kode
code, ↗ Code

Kodierer
programmer, coder, ↗ Codierer

Koinzidenzspeicher
coincident-current storage
Bei Koinzidenzspeichern erfolgt nur dann ein Speicherzugriff, wenn in einer ↗ Speicherzelle zwei oder mehr Adressiersignale koinzidieren. Dieses Verfahren hat eine große Bedeutung, weil in Koinzidenzspeichern der Adressierteil besonders sparsam realisiert werden kann. ↗ Kernspeicher werden z. B. als Koinzidenzspeicher aufgebaut.

Komma
point
↗ Festpunktrechnung, ↗ Gleitpunktrechnung

Kommando
command
Auftrag des Benutzers einer ↗ Datenverarbeitungsanlage an ein bedienbares ↗ Programm. Ein Kommando kann auch als ↗ Bedienungsanweisung bezeichnet werden. Die Kommandosprache definiert die syntaktisch zulässigen Formen solcher Aufträge an Programme.
Kommandos können über ↗ Tastaturen von ↗ Bedienungsgeräten oder von Papierdatenträgern als Steuerkartenäquivalente eingegeben oder von Programmen im ↗ Hauptspeicher an andere übergeben werden.

Kommentar
comment
Der ↗ Programmierer hat die Möglichkeit, auf dem ↗ Ablochschema nach einer ↗ Kommentaranweisung kommentierenden ↗ Text zu schreiben. Der Kommentar wird nicht im ↗ Zentralspeicher abgespeichert.

Kommentaranweisung
comment statement
Steuerinformation für den ↗ Assembler, daß der folgende Text als ↗ Kommentar zu werten ist. Zum Beispiel Kommentaranweisung im Siemens-System 300-16n Bit: ***

kommerzielle Datenverarbeitung
business data processing
Einsatz von ↗ Datenverarbeitungsanlagen im Verwaltungsbereich. Das Schwergewicht liegt auf der ↗ Verarbeitung großer Datenmengen.

kommerzielle elektronische Datenverarbeitungsanlage
business computer
↗ Datenverarbeitungsanlage, die für die ↗ kommerzielle Datenverarbeitung, z. B. Verwaltung, Handel, Wirtschaft und Verkehr, eingesetzt wird.

Kompaktbaugruppe
compact assembly, ↗ Baugruppe

Kompaktrechner
minicomputer
Rechner, bei dem ↗ Zentraleinheit, ↗ Steuerungen bzw. ↗ Anschaltungen für ↗ periphere Einheiten in einem Rechnerschrank oder in einem Tischgehäuse untergebracht sind. Ein solcher Rechner (meist 16 Bits ↗ Wortlänge) ist zur Bearbeitung weniger bis mittelmäßig komplexer Probleme geeignet (Halbleitertechnologie: ↗ SSI, ↗ MSI oder ↗ LSI).

Kompatibilität
compatibility
↗ Periphere Einheiten, ↗ Datenträger, ↗ Daten und ↗ Programme, die ohne besondere Anpassungsmaßnahmen untereinander ausgetauscht werden oder miteinander arbeiten können, nennt man kompatibel. Bei einer Rechnerfamilie kann die Kompatibilität, z. B. für Programme, nur in einer Richtung vorhanden sein; man spricht dann von ↗ Aufwärtskompatibilität bzw. ↗ Abwärtskompatibilität.
Bei Hardwarekompatibilität von Einheiten sagt man auch „steckerkompatibel".

Kompilierer
↗ Compiler

Komplement
complement
In der Mathematik bezeichnet man als das Komplement einer Menge A bezogen auf eine Grundmenge M alle die Elemente, die nicht zu A, wohl aber zu M gehören. In der ↗ Datenverarbeitung wird – im ↗ Dualsystem – der Begriff für die positiven bzw. negativen ↗ Zahlen bezogen auf die bei fester ↗ Wortlänge begrenzte Menge aller darstellbaren Zahlen benutzt. Die Zusammenhänge sind an einem Zahlenring besonders anschaulich darstellbar. Mit 4 Bits lassen sich 16 unterschiedliche Werte darstellen, z. B. ↗ Betragszahlen. Will man positive und negative Zahlen unterscheiden, so ist ein Vorzei-

2-Komplement – Komplementdarstellung

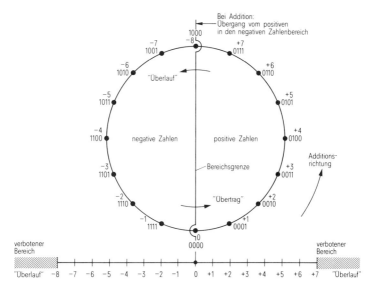

Zahlenring und Zahlenstrahl für vierstellige Festpunktzahlen

chenbit erforderlich, es bleiben nur 3 Bits für die Absolutwerte. Der darstellbare Zahlenbereich geht von +7 (positive Größtzahl) bis −8 (negative Kleinstzahl). Zusammen mit der Null (als positiv gerechnet) sind das wieder 16 verschiedene Werte.

Die Menge der positiven und die Menge der negativen Zahlen sind – bezogen auf die Gesamtmenge im Zahlenring – zueinander komplementär. Zur Umrechnung dient gemäß dem Bildungsgesetz das ↗ Zweierkomplement.

2-Komplement
two's complement
↗ Zweierkomplement

Komplementdarstellung
complement representation
Zur Beschreibung von ↗ Befehlsausführungen wie z. B. ↗ Subtraktion, ↗ Multiplikation und ↗ Division (↗ Festpunktrechnung) muß man sich, z. B. bei negativen ↗ Operanden, der Komplementdarstellung (↗ Zweierkomplement) der Operanden bedienen.

komprimierte Datendarstellung
compressed data representation
In dieser Darstellung werden Folgen eines sehr häufig vorkommenden ↗ Zeichens durch ein ↗ Fluchtsymbol und die Anzahl dieser Zeichen in der Folge ersetzt. Entsprechend wird Platz eingespart. Ein Beispiel ist das Zeichen Zwischenraum in Zeichenketten der Siemens-Systeme 300.

Die Zeichenkette

   A B C D ⎵⎵⎵⎵⎵⎵ ETX

wird in komprimierter Darstellung ersetzt durch

   A B C D 'HT'6 ETX

(ETX Steuerzeichen Textende; 'HT' Code-Steuerzeichen des 7-Bit-Codes (09_{16}), das anderweitig nicht gebraucht wird).

Konjunktion
conjunction
↗ UND-Funktion, ↗ Boolesche Befehle

Konkurrenzbetrieb
contention mode
Ein Steuerungsverfahren, für wechselseitige Datenübermittlung bei dem die ↗ Datenstationen die Möglichkeit haben, Datensignale unaufgefordert auszusenden (DIN 44 302).

Konstante
constant
Ein innerhalb eines ↗ Programmes unveränderliches ↗ Datum wird Konstante genannt.
Die Konstante steht oft im ↗ Befehlswort.

kontinuierliche Funktion
continuous function
Eine Funktion, z. B. der zeitliche Verlauf einer ↗ Prozeßgröße, ist kontinuierlich, wenn in dem betrachteten Bereich keine Sprungstellen oder Pole vorhanden sind.

kontinuierlicher Prozeß
continuous process
Jede ↗ Prozeßgröße nimmt einen stationären Wert innerhalb eines festgelegten Toleranzbereiches an.

Konvertierung
conversion
Umwandlung von einer Darstellungsform in eine andere, z. B. Operandenkonvertierung dezimal ⇄ dual. Die Konvertierung erfolgt über ↗ Programme bzw. ↗ Simulationsprogramme, die Konvertierungsroutinen genannt werden.

Konzentrator
concentrator
Eine ↗ Vermittlungseinrichtung, die an den entfernungsmäßig wirtschaftlichsten Punkten im Netz, bei ↗ Mehrpunktverbindungen der ↗ Datenfernverarbeitung, zur Einsparung von Übertragungsleitungen eingesetzt wird.

Konzentratorverbindung
concentrator linkage
↗ Datenfernverarbeitung über eine ↗ Vermittlungseinrichtung (↗ Kon-

zentrator). Eine ↗ Leitstation kann über einen Konzentrator Verbindungen zu verschiedenen an den Konzentrator angeschlossenen ↗ Datenstationen aufbauen.

Koordinierungsfunktion
coordination function
Vom ↗ Organisationsprogramm dem Anwender zur Verfügung gestellte Funktionen zur Koordinierung zwischen den ↗ Programmen des ↗ Systems.
Funktionsgruppen: Starten und Beenden, Unterbrechen und Fortsetzen, Koordinierungszähler-Funktionen, Wartefunktionen.
Der Anwender kann diese Funktionen über die entsprechenden ↗ Aufrufe benutzen.

Koordinierungszähler
coordination counter, semaphore variable
Softwareeinrichtung zur Abwicklung der Aufgaben der ↗ Programmorganisation.
Der Koordinierungszähler stellt eine ↗ Warteschlange dar, deren Abarbeitung durch eine Zählvariable mit zugehörigen Grenzwerten gesteuert wird.
Koordinierungszähler sind vom Anwender mit einem Namen zur ↗ Identifikation und einem Grenzwert einzurichten. Sie werden vom ↗ Organisationsprogramm (ORG) verwaltet. Der Anwender ↗ inkrementiert und ↗ dekrementiert mittels ↗ ORG-Aufrufen die Zählvariable und löst damit – nach Maßgabe des Überschreitens eines Grenzwertes – Koordinierungswirkungen aus. Die Einrichtung bietet universelle, anpassungsfähige Möglichkeiten, um den Verkehr mehrerer ↗ Programme untereinander zu ↗ steuern, z.B. bei Benutzung eines gemeinsamen ↗ Objektes (↗ Gerät, ↗ Datei, Programm).

Kopf
heading
Bei Datenübermittlung die dem ↗ Text vorausgehende ↗ Zeichenfolge, die es der ↗ Empfangsstation ermöglicht, den Text zu behandeln (DIN 44 302).
↗ Magnetschichtspeicher: ↗ Magnetkopf.

Kopfarm
head arm, ↗ Positioniereinrichtung

Kopfträger
head arm, ↗ Positioniereinrichtung

Kopfvielfach
head assembly
↗ Positioniereinrichtung

Kopiereffekt
print through
Magnetbandtechnik: Die Ursache einer ungewollten Aufzeichnung, die in einem Bandteil durch das Magnetfeld eines anderen Bandteils entstanden ist (DIN 66 010).

Kopplung
coupling
↗ Rechnerkopplung, ↗ Peripheriekopplung

Kreuzsicherung
vertical and longitudinal check
Gleichzeitige Anwendung von ↗ Querparität und ↗ Längsparität zur blockweisen ↗ Datensicherung.

KSP
core storage, ↗ Kernspeicher

Kurven-Bildschirmeinheit
curve display unit
↗ Ausgabeeinheit für Kurvenzüge und ↗ Kommentare. Sie dient zur visuellen Darstellung von Meßwertreihen in Form von Kurven und ↗ Texten wie Maßstab, Datum, Uhrzeit, u. a. m.
Mit der Kurven-Bildschirmeinheit der Siemens-Systeme 300-16 Bit können bis zu vier Kurven, farbig oder schwarzweiß, zugleich dargestellt werden. Diese Kurven-Bildschirmeinheit setzt sich zusammen aus der Kurvenstation und einer ↗ Anschaltung zum Anschluß an die ↗ Zentraleinheit.

Kurvenschreiber
xy-plotter, ↗ xy-Schreiber

Kurvensichtstation
curve display unit
↗ Kurven-Bildschirmeinheit

Kurzzeitwecker
interval timer, ↗ Relativzeitgeber

L

L
low
Logikpegel: entspricht bei positiver Logik der logischen Null (L ≙ 0).

label
↗ Dateietikett *Adresse oder Anschrift*

Laborautomation
laboratory automation
Einsatz von ↗ Prozeßrechnern im Labor zur ↗ Datenerfassung (↗ Meßwerterfassung), ↗ Datenverarbeitung, Protokollierung und Steuerung (↗ steuern) der angeschlossenen ↗ Geräte, wie z.B. Analysengeräte (Gaschromatograf und Massenspektrometer), Vielkanalanalysatoren, Spektralfotometer und andere.

Ladeadresse
load address
↗ Hauptspeicheradresse, auf die bezogen ein ↗ Ladeobjekt beim ↗ Laden von ↗ Grundsprache umadressiert (↗ absolutiert) wird. Bei ↗ hauptspeicherresidenten Programmen ist sie die Abspeicheradresse, bei ↗ peripherspeicherresidenten Programmen die Laufbereichsanfangsadresse.

Ladeanweisung
load instruction, ↗ Lader

Ladeaufruf
loader call
Dient zum ↗ Laden und ↗ Löschen von ↗ Ladeobjekten.

Ladebinder
linkage loader
Ein ↗ Lader, der auch ↗ Abschnitte mit in ihnen nicht definierten Namen verarbeiten kann. Dabei ist vorausgesetzt, daß derartige Namen vorher in einem anderen Abschnitt aufgetreten und als ↗ Externdefinitionen erklärt worden sind. Der Ladebinder richtet eine Adreßliste ein, in der er die Externdefinitionen zwischenspeichert. Zeigt sich beim Einlesen eines Abschnittes, daß er undefinierte Namen enthält, so ermittelt der Ladebinder vor dem eigentlichen ↗ Laden die zugehörigen ↗ Externadressen aus der Adreßliste und ordnet sie zu.

Ladegerät
loading device
Im ↗ Ladeaufruf genanntes ↗ Gerät, dessen ↗ Datenträger die ↗ Grundsprache des ↗ Ladeobjektes enthält.

laden
load
a) Einbringen von in ↗ Grundsprache vorliegenden ↗ Ladeobjekten in das ↗ System.

Ladeobjekt – Laufzeitmessung

Ihnen wird ein ↗ Speicherplatz im ↗ Hauptspeicher oder auf einem ↗ peripheren (↗ Direktzugriffs-)Speicher zugewiesen. Das Ladeobjekt wird in die ↗ Buchführung des ↗ Organisationsprogramms eingetragen; der Austrag erfolgt durch das ↗ Löschen des Ladeobjekts.

b) Eingeben von ↗ Information in ↗ Register, z. B. bei Ablauf des entsprechenden ↗ Maschinenbefehls.

c) ↗ Magnetschichtspeicher: ↗ Magnetköpfe in die Arbeitsstellung bringen.

Ladeobjekt
loading object
Alle ↗ Ablaufobjekte (↗ Programme, ↗ Common Codes, Anwendersimulationsroutinen) und ↗ Common Data.

Ladeprogramm
loading routine
↗ Urlader, ↗ Urleseprogramm, ↗ Lader.

Lader
loader
↗ Programm zum Einbringen (↗ laden) und ↗ Löschen aller ↗ Ablaufobjekte. Aufgaben des Laders: Lesen des ↗ Objektes vom Ladegerät-Datenträger, umadressieren (↗ absolutieren), evtl. ↗ Binden, Objekt in die ORG-Buchführung eintragen.

Ladezustand
loading state
Zustand eines ↗ Objektes nach dem ↗ Laden vor dem ersten Start.

Längsparität
longitudinal check, block check
Parität über die gleichgeordneten ↗ Bits über mehrere ↗ Zeichen hinweg (↗ Blockparitätssicherung, ↗ Blockparitätszeichen).

Laufbereich
partition
Bereich im ↗ Hauptspeicher, in den ↗ Programme bzw. Programmteile von einem ↗ peripheren Speicher zum Ablauf in der ↗ Zentraleinheit eintransferiert werden. Laufbereiche sind in dem nicht vom ↗ Organisationsprogramm und von den ↗ hauptspeicherresidenten Programmen belegten Teil des Hauptspeichers durch Anwendergenerierungsangaben beim ↗ Systemgenerieren festzulegen.
Ein Laufbereich wird von den ihm zugewiesenen Programmen abwechselnd benutzt (↗ Platzwechsel, ↗ Paging).

Laufwerk
drive mechanism
↗ Festkopfspeichereinheit, ↗ Floppy-disk-Einheit, ↗ Plattenspeichereinheit.

Laufzeit
propagation time, propagation delay
Laufzeit oder Verzögerungszeit eines ↗ Signals zwischen zwei gegebenen Punkten eines Übertragungssystems, z. B. vom Eingang zum Ausgang.

Laufzeitmessung (von ↗ Programmen)
run time measuring
↗ Programmlaufzeitzähler

Laufzeitspeicher

delay-line storage
Dynamische Serienspeicher, deren Periode von dem benutzten physikalischen Prinzip bestimmt wird. Kennzeichnend für diese ↗ Speicher ist, daß auf dem Weg viele sowohl zeitlich als auch räumlich aufeinanderfolgende Binärsignale in einer Richtung mit der gleichen, zeitlich konstanten Geschwindigkeit laufen.
Dieser Weg kann im Falle des Umlaufspeichers in sich geschlossen sein.

Laufzeitüberwacher

watch dog timer
↗ Zeitgeber, der ein ↗ Alarmsignal hervorruft, wenn die Zeitdauer zwischen „Setzen und Rücksetzen" eine vorgegebene Schranke überschreitet. Sie dienen zur Überwachung von Programmlaufzeiten oder Signalverarbeitungszeiten von ↗ Baugruppen.

Laufzeitüberwachung

run time monitoring
↗ Programmlaufzeitzähler

LCD liquid crystal display

LED

light **e**mitting **d**iode
Sichtbares Licht ausstrahlender Halbleiter (Leuchtdiode).

Leerkarte

blank card
↗ Lochkarte ohne Lochungen.

Leerstelle

filler, ↗ Blank

Leerzeichen (SP)

space, blank, ↗ Füllzeichen

Leerzeile

blank line
Papiertransport um einen Zeilenabstand auf einem ↗ Drucker ohne Abdruck von ↗ Text erzeugt eine Leerzeile auf dem ↗ Protokoll.

Leistungsvergleich

comparison of efficiency, ↗ Mix

Leiterbahn

printed conductor
↗ Flachbaugruppe

Leiterplatte

printed circuit board
Eine steckbare ↗ Baugruppe, z.B. eine ↗ Flachbaugruppe, bestehend aus einer Trägerplatte für die ↗ Bauelemente, an der die ↗ Steckerleisten angebracht sind. Die Trägerplatte ist aus einem elektrischen Isolationsmaterial gefertigt, auf dem die ↗ Leiterbahnen meist doppelseitig aufgebracht sind (↗ Flachbaugruppe).

Leitrechner

coordinating computer, master computer
↗ Digitale Rechenanlage innerhalb einer ↗ Rechnerhierarchie mit der höchsten Rangordnung.
Der Leitrechner delegiert Aufgaben an untergeordnete ↗ digitale Rechenanlagen.

Leitstation

control station
Diejenige ↗ Datenstation, von der in einer ↗ Mehrpunktverbindung oder ↗ Konzentratorverbindung stets die

↗ Initiative zur Einleitung einer ↗ Datenübertragung ausgeht.

Leitsteuerung
coordinating control
↗ Funktionseinheit zum ↗ Steuern des Gesamtprozesses, die der Gruppensteuerungsebene (↗ Gruppensteuerung) übergeordnet ist.

Leitung
line, ↗ Datenübertragungsweg

Leitungsnetz
network
Die Gesamtheit der Einrichtungen, mit denen Verbindungen zwischen ↗ Datenstationen hergestellt werden (DIN 44 302).

Leitungsverzweiger
branch circuit distribution center
Ein nichtschaltender Netzknoten, an den vierdrahtige Niederfrequenzübertragungswege (↗ Fernsprechnetz) angeschlossen werden können.

Leitwerk
control unit, ↗ Steuerwerk

lernendes Prozeßmodell
learning process model
Ein ↗ Prozeßmodell, das aufgrund der Beobachtungen der ↗ Zustandsgrößen des ↗ Prozesses seine Parameter aufbaut oder ändert, um dadurch den Prozeß genügend genau darzustellen (DIN 66 201).

Lesedraht
sense wire
Jede Kernspeichermatrix (↗ Kernspeicher) innerhalb eines ↗ Kernspeichermoduls hat einen eigenen Lesedraht, der durch alle Kerne dieser Matrix gefädelt ist. Die aus einer ↗ Speicherzelle ausgelesene ↗ Information gelangt über die Lesedrähte (je ein Lesedraht pro ↗ Bitstelle) in das ↗ Schreib-Leseregister des ↗ Zentralspeichers. Bei einem 3Draht 3D-Kernspeicher sind Lesedraht und ↗ Inhibitdraht identisch; d. h. dieser Draht wirkt beim ↗ Lesen als Lesedraht und beim ↗ Schreiben als Inhibitdraht.

Lesefehler
read error
Die ↗ Information des ↗ Zentralspeichers, z.B. ↗ Kernspeichers, wird bei vielen ↗ Zentraleinheiten zeichenweise gesichert (↗ Datensicherung, ↗ Zeichenparitätssicherung). Wird beim ↗ Lesen ein Fehler erkannt, dann reagiert die ↗ Zentraleinheit darauf mit einer ↗ Programmunterbrechung.
Das gleiche Prinzip gilt sinngemäß für ↗ Datenträger.

Leseimpuls
read pulse
Der beim ↗ Lesen eines gesetzten („1") ↗ Ferritkernes auf dem ↗ Lesedraht erzeugte ↗ Impuls.

Lese-Schreibkopf
read-write head, ↗ Magnetkopf

lesen, abtasten
read, scan, sense
Man unterscheidet:
a) Lesen von genormter ↗ Klarschrift durch ↗ Klarschriftleser,
b) Lesen von ↗ Datenträgern, z.B. ↗ Lochkarten, Lochstreifen mit codierten ↗ Daten über entsprechende ↗ Abtaster,
c) Lesen (Ausgabe) gespeicherter Daten aus einem ↗ Datenspeicher.

Leser
reading device
↗ Lochkarten-Eingabeeinheit, ↗ Lochstreifen-Eingabeeinheit

Lesestation
reading station
↗ Funktionseinheit bzw. Baueinheit einer ↗ Lochkarten-Eingabeeinheit oder ↗ Lochstreifen-Eingabeeinheit.

LF
line feed
Codetabellenkurzzeichen; bedeutet als ↗ Gerätesteuerzeichen „Zeilenvorschub".

Lichtstift(-griffel)
ligtht pen
Hilfsmittel bei alphanumerischen ↗ Datensichtstationen zur Ausführung von Grafiken.

LIFO, Lifo
last in – first out
Abnahmestrategie eines ↗ Pufferspeichers; die Abnahme bzw. Bearbeitung von ↗ Information erfolgt in umgekehrter Übernahmereihenfolge (↗ FIFO).

Liniennetz
linear network, ↗ Netzform

Liste
list
Vom ↗ Programmierer eingerichteter ↗ Speicherbereich zur Aufnahme gleichartiger ↗ Daten, z.B. Namensliste, Meßstellenliste, Meßwertliste, Grenzwertliste.
Listen können an fester Stelle im ↗ Speicher mit fester Länge eingerichtet sein oder aus Elementen an freien Plätzen bedarfsweise gekettet dynamisch zusammengestellt werden (↗ Listenpool). Der Inhalt von Listen kann ganz oder teilweise fest oder veränderlich sein.

Listengenerator
list generator
Ein ↗ Programm, das nach ↗ Anweisungen ↗ Listen aufbaut und ausgibt. Beim ↗ Programmieren des Listengenerators ist mit dem ↗ Programmierer zu vereinbaren, woher der ↗ Generator die in die Listen einzubauenden ↗ Informationen holen und wohin er sie abspeichern soll.

Listenpool
list pool
Zur Platzersparnis können ↗ Warteschlangen und dynamische ↗ Listen des ↗ Organisationsprogramms ihren Bedarf aus einem Listenpool decken, dessen Länge der Anwender beim ↗ Generieren vorläufig festlegt. Das ist besonders dann vorteilhaft, wenn der Längenbedarf der Warteschlangen oder Listen stark schwankt, aber besonders große An-

forderungen kaum je für mehrere derartige Buchführungsteile gleichzeitig auftreten. Statt den Listenplatz für den ungünstigsten Betriebsfall jeder einzelnen Liste auslegen zu müssen, genügt ein Bruchteil des Platzes.

LK
punched card, ↗ Lochkarte

LKA
Abkürzung für Lochkartenausgabe-(Gerät); (↗ Lochkarten-Ausgabeeinheit).

LKE
Abkürzung für Lochkarteneingabe-(Gerät); (↗ Lochkarten-Eingabeeinheit).

lochen
punch
Das Aufzeichnen von ↗ Daten in Form von ↗ Lochkombinationen (DIN 66 218).

Lochkarte (LK)
punched card
↗ Datenträger in der ↗ Datenverarbeitung. ↗ Alphanumerische Zeichen werden auf der Lochkarte im ↗ Lochkartencode dargestellt.
Der Standardtyp der Lochkarte für die Datenverarbeitung (82,5 mm x 187,3 mm) ist für 80 Spalten zu je 12 Zeilen ausgelegt; d. h. es können max. 80 alphanumerische Zeichen auf einer Karte im Lochkartencode verschlüsselt sein.
Die linke obere Ecke der Lochkarte ist abgeschnitten, damit falsch sortierte Karten leichter erkannt werden können (DIN-Norm: 66 018).

Lochkarten-Ausgabeeinheit
punched card output unit
Die Lochkarten-Ausgabeeinheit besteht aus dem Lochkarten-Stanzer und einer ↗ Anschaltung für den Anschluß an eine ↗ Zentraleinheit. Funktionsschalter, Funktionstasten und Anzeigelampen der ↗ Tastatur dienen zur Auswahl und Kontrolle der Betriebsarten.
Die Lochkarten-Ausgabeeinheit dient im On-line-Betrieb zur Ausgabe von ↗ Informationen (↗ alphanumerisch oder ↗ binär) auf ↗ Lochkarten.
Stanzgeschwindigkeiten ca. 80 bis 400 Zeichen pro Sekunde. Im Offline-Betrieb wird die LK-Ausgabeeinheit als Handlocher mit Tastatureingabe benutzt.

Lochkartencode
card code
Für den Standardtyp der ↗ Lochkarte wird als Lochkartencode der Hollerithcode (DIN 66 204) verwendet. Für jede Spalte der Lochkarte ergeben sich 12 Codierungs- oder Lochstellen. In jeder Spalte kann ein ↗ alphanumerisches Zeichen verschlüsselt sein. Den 10 Ziffern ist dabei die entsprechende Lochstelle (ein ↗ Bit) in den 10 Ziffernzeilen zugeordnet. ↗ Buchstaben oder Sonderzeichen werden durch Kombination

einer Lochung in den Zeilen 1 bis 9 und einer Lochung für die ↗ Ziffer Null oder in einer der beiden über den Ziffernzeilen liegenden Zeilen (Überlochzone) dargestellt.

Lochkarten-Eingabeeinheit
punched card input unit
Dient der Eingabe von auf ↗ Lochkarten gestanzten ↗ Informationen in die ↗ Zentraleinheit. Im Online-Betrieb werden die ↗ Daten gelesen und über die ↗ Anschaltung spaltenweise ↗ parallel als ↗ alphanumerische Zeichen oder als ↗ Binärmuster zur Zentraleinheit übertragen. Die Lochkarten-Eingabeeinheit besteht aus dem Lochkartenleser und einer Anschaltung. Der Lochkartenleser ist als Tischgerät ausgeführt und hat ein Bedienfeld mit Bedienungsschaltern und -tasten, sowie Lampen zur Anzeige des Betriebszustandes und von Fehlern der Gerätefunktion.

Die Lesegeschwindigkeit eines mittelschnellen Gerätes mit fotoelektrischer Abtastung beträgt etwa 500 Karten pro Minute.

Lochkartengerät
punched card device
↗ Gerät zum Stanzen oder ↗ Lesen von ↗ Lochkarten. Sie werden innerhalb einer ↗ Lochkarten-Ausgabeeinheit bzw. ↗ Lochkarten-Eingabeeinheit eingesetzt. Der Lochkartenstanzer wird auch zum Ablochen von ↗ Programmen auf Lochkarten als Handlocher im Off-line-Betrieb (↗off-line) verwendet.

Lochkartenleser
card reader
↗ Lochkarten-Eingabeeinheit

Lochkartenstanzer
card punch
↗ Lochkarten-Ausgabeeinheit

Lochkombination
pattern of holes
Eine Kombination von ↗ Informationslöchern in einer ↗ Sprosse zur Darstellung eines ↗ Zeichens (DIN 66 218).

Lochstreifen (LS)
punched tape
Aus Papier- oder Kunststoffstreifen bestehende ↗ Datenträger, die in gelochter Form ↗ Informationen enthalten. Neben den ↗ Informationslochungen befindet sich auf dem Lochstreifen eine Transportlochung (kleinere Löcher). Ein ↗ alphanumerisches Zeichen wird in einer Reihe von Lochungen quer zur Streifenrichtung dargestellt. Je nach Anzahl der in einem ↗ Lochstreifencode maximal benötigten Lochungen ergeben sich 5-Spur- oder 8-Spur-Lochstreifen. Anstelle von „Spur" wird auch die Bezeichnung „Kanal" verwendet.

Lochstreifen-Ausgabeeinheit
paper tape output unit
Sie besteht aus dem Lochstreifenstanzer und einer ↗ Anschaltung zum Anschluß an eine ↗ Zentraleinheit. Sie wird eingesetzt, wenn ↗ Daten oder ↗ Programme auf ↗ Lochstreifen abgespeichert oder archiviert werden sollen.

Die Stanzgeschwindigkeit beträgt etwa 30 bis 150 Zeichen pro Sekunde.

Lochstreifencode
punched tape code
Es gibt Lochstreifencodes für 5, 6, 7, 8 Bits. Bekanntester Lochstreifencode ist der ↗ Fernschreibcode.

Lochstreifen-Eingabeeinheit
paper tape input unit
Dient der Eingabe von auf ↗ Lochstreifen gestanzten ↗ Informationen in die ↗ Zentraleinheit. Die Lochstreifen-Eingabeeinheit besteht aus dem Lochstreifenleser und einer ↗ Anschaltung. Die gelesene Information wird zeichenweise ↗ parallel als ↗ alphanumerisches Zeichen oder als ↗ Binärmuster zur ↗ Zentraleinheit übertragen.
Bei elektronischem ↗ Abtastverfahren erreicht man Lesegeschwindigkeiten von 300 bis 800 Zeichen pro Sekunde.

Lochstreifengerät
punched tape device
↗ Gerät zum Stanzen (Lochen) oder Lesen von ↗ Lochstreifen. Sie werden innerhalb einer ↗ Lochstreifen-Ausgabeeinheit bzw. ↗ Lochstreifen-Eingabeeinheit eingesetzt.

Lochstreifenleser
punched tape reader
↗ Lochstreifen-Eingabeeinheit

Lochstreifenlocher
paper tape punch
↗ Lochstreifen-Ausgabeeinheit

Lochstreifenschleife
punched tape loop
Ein ↗ Lochstreifen, bei dem Anfang und Ende so zusammengefaßt sind, daß eine Schleife entstanden ist und dadurch die enthaltene ↗ Information periodisch gelesen werden kann (DIN 66218).

Lochstreifenstanzer
paper tape punch
↗ Lochstreifen-Ausgabeeinheit

Lochstreifenwickel
roll of punched tape
Aufgewickelter, gelochter ↗ Lochstreifen mit oder ohne Rollenkern (DIN 66218).

Lochversatz
code hole misalignment
Abweichung des Mittelpunktes eines ↗ Informationsloches von der ↗ Sprosse in Spurrichtung (DIN 66218).

löschen
erase, clear
Das Entfernen der aufgezeichneten magnetischen ↗ Signale und Herstellen eines unmagnetischen oder definiert vormagnetisierten Zustandes in der Magnetschicht von ↗ Magnetschichtspeichern oder bei ↗ Kernspeichern.

Löschkopf
erase head
Ein ↗ Magnetkopf, der zum ↗ Löschen dient (DIN 66010).

Logik
logic
Kurzbezeichnung für „logische", das sind ↗ digitale Schaltungen.

logisch
logical
↗ Identifikation eines ↗ Objektes oder seiner Eigenschaften im Sinne der ↗ Software, im Unterschied zu den Hardware-Gegebenheiten, die auch als ↗ „physikalisch" bezeichnet werden (Beispiel: ↗ logischer Gerätename, logische Anzeigen).

logischer Befehl
logic instruction
Alle nicht ↗ arithmetischen Befehle, bei denen zwei oder mehr ↗ Operanden verglichen oder miteinander verknüpft werden. Dazu gehören alle ↗ Vergleichsbefehle und ↗ Befehle, die logische Verknüpfungen nach den Regeln der Booleschen Algebra durchführen (↗ Boolesche Befehle).

logischer Gerätename
logical device name
Fest im ↗ System vereinbarter Name zur ↗ Identifikation eines ↗ Gerätes. Dieser Name ist unabhängig von der physikalischen Belegung (Verdrahtung) der ↗ Eingabe-Ausgabe-Anschlußstellen der ↗ Anlage. Er enthält eine vorgeschriebene Kennung des Gerätetyps und zwei Ziffern zur Unterscheidung für mehrere Geräte gleichen Typs. In Anlehnung an die Hardware-Anschlußbezeichnung durch Anschlußstellennummer und Gerätenummer (bei Anschluß mehrerer Geräte am Multiplexer) wird im Siemens-System 300 von logischer Anschlußstellennummer und logischer Gerätenummer gesprochen.

Beispiel: LKAA (5,3) Lochkartenausgabe, DSSE (2,0) Datensichtstation-Eingabe (↗ logisch).

logischer Satz
record, ↗ Satz

logische Verknüpfung
logical operation
↗ Boolesche Befehle

Low
low, ↗ L

LS
punched tape, ↗ Lochstreifen

LSA
Abkürzung für Lochstreifenausgabe-(Gerät); (↗ Lochstreifen-Ausgabeeinheit).

LSE
Abkürzung für Lochstreifeneingabe-(Gerät); (↗ Lochstreifen-Eingabeeinheit).

LSI
large scale integration
Halbleitertechnologie: mit hohem In-

tegrationsgrad (1000 bis 20 000 Grundschaltungen) aufgebaute ↗ Chips.

LSL
langsame störsichere Logik
Siemens-Bausteinfamilie mit extrem hoher Störsicherheit.

LSR
read-write-register
Abkürzung für **L**ese-**S**chreib-**R**egister.

LSV1 (2)-Prozedur
↗ Datenübertragungsprozedur

LOCMOS   Locally Oxidized Complementary Metal Oxide Silicon

verbesserte CMOS-Schaltungen; Name der neuen Philips Serie von Logikschaltungen

LOCOS   Local Oxidation of Silicon

lokale Oxidation von Silizium; Verfahren zur Herstellung integrierter Bipolar- und MOS-Schaltungen unter Anwendung lokaler Oxidation der Halbleiterscheibe

M

Magnetband (MB)
magnetic tape
Ein ↗ Datenträger in Form eines Bandes, bei dem eine oder mehrere magnetisierbare Schichten auf einem nichtmagnetisierbaren Träger aufgebracht sind und bei dem die ↗ Information durch Magnetisierung aufgezeichnet wird (DIN 66010). Mittelschnelles peripheres Speichermedium mit ↗ seriellem Zugriff (↗ Bandspeicher).

Magnetbandeinheit
magnetic tape unit, ↗ Bandspeicher

Magnetbandgerät
magnetic tape unit, magnetic tape device
Ein ↗ Magnetbandlaufwerk mit ↗ Magnetköpfen und der zugehörigen elektrischen Ausrüstung (DIN 66010).

Magnetbandkassetteneinheit
magnetic tape cartridge unit
Sie besteht aus dem Magnetbandkassettengerät und einer ↗ Anschaltung. Als ↗ Datenträger dienen Kassetten mit einer Breite des ↗ Magnetbandes von $1/8$ Zoll oder $1/4$ Zoll. Das Magnetbandkassettengerät enthält die ↗ Steuerung, ein oder zwei ↗ Laufwerke und die ↗ Stromversorgung. Die Aufzeichnung der ↗ Daten erfolgt seriell auf einer ↗ Spur.

Magnetbandlaufwerk
tape drive, tape transport
Der Teil des ↗ Magnetbandgerätes, der zum Bewegen und Führen des ↗ Magnetbandes dient (DIN 66010).

Magnetkernspeicher
magnetic core storage
↗ Kernspeicher

Magnetkopf
magnetic head
Die Umwandlung elektrischer Zustände in magnetische erfolgt bei ↗ Magnetschichtspeichern über Magnetköpfe (Schreib-Leseköpfe). Die Magnetköpfe sind kleine Elektromagnete mit einer Schreibspule und einer Lesespule; der Luftspalt ist mit einem elektrisch leitenden aber unmagnetischen Material ausgefüllt. Beim ↗ Schreiben magnetisiert das am Luftspalt des Magnetkopfes austretende Streufeld die Magnetschicht des ↗ Speichers. Beim ↗ Lesen induziert das schwache Magnetfeld der

Speicherschicht über den Magnetkopf in der Lesewicklung elektrische Wechselspannungsimpulse, die als Lesesignale weiterverarbeitet werden. Je nach der Art des Magnetschichtspeichers berührt der Magnetkopf die Speicherschicht (↗ Bandspeicher) oder er schwebt auf einem Luftpolster über der Schicht (↗ Plattenspeicher, ↗ Trommelspeicher). Bei ↗ Floppy-disk-Einheiten kommen beide Verfahren zur Anwendung (↗ Richtungsschrift).

magnetomotorischer Speicher
magnetomotive storage
Als ↗ Datenträger dienen bewegte magnetische Schichten (↗ Magnetschichtspeicher).

Magnetschichtspeicher
magnetic film storage
Alle ↗ Datenspeicher, die nach dem Prinzip der bewegten Magnetschicht arbeiten. Die zu speichernde ↗ Information wird auf magnetisierbarem Material aufgezeichnet, das sich gegenüber einem feststehenden ↗ Magnetkopf in Bewegung befindet. Beim ↗ Lesen werden die gespeicherten ↗ Daten wieder ↗ sequentiell durch den Magnetkopf von der vorbeilaufenden Schicht abgetastet und in den ↗ Zentralspeicher übertragen. Wegen der relativ langen ↗ Zugriffszeit werden Magnetschichtspeicher heute fast nur als ↗ Massenspeicher eingesetzt.
Der Preis pro gespeichertes ↗ Bit ist wesentlich geringer als bei ↗ Kernspeichern oder ↗ Halbleiterspeichern; z. B.

Magnetschichtspeicher	zur Zeit etwa Pf je Bit
↗ Bandspeicher	0,01
↗ Plattenspeicher	0,1
↗ Festkopfspeicher	1,0
↗ Kernspeicher ↗ MOS-Speicher ↗ TTL-Speicher	zur Zeit weniger als 10 Pf je Bit

Magnetspur
magnetic track, ↗ Spur

main storage (memory)
↗ Hauptspeicher

Makro
macro
Kurzform für Makroaufruf. Im Rahmen einer ↗ Makrosprache vereinbarte syntaktische ↗ Notation, die vom ↗ Makroübersetzer als Einheit behandelt und bearbeitet wird. Makros sind im allgemeinen vor ihrem aktuellen ↗ Aufruf zu definieren, was wiederum in Form von Makroaufrufen erfolgt. Es wird unterschieden zwischen Aufrufen von ↗ Basismakros und Aufrufen von ↗ definierten Makros.

Makroanweisung
macro statement, ↗ Makrobefehl

Makroassemblersprache
macro assembly language
↗ Assemblersprache, in der ↗ Makros verwendet werden. Eine Makroassemblersprache enthält eine Reihe von ↗ Standardmakros, z.B. EA-Makros für den ↗ EA-Verkehr mit

den ↗ peripheren Einheiten. Es besteht für den Programmierer auch die Möglichkeit, häufig im ↗ Programm vorkommende ↗ Befehlsfolgen als Makros zu definieren.

Makroaufruf
macro call, macro statement
↗ Makro

Makrobefehl
macro instruction
Folge von ↗ Maschinenbefehlen, die z.B. nach den Regeln einer ↗ Makrosprache mit ↗ Makroaufrufen zu einer Einheit zusammengefaßt sind. Sie wird bei der Übersetzung durch eine definierte Folge von Maschinenbefehlen ersetzt. Makrobefehle erhöhen die Übersichtlichkeit eines ↗ Programmes und erleichtern Niederschrift und ↗ Testen.

Makroelement
macro element
Eine von zwei vereinbarten Makrosteuerzeichen eingeschlossene ↗ Zeichenfolge.

Makrosprache
macro language
Die wesentlichen Bestandteile einer Makrosprache sind Makrodefinitionen und ↗ Makroaufrufe. Makrodefinitionen beschreiben den ↗ Algorithmus zur Erzeugung einer ↗ Zeichenfolge oder ↗ Befehlsfolge. Der ↗ Makroübersetzer ersetzt jeden Makroaufruf in der ↗ Quellsprache durch die entsprechende Zeichenfolge der Makrodefinition gleichen Namens. Durch ↗ Parameter im Makroaufruf kann der in der Makrodefinition angegebene Algorithmus gesteuert werden.

Makroübersetzer
macro translator, macro processor
Ein ↗ Programm, das die ↗ Makroaufrufe der ↗ Makrosprache durch eine Folge von ↗ Anweisungen und/oder ↗ Zeichen ersetzt. Der Algorithmus zur Erzeugung dieser Zeichenfolgen wird durch die Makrodefinition festgelegt (↗ Makrosprache).

Mantisse
fixed-point part, mantissa
↗ Gleitpunktzahl

Map
map
Abbild, Abzug, Inhaltsliste, Belegungsplan.

Marke
label
Identifizierungskennzeichen einer ↗ Anweisung in einem ↗ Programm. Marken sind i. allg. ↗ Sprungziele für ↗ bedingte und ↗ unbedingte Sprunganweisungen (-befehle).

Maschennetz
meshed network, mesh-type network
Übertragungsnetz, in dem jede Vermittlungsstelle mit jeder anderen verbunden ist (↗ Netzformen).

maschinenabhängige Programmiersprache
computer oriented language
↗ maschinenorientierte Programmiersprache

Maschinenadresse
machine address
↗ Adresse zur Kennzeichnung einer ↗ Speicherzelle (DIN 44 300).

Maschinenbefehl
machine instruction
↗ Befehl aus der ↗ Befehlsliste einer ↗ Zentraleinheit.

Maschinencode
machine code, ↗ Maschinensprache

maschineninterner Code
internal code, ↗ Interncode

maschinenorientierte Programmiersprache
computer oriented language
Eine ↗ Programmiersprache, deren ↗ Anweisungen die gleiche oder eine ähnliche Struktur wie die ↗ Befehle einer bestimmten ↗ digitalen Rechenanlage haben (DIN 44 300).

Um in einer maschinenorientierten Programmiersprache zu ↗ programmieren, muß man den Hardware-Befehlsvorrat des speziellen ↗ Rechners kennen, auf dem das ↗ Programm nach dem ↗ Übersetzungsvorgang laufen soll. In manchen Fällen sind darüber hinaus weitere Detailkenntnisse nötig oder nützlich. Zu den maschinenorientierten Programmiersprachen gehören: ↗ Mikroprogrammsprachen, ↗ Maschinensprachen, ↗ Assemblersprachen, ↗ Makroassemblersprachen.

Programme in maschinenorientierten Programmiersprachen sind in der Regel nicht portabel (↗ Portabilität).

Maschinenprogramm
machine program
Ein in ↗ Maschinensprache abgefaßtes ↗ Programm (DIN 44 300).

Maschinensprache
machine oriented language
In Maschinensprache geschriebene ↗ Befehle und ↗ Daten bestehen aus ↗ Bitmustern (↗ Maschinencode). Ein ↗ Programm in Maschinensprache bedarf keiner Übersetzung mehr und ist im ↗ Prozessor ablauffähig. Für die Notierung der Befehle und Daten wird die übersichtlichere Darstellung im ↗ Oktalsystem oder ↗ Sedezimalsystem bevorzugt. Die Maschinensprache wird nicht für die Anwenderprogrammierung, sondern vorwiegend für Wartungs- und Testzwecke verwendet.

Maschinentakt
basic machine cycle, ↗ Grundtakt

maschinenunabhängige Programmiersprache
computer-independent language
↗ problemorientierte Programmiersprache. Die Übersetzung eines in einer höheren ↗ maschinenunabhängigen Programmiersprache geschriebenen Programms in die ↗ Maschinensprache erfolgt mit Hilfe eines ↗ Compilers. Zu diesen ↗ Programmiersprachen gehören geschlossene Makrosprachen, verfahrensorientierte Sprachen, problemorientierte Sprachen.

Maschinenwort
machine word
Speicherzelleninhalt eines ↗ wortorganisierten Speichers ohne ↗ Paritätsbits.

Maske, Maskenwort
mask
Als Maske oder Maskenwort bezeichnet man ein ↗ Binärmuster, das vom ↗ Programmierer vorgegeben wird und zur Manipulation bestimmter ↗ Bitstellen eines anderen ↗ Wortes (↗ Operanden) dient, z.B. Setzen, ↗ Löschen, Aussondern, Abfragen von ↗ Bits. Mit Hilfe von Masken und ↗ Vergleichsbefehlen oder ↗ Booleschen Befehlen können im ↗ Zentralprozessor z.B. ↗ Alarmwörter abgefragt und getestet werden. Auch zum Sperren und Freigeben von ↗ peripheren Anforderungen und für logische Verknüpfungen – UND, ODER, UNGLEICH – werden Masken verwendet.

Massenspeicher
mass storage, bulk storage
In weiterem Sinn werden alle ↗ Speicher großer ↗ Kapazität (Großspeicher) zu den Massenspeichern gerechnet. Zum Teil wird diese Bezeichnung jedoch auf ↗ Direktzugriffsspeicher mit besonders großer Kapazität beschränkt.

Master
↗ Sendestation

Master-Slave-Rechnersystem
↗ Doppelrechnersystem

Masterstapel
master batch, master deck
Generierfähige ↗ Programme und ↗ Systeme bestehen aus einer Menge von ↗ Programmbausteinen. ↗ Generieren heißt, daraus je nach Anlage, Einsatzzweck und Kundenwunsch die benötigte Teilmenge auswählen und lauffertig aufbereiten. Da manche ↗ Bausteine sich gegenseitig ausschließen, kommt die Gesamtmenge aller Bausteine in keinem System vor, wohl aber wird sie stets voll geliefert und als Masterstapel bezeichnet. In der Regel gehört zum Masterstapel auch das ↗ Generatorprogramm, das den Zusammenbau der Bausteine zum Programmsystem vornimmt. Beispiel: ↗ Organisationsprogramme, ↗ Systemgenerator.

	Schnellspeicher	Massenspeicher
Kapazität	$<10 \cdot 10^6$ Bits	$>10 \cdot 10^6$ Bits
Technik	Elektronik	Elektromechanik
Zugriffszeit	<1 μs	>1 ms
Preis	>1 Pf je Bit	$<0,05$ Pf je Bit
Datentransfer	wortweise, byteweise	blockweise
Speichermedium	nicht auswechselbar	auswechselbar

Matrix
matrix
Jede Anordnung beliebiger Elemente in Spalten und Zeilen, wie sie in der Mathematik, z.B. bei der Matrizenrechnung, gegeben ist. ↗ Kernspeicher von ↗ Datenverarbeitungsanlagen sind matrixförmig ausgeführt. Auch für die Zuordnung von ↗ Zeichen eines ↗ Codes zu Zeichen eines anderen Codes verwendet man matrixförmige Darstellungen (↗ Befehlsmatrix).

mathematisches Prozeßmodell
mathematical process model
Ein ↗ Prozeßmodell, das durch mathematische Gleichungen, numerische Tabellen, Signalflußpläne oder auf ähnliche Weise dargestellt ist.

MC
Kurzzeichen für ↗ Maschinencode; auch Abkürzung für ↗ Mikrocomputer.

MCS
Abkürzung für ↗ Mikrocomputersystem.

mechanisch
mechanical
Einrichtungen oder Vorgänge, bei denen Teile bewegt werden, bezeichnet man als mechanisch im Gegensatz zu elektronischen Einrichtungen und Vorgängen (↗ Elektronik, ↗ elektromechanisch).

mechanischer Zeilendrucker
mechanical line printer
Die Anschlagmechanismen der verschiedenen Typen von ↗ Zeilendruckern basieren auf demselben Grundprinzip. Für jede Schreibstelle längs einer Zeile (bis zu 160) ist ein kleiner Hammer angebracht, der dann kurzzeitig betätigt wird, wenn gerade die richtige Type vorbeiläuft. Moderne mechanische Zeilendrucker arbeiten nach dem fliegenden Abdruckverfahren, d.h. zwischen Papier und Typen bleibt während des Druckvorgangs eine gewisse Relativgeschwindigkeit erhalten; die Anschlagzeit wird dabei so kurz gewählt, daß während der Kontaktzeit Papier/Type trotz der Relativbewegung beider Medien ein klares Schriftbild entsteht. Nur so können die geforderten hohen Druckgeschwindigkeiten von 300 bis 1500 Zeilen je Minute bei geringem Verschleiß erreicht werden (↗ nichtmechanischer Zeilendrukker).

Megahertz
megacycles per second
1 MHz = 1 000 000 Hz (↗ Hz).

Mehradreßbefehl
multi-address instruction
↗ Befehl, bei dem während der ↗ Befehlsausführung zwei oder mehr ↗ Adressen herangezogen werden.

Mehradreßmaschine
multiple-address machine
Im Gegensatz zur ↗ Einadreßmaschine eine ↗ Zentraleinheit, die ↗ Mehradreßbefehle verarbeitet.

Mehrprogrammbetrieb
multiprogramming mode
Ein Betrieb eines ↗ Rechensystems, bei dem das ↗ Betriebssystem für den ↗ Multiplexbetrieb der ↗ Zentraleinheit(en) sorgt (DIN 44 300).

Mehrprozessorsystem
multiprocessor
Ein ↗ digitales Rechensystem, bei dem ein ↗ Zentralspeicher ganz oder teilweise von zwei oder mehr ↗ Prozessoren gemeinsam benutzt wird, deren jeder über mindestens ein ↗ Rechenwerk und ein ↗ Leitwerk allein verfügt (DIN 44 300).

Mehrpunktverbindung
multipoint connection
Eine Verbindung zwischen drei oder mehreren ↗ Datenstationen. Die Verbindung kann fest geschaltet und/oder über ↗ Vermittlungseinrichtungen geführt sein (DIN 44 302).

Mehrrechnersystem
multicomputer system
Ein ↗ digitales Rechensystem, bei dem eine gemeinsame ↗ Funktionseinheit zwei oder mehr ↗ Zentraleinheiten steuert, deren jede über mindestens einen ↗ Prozessor allein verfügt (DIN 44 300).
Die steuernde Funktionseinheit kann ein ↗ Programm sein.

Meldung
message
Mitteilung eines ↗ Programms an den Benutzer einer Datenverarbeitungsanlage. Der Anlaß für Meldungen sind erledigte Aufträge, besondere Vorkommnisse bei der ↗ Auftragsbearbeitung, Datenfehler, Gerätefehler, Fragen an den Benutzer u.a.

Menu
menu
Einleitende Auflistung der Möglichkeiten (↗ Kommandos, Leistungen, ↗ Programme) eines vorzugsweise ↗ interaktiven Systems.

Meßbereich
measurement range
Der Teil des Anzeigebereichs, für den der Fehler der Anzeige innerhalb von angegebenen oder vereinbarten Fehlergrenzen bleibt. Der Meßbereich kann den gesamten Anzeigenbereich umfassen oder aus einem Teil oder mehreren Teilen des Anzeigebereichs bestehen (DIN 1319). ↗ Prozeßsignalformer für ↗ Analogeingabe verfügen über mehrere Meßbereiche, die programmgesteuert umgeschaltet werden können.

Meßdatenerfassung
measured data acquisition
↗ Meßwerterfassung

messen
measure
Der experimentelle Vorgang, durch den ein spezieller Wert einer physikalischen Größe als Vielfaches einer Einheit oder eines Bezugswertes ermittelt wird (DIN 13 19).

Meßgröße
measured quantity, variable
↗ analoge Prozeßgröße

Messerleiste
male multi-point connector, blade contact connector, plug connector
↗ Steckverbinder

Meßkanal
measuring channel, measuring chain
Meßeinrichtung, auch Meßkette genannt, in der eine ↗ Meßgröße in mehreren Stufen in ein elektrisches ↗ Signal umgesetzt wird. Ein Meßkanal gliedert sich in folgende Übertragungsglieder: ↗ Fühler oder Geber, ↗ Meßschaltung, ↗ Verstärker und ↗ Meßumformer.

Meßkette
measuring chain, ↗ Meßkanal

Meßschaltung
measuring equipment
Das von einem ↗ Fühler angebotene elektrische ↗ Signal muß oft in einer Meßschaltung zur weiteren Verarbeitung in ein anderes elektrisches Signal umgewandelt werden; z.B. eine Widerstandsänderung in eine elektrische Spannung.

Meßstelle
measuring point
Eine per ↗ Programm über die ↗ Prozeßeinheit adressierbare ↗ Datenquelle bzw. ↗ Prozeßdatenquelle.

Meßstellenumschalter
check switch, ↗ Meßstellenwähler

Meßstellenwähler
measuring point selector, scanner
Die Umschaltung mehrerer ↗ Meßstellen auf einen ↗ Analog-Digital-Umsetzer, z.B. eines ↗ Prozeßsignalformers vom Typ ↗ Analogeingabe, erfolgt über einen Meßstellenwähler. Er wird auch Meßstellenumschalter genannt und ist entweder mit ↗ Relais (Reed-Relais) oder elektronisch aufgebaut.

Meßumformer
transducer
Einrichtungen, die die ↗ Ausgangssignale der ↗ Fühler in ein Einheitssignal (eingeprägter Strom von 20 mA) umformen. Zum Meßumformer gehören die ↗ Meßschaltung und der ↗ Verstärker.

Meßwert
measured value
Meßwerte werden als ↗ Prozeßdaten zum ↗ Prozeßrechner übertragen und in der ↗ Prozeßeinheit in eine für die ↗ Zentraleinheit entsprechende digitale Darstellung, z.B. 12-Bit-Festpunktzahl, umgewandelt.

Meßwertaufnehmer
sensor
Er formt die zu messende ↗ Größe, z.B. nichtelektrische Größe „Temperatur", in eine zum Anschluß an einen ↗ Prozeßrechner geeignete elektrische Größe um oder wandelt die ungeeignete Amplitude einer elektrischen Größe in eine geeignete Amplitude. Meßwertaufnehmer werden auch ↗ Fühler oder Geber genannt.

Meßwerterfassung
measured data acquisition, absolute measuring method
Beim ↗ Prozeßrechner wird die ↗

Prozeßeinheit zur Meßwerterfassung eingesetzt. Die vom Prozeßrechner benötigten ↗ Meßwerte werden programmgesteuert (↗ Programmsteuerung) über entsprechende ↗ Prozeßsignalformer erfaßt und verarbeitet. In den Prozeßsignalformern wird dabei die Anpassung und bei analogen Meßwerten die Analog-Digital-Umsetzung (↗ Analog-Digital-Umsetzer) vorgenommen.

Meßwerterfassungsprogramm
data acquisition program
↗ Programm zur Erfassung von ↗ Meßwerten über die ↗ Prozeßeinheit.

Meßwertumformer
transducer
Elektrische und nichtelektrische ↗ Prozeßgrößen werden mit Hilfe von Meßwertumformern in die für die weitere Verarbeitung geeigneten Ströme und Spannungen umgewandelt (↗ Prozeßsignalformer, ↗ Meßumformer).

Meßwertumsetzer
transducer, ↗ Meßwertumformer

Metacompiler
meta-compiler
Ein ↗ Compiler zur Unterstützung des Baus von Compilern. Seine Sprachmittel und Übersetzungsleistungen sind besonders auf syntaktische Probleme zugeschnitten, d.h. auf die ↗ Verarbeitung von Zeichenketten formaler ↗ Sprachen ↗ Syntax.

Meta-Sprache
meta-language
Eine ↗ Sprache zum Beschreiben von ↗ Programmiersprachen; insbesondere auch zur Formulierung der Syntax von Programmiersprachen.

MIC, MC
Abkürzungen für ↗ Mikrocomputer.

Midicomputer
midicomputer
↗ Minicomputer bzw. ↗ Kompaktrechner mit größerem ↗ peripheren Speicher, z.B. Siemens ZE 330.

Mikrobefehl
micro instruction, elementary operation
↗ Befehl, der den ↗ Ablauf einer oder mehrerer Mikrooperationen anstößt und steuert.

Mikrocomputer (MIC, MC)
microcomputer
↗ Computer, dessen ↗ Zentraleinheit einen ↗ Mikroprozessor enthält. Schaltkreistechnik: ↗ LSI.

Mikrocomputersystem (MCS)
microcomputer-system
Es besteht aus der ↗ Hardware (elektronische Schaltung) und der ↗ Software (Programme).

Die Hardware besteht aus dem ↗ Mikroprozessor, dem ↗ Arbeitsspeicher, der Eingabe-Ausgabesteuerung und den peripheren ↗ Geräten.

Die Software besteht aus den ↗ Systemprogrammen und den ↗ Anwenderprogrammen.

Mikroinstruktion
microinstruction, elementary operation
↗ Befehl eines ↗ Mikroprogramms.

Mikrominiaturisierung
microminiaturisation
Entwicklungsrichtung in der ↗ Elektronik zu immer kleineren ↗ Bauelementen und Vereinigung verschiedener elektronischer Bauelemente zu neuen Elementen, die die früheren Einzelelemente in Form getrennter, halbleitender Schichten enthalten.

Mikroprogramm
microprogram
Aus ↗ Befehlen einer ↗ Mikroprogrammsprache aufgebautes ↗ Programm, das in der Regel im ↗ Festwertspeicher steht und dem Anwender nicht zugänglich ist. Die Gesamtheit der Mirkoprogramme wird auch als ↗ Firmware bezeichnet.

Mikroprogrammierbarkeit
microprogrammability
Fähigkeit eines ↗ Computers, ↗ Befehle über ↗ Mikroprogramme zusammensetzen zu können. Gegenteil: festverdrahtete Befehle.

Mikroprogrammspeicher
control memory
↗ Festwertspeicher, der in einer mikroprogrammgesteuerten ↗ Funktionseinheit die ↗ Mikroprogramme enthält.

Mikroprogrammsprache
microprogram language
Bei ↗ Prozeßrechnern mit mikroprogrammierten ↗ Funktionseinheiten, z. B. ↗ Steuerwerk, werden Mikroprogrammschritte aufgrund von ↗ Befehlen einer Mikroprogrammsprache ausgeführt. Das Mikroprogramm, das i. allg. in einem ↗ Festwertspeicher steht, ist fest vorgegeben (↗ Firmware) und dem Anwender nicht zugänglich.

Mikroprozessor (MP, μP)
microprocessor
Funktionelle Einheit in hochintegrierter Halbleitertechnik (↗ LSI); z. B. ↗ Zentralprozessor aus einem oder mehreren Halbleiterbausteinen (↗ Chips) aufgebaut.

Mikrorechner
↗ Mikrocomputer

Mikroschritt
micro step
Teilschritt bei der ↗ Befehlsausführung.

Minicomputer
minicomputer
Universell einsetzbare ↗ Prozeßrechner (↗ Universalcomputer). Der Begriff „Minicomputer" stammt aus einer Einteilung von ↗ Computern nach deren Größenordnung. In der Skala der Prozeßrechner und ↗ Datenverarbeitungsanlagen liegen die Minicomputer in Bezug auf Gewicht, Größe und Preis am unteren Ende. Die ↗ Zentralprozessoren von Minicomputern sind heute meist als ↗

Registermaschinen aufgebaut. Die ↗ Wortlänge liegt zwischen 8 und 24 Bits (meist 16 Bits). Sie verfügen über einen Befehlssatz von 64 bis 200 ↗ Befehlen. ↗ Multiplikations-, ↗ Divisions- und ↗ Gleitpunktbefehle sind in der ↗ Befehlsliste oft nicht vorhanden. Sie sind teilweise als Zusatz (Option) hardwaremäßig verfügbar.

Der ↗ Datenverkehr des ↗ Zentralprozessors mit dem ↗ Zentralspeicher und den ↗ peripheren Einheiten erfolgt über ↗ Busse.

Als Zentralspeicher werden ↗ Kernspeicher und bei neueren Entwicklungen ↗ Halbleiterspeicher mit Speicherkapazitäten von 4K bis etwa 64K eingesetzt. Zusätzlich ist oft ein ↗ Festwertspeicher vorhanden.

Der ↗ EA-Verkehr erfolgt programmgesteuert über ↗ EA-Anschlußstellen. ↗ DMA-Betrieb wird teilweise als Option angeboten. Über die EA-Anschlußstellen können Einheiten der ↗ Standardperipherie (↗ Eingabe- und ↗ Ausgabeeinheiten, ↗ periphere Speichereinheiten) und der ↗ Prozeßperipherie angeschlossen werden.

Nach unten, zu den noch kleineren ↗ Systemen, grenzen die Minicomputer an die ↗ Mikrocomputer und nach oben, zu den schon etwas größeren, an die ↗ Midicomputer. Zu den Minicomputern gehören z.B. Siemens ZE 310 und Siemens ZE 320, PDP 8, VA 620.

mittlere ausfallfreie Zeit (MTBF)
mean time between failures
Mittlere Betriebszeit eines ↗ Gerätes oder ↗ Systems zwischen zwei aufeinander folgenden ↗ Ausfällen (↗ MTTR).

mittlere Befehlsausführungszeit
average instruction time, ↗ Mix

Mix
mix
Eine Maßzahl zur Beurteilung des durchschnittlichen Zeitbedarfs für die Ausführung von ↗ Befehlen in ↗ Zentraleinheiten von ↗ Datenverarbeitungsanlagen. Der Mix bzw. die Mixzahl stellt eine mittlere Befehlsausführungszeit dar, die anhand einer charakteristischen Auswahl von Befehlen ermittelt wurde. Entsprechend den unterschiedlichen Einsatzgebieten von Datenverarbeitungsanlagen gibt es verschiedene Mixwerte, z.B.:
↗ GAMM-Mix (techn.-mathematische Probleme,
↗ Gibson-Mix (techn.-wissenschaftliche Probleme),
↗ MIX I (kommerzieller Einsatz),
↗ Prozeß-Mix (Prozeßrechnereinsatz).

Mix I
Maßzahl zur Beurteilung des durchschnittlichen Zeitbedarfs für die Ausführung von ↗ Befehlen in Zentraleinheiten von ↗ Datenverarbeitungsanlagen bei kommerziellem Einsatz (↗ Mix).

mnemonischer Code
mnemonic code
Leicht zu merkende alphanumerische ↗ Codewörter (Kürzel) für ↗ Befehle (Im Gegensatz zum Dualcode

oder Zahlencode, der schwerer zu behalten ist).

mnemotechnischer Code
mnemonic code
↗ mnemonischer Code

Modell
model
↗ Prozeßmodell, ↗ Rechnerfamilie

Modellreihe
computer family, ↗ Rechnerfamilie

Modem
modem, data set
↗ Signalumsetzer, bestehend aus Modulator und Demodulator. Er dient der ↗ Übertragung von Gleichstromsignalen über wechselstromdurchlässige Leitungen. (↗ Datenübertragungseinrichtung).

Modifikation
modification
↗ Adressenmodifikation

Modul
module
a) Ein nach Aufbau und Zusammensetzung, Aufgabe und Wirkung abgrenzbares materielles und/oder programmtechnisches Gebilde. Ein Modul ist vorwiegend ein austauschbarer Teil eines (modularen) ↗ Systems; z.B. ↗ Kernspeichermodul, Grundsprachemodul.
b) In der Programmiersprache ↗ PEARL eine aus Systemteil und Problemteil bestehende Zusammenfassung von Deklarationen und Common Größen.

Momentanwert-Analogeingabe
instantaneous value analog input module
Bei diesem ↗ Prozeßsignalformer wird der zu einem bestimmten Zeitpunkt gemessene Wert eines ↗ analogen Signals in eine ↗ Dualzahl umgesetzt. Gegenüber der ↗ integrierenden Analogeingabe werden hierbei höhere Umsetzgeschwindigkeiten (10^4 bis 10^8 Werte je Sekunde) erzielt. Störspannungen können jedoch das Meßergebnis verfälschen.

monadisch
monadic, unary
Die Eigenschaft eines ↗ Operators, sich nur auf einen ↗ Operanden zu beziehen. Einem monadischen Operator darf kein Operand oder Operator unmittelbar vorausgehen. Zum Beispiel: Vorzeichenoperator, logische Operation NOT.

Monitor
a) monitor, program supervisor
Ein ↗ Programm, das andere Programmteile oder selbständige Programme steuert und koordiniert.
b) (video) monitor (receiver)
Anzeigeeinheit einer ↗ Bildschirmeinheit.

monostabile Kippstufe
monostable multivibrator
Auch unter der Bezeichnung Monoflop, monostabiles Flipflop, monostabiler Multivibrator bekannt (↗ Kippschaltung).

MOS

MOS (Metal Oxide Semiconductor)
MOS-Schaltungen zeichnen sich gegenüber bipolaren Schaltungen durch geringeren Kristallflächen- und Leistungsbedarf aus, haben jedoch im allgemeinen größere Schaltzeiten.

MOSFET
Metal Oxide Silicon Field Effect Transistor
Feldeffekttransistor in MOS-Technik.

MOS-Speicher
MOS-storage
↗ Halbleiterspeicher mit matrixförmiger Struktur; die ↗ Zugriffszeit zu allen Zellen ist gleich. Die Zugriffszeit von MOS-Speichern liegt zwischen 100 und 500 ns. Gegenüber ↗ bipolaren Speichern sind größere Packungsdichten bei niedrigen Kosten erreichbar.
Man unterscheidet:
a) Statische MOS-Speicher: Sie bestehen aus zwei über Kreuz gekoppelten Feldeffekt-Transistoren.
b) Dynamische MOS-Speicher: Die ↗ Speicherelemente bestehen hier aus den Gate-Kanal-Kapazitäten.
Um den Speicherinhalt zu sichern, muß jede Zelle nach einer bestimmten Zeit (z.B. 1 ms) durch sogenannte Auffrischungszyklen (refresh cycles) wieder aufgefrischt werden.

Move
move
Die Funktion, ↗ Daten ohne Veränderung und Kenntnisnahme von einem Speicherort an einen anderen zu übertragen. Man spricht daher auch von Feldübertragung.

MP, µP
Abkürzungen für ↗ Mikroprozessor.

MPU
microprocessor unit
↗ (↗ Mikroprozessor)

MPX
multiplexer, multiplexer channel
Kurzzeichen für ↗ Multiplexer oder ↗ Multiplexkanal.

MSI (Medium Scale Integration)
Mittlerer Integrationsgrad und Schaltungen mittlerer Komplexität (weniger als 100 Gatter) auf einem Halbleiterkristall.
mente je ↗ Chip.

MSV1 (2)-Prozedur
↗ Datenübertragungsprozedur

MTBF
mean time between failures
↗ mittlere ausfallfreie Zeit

MTTR
mean time to repair
mittlere Reparaturzeit

Multicomputersystem
multicomputer system
↗ Mehrrechnersystem

Multilayer
multilayer (PCB)
Mehrlagige ↗ Leiterplatte; Verfahren, das mit mehreren Lagen gedruckter Schaltungen arbeitet
(↗ Flachbaugruppe).

MTL Merged Transistor Logic siehe I²L

Multiplexbetrieb
multiplex operation
Eine ↗ Funktionseinheit bearbeitet mehrere Aufgaben, abwechselnd in Zeitabschnitten verzahnt (DIN 44300). Die Zeitabschnitte können von unterschiedlicher Länge sein.

Multiplexer
multiplexer
Eine ↗ Funktionseinheit, die in der Regel im Zeitmultiplexverfahren auf einer größeren Anzahl von Nachrichtenkanälen (↗ Kanal) ankommende ↗ Daten auf eine geringere Anzahl von Nachrichtenkanälen umsetzt. In anderen Zweigen der Nachrichtentechnik werden auch Frequenzmultiplexverfahren angewendet (↗ Zeitmultiplex).

Multiplexersteuerung
multiplexer controller,
↗ Multiplexer

Multiplexkanal
multiplexer channel
↗ Baueinheit einer ↗ digitalen Rechenanlage, die an einer Übergabestelle zum ↗ Zentralspeicher eine blockweise, zeichenweise zeitlich geschachtelte ↗ Datenübertragung mit mehreren ↗ peripheren Einheiten ermöglicht.

Multiplikation
multiplication
Die Multiplikation ist eine ↗ arithmetische Operation:

| Multiplikand · Multiplikator = Produkt |

Im ↗ Rechenwerk einer ↗ Zentraleinheit wird die Multiplikation in der Regel schrittweise durch Addieren und Verschieben durchgeführt. Als Ergebnis erhält man das Produkt, das gegenüber den ↗ Operanden die doppelte Anzahl von ↗ Bitstellen zur Abspeicherung benötigt.

Multiplikationsbefehl
multiply instruction
↗ Arithmetischer Befehl. Die ↗ Operanden (Multiplikand und Multiplikatior) können als ↗ Festpunktzahlen (Festpunktmultiplikation), als ↗ Betragszahlen (Betragsmultiplikation) oder als ↗ Gleitpunktzahlen (Gleitpunktmultiplikation) auftreten und müssen mit dem entsprechenden Multiplikationsbefehl verarbeitet werden.

Multiprocessing
↗ Mehrprozessorsystem

Multiprogramming
↗ Mehrprogrammbetrieb

Multiprozessorsystem
multiprocessing system
Die ↗ Zentraleinheit eines Multiprozessorsystems enthält neben dem ↗ Zentralspeicher noch weitere ↗ Prozessoren; z.B. einen oder mehrere ↗EA-Prozessoren, ↗ Gleitpunktprozessor. Die Prozessoren haben Zugriff zu einem gemeinsamen ↗ Zentralspeicher.
Bei einfacheren Multiprozessor-Zentraleinheiten arbeiten die Prozessoren ↗ simultan (quasi gleichzeitig, abwechselnd); d. h. zu einer Zeit kann

jeweils nur ein Prozessor arbeiten, z. B. Siemens ZE 330.
Bei leistungsfähigeren Zentraleinheiten arbeiten die Prozessoren echt gleichzeitig, sie können gleichzeitig zu unterschiedlichen ↗ Modulen des Zentralspeichers zugreifen, z. B. Siemens ZE 340.

Multitasking
multitasking mode
↗ Simultaner Ablauf von untereinander abhängigen ↗ Programmen oder Programmteilen. Man spricht in diesem Fall auch von Mehrprozeßbetrieb.

Multi-User-Betrieb
multi-user-operation
Die gleichzeitige Benutzung von Rechnerleistungen eines ↗ Objektes durch mehrere Benutzer. Sie setzt in der Regel ablaufinvarianten ↗ Code, eindeutig den verschiedenen Benutzern zugeordnete ↗ Datenfelder und Datenzustände sowie eine entsprechende Eingabe-Ausgabe-Geräteausstattung samt Verkehrsabwicklung voraus (↗ Ablaufinvarianz).

Multivibrator
multivibrator, ↗ Kippschaltung

N

Nachricht
message
↗ Zeichen oder ↗ kontinuierliche Funktionen, die zum Zweck der Weitergabe ↗ Information aufgrund bekannter oder unterstellter Abmachungen darstellen (DIN 44300).

Nahbereich
proximity zone
Für den Einsatz bzw. Anschluß ↗ peripherer Einheiten – vor allem ↗ Datenübertragungseinheiten – definierter Entfernungsbereich bis 150 m.

Nahtstelle
interface, channel
↗ Schnittstelle

NAK
negative **ack**nowledgement
Negative ↗ Quittung in einer ↗ Datenübertragungsprozedur.

Namensanweisung
name statement
↗Anweisung an den ↗ Assembler, die einen ↗ Abschnitt einleitet.

NAND-Glied
NAND element, NOT-AND element
↗ Verknüpfungsglied für binäre ↗ Variable in digitalen Schaltungen.

↗ Schaltzeichen:

Funktionstabelle:

Eingänge		Ausgang
A	B	X
0	0	1
0	1	1
1	0	1
1	1	0

NC
numeric(al) **c**ontrolled
numerisch gesteuert

NC-Maschine
numeric(al) **c**ontrolled machine
In der Produktion eingesetzte Maschinen (Werkzeugmaschinen), die zwecks ↗ Automatisierung mit ↗ numerischen Steuerungen ausgerüstet sind.

NC-Sprache
NC-language
↗ Programmiersprache, die für die Programmierung der ↗ Steuerungen von ↗ NC-Maschinen verwendet wird, z.B. APT, ADAPT, EXAPT.

Negation

negation, NOT operation
↗ Boolesche Befehle

 Maschennetz

negative Quittung (NAK)

negative acknowledgement, ↗ NAK

 Sternnetz

negative Zahl

negative number
↗ Festpunktdarstellung

Nesting

nesting
Verschachteln von ↗ Interrupts, ↗ Unterprogrammen und ↗ Anweisungen.

 Liniennetz

 Ringnetz

Netzausfall

power failure (fail)
↗ Prozeßrechner werden am öffentlichen Stromversorgungsnetz betrieben. Für einen ↗ Ausfall dieses Netzes müssen geeignete Maßnahmen eingeplant sein, um entweder einen ungestörten Betrieb durch Umschalten auf eine andere Stromquelle (Akkumulatorbatterie, ↗ Notstromaggregat) oder aber bei der Wiederkehr der Netzspannung einen automatischen ↗ Wiederanlauf zu gewährleisten.

◎ *Zentrale oder Netzmittelpunkt*
○ *Datenstation oder Netzknoten*

Netzgerät

power pack
Netzgeräte für ↗ Datenverarbeitungsanlagen nennt man ↗ Stromversorgungseinheiten.

Netzspannungsausfall

mains failure, ↗ Netzausfall

Netzspannungseinbruch

mains fluctuation
Kurzzeitige ↗ Netzausfälle, z.B. unter 5 ms, werden von der ↗ Strom-

Netzformen

network configuration
Die Grundformen der Nachrichtennetze und der Netze für die ↗ Datenübertragung sind:

versorgungseinheit durch Pufferkondensatoren überbrückt und treten sekundärseitig nicht in Erscheinung (↗ gepufferte Stromversorgung).

Neustart
new start
Der erste ↗ Anlauf des Softwaresystems nach einer Systemstörung, z.B. ↗ Spannungsausfall, so daß eine bloße Fortsetzung wegen verlorener ↗ Daten und unbekannter Prozeßzustände nicht sinnvoll ist. Ein Neustart erfordert z.B. ein ↗ Rücksetzen der ↗ Geräte, das Leeren aller ↗ Warteschlangen und den Start eines besonderen Anlaufprogramms, das das ↗ System schrittweise wieder an den ↗ Prozeß heranführt.

nicht interpretierbarer Befehl (NNN)
illegal instruction
Ein ↗ Befehl, dessen ↗ Operationsteil in der betreffenden ↗ Zentraleinheit hardwaremäßig nicht interpretiert werden kann. Infolge eines NNN wird das laufende ↗ Programm unterbrochen. Sofern eine softwaremäßige ↗ Simulation dieses Befehls vorgesehen ist, wird eine ↗ Simulationsroutine gestartet.

nichtmechanische Zeilendrucker
non-mechanical line printer
Mit nichtmechanischen Druckprinzipien werden Schreibgeschwindigkeiten bis zu 30 000 Zeilen je min erreicht. Folgende Verfahren werden praktisch eingesetzt:
a) elektrostatische Verfahren,
b) elektromagnetische Verfahren,
c) elektrochemische Verfahren,
d) fotografische Verfahren (fotochemische und fotoelektronische {Laser} Druckverfahren)
(↗ mechanische Zeilendrucker).

nichtprivilegierter Modus
non-privileged mode
↗ privilegierter Modus

n-Kanal-MOS
n-channel-MOS
Zur Zeit bedeutendste ↗ MOS-Technologie für mittelhohe Schaltgeschwindigkeiten.

NNN
↗ nicht interpretierbarer Befehl

NOP
no-operation, ↗ Nulloperation

NOR-Glied
NOR element (circuit, gate)
↗ Verknüpfungsglied für binäre ↗ Variable in digitalen Schaltungen.

↗ Schaltzeichen:

Funktionstabelle:

Eingänge		Ausgang
A	B	X
0	0	1
0	1	0
1	0	0
1	1	0

Normalisierung
normalization, scaling
↗ Gleitpunktzahl

normierter Modus
standard mode
Die im ↗ Code festgelegten Bitkombinationen für ↗ Datenübertragungssteuerzeichen dürfen für keinen anderen Zweck als zur Übertragungssteuerung verwendet werden. Das Gegenteil ist der ↗ transparente Modus.

normiertes Unterprogramm (NUP)
standard subroutine
Seine Grundspracheform läßt die wahlweise Benutzung als ↗ Unterprogramm oder als ↗ Common Code zu. Beide Möglichkeiten sind im Grundsprachestapel enthalten; die Auswahl erfolgt beim ↗ Laden. Beim Erstellen von NUP ist die vorgeschriebene Unterprogrammtechnik einzuhalten.

Notation
notation
Schreibweise, Darstellung.

Notstromaggregat
emergency power supply
Wird der ↗ Prozeßrechner bei länger dauernden ↗ Netzspannungseinbrüchen auf eine andere Stromquelle umgeschaltet, dann dienen bei kleineren Anlagen Akkumulatorbatterien und bei größeren Anlagen Motorgeneratoren als Notstromaggregate.

Notstromversorgung
emergency power supply
Muß ein ↗ Prozeßrechner auch bei einem länger dauernden ↗ Netzspannungsausfall störungsfrei weiterarbeiten, so ist ein ↗ Notstromaggregat bereitzustellen, auf das die ↗ Stromversorgung bei ↗ Netzausfall unterbrechungsfrei umgeschaltet werden kann.

NRZ
↗ Richtungsschrift

Nulloperation (NOP)
no-operation
↗ Befehl, bei dem in der ↗ Zentraleinheit keine Funktion ausgelöst wird, es wird lediglich das ↗ Befehlsadreßregister erhöht. Ein ↗ bedingter Sprungbefehl, dessen Bedingung nicht erfüllt ist, stellt z.B. eine Nulloperation dar.

numerisch
numeric, numerical
Sich auf einen ↗ Zeichenvorrat beziehend, der aus ↗ Ziffern oder aus Ziffern und ↗ Sonderzeichen zur Darstellung von Zahlen besteht (DIN 44 300),

numerische Daten
numeric (numerical) data
Darstellung einer ↗ Information durch ↗ Ziffern, z.B. Zahlenwerte, ↗ Operanden, ↗ Konstanten.
Nicht zu den numerischen Daten (numerischer Code) gehören die ↗ alphanumerischen Daten und ↗ Binärmuster.

numerische Steuerung
numeric control
Die ↗ Steuerung von Arbeitsmaschinen mit Hilfe von auf ↗ Lochstreifen, ↗ Lochkarten oder ↗ Magnetband enthaltenen (numerisch codierten) Steuerdaten.

NUP
↗ normiertes Unterprogramm

N-MOS, N-Kanal-MOS   MOS-Schaltung mit FET-Kanälen des N-Typs

Objekt
object
Abgrenzbarer Teil eines Prozeßrechensystems, der als eigene Einheit verwaltet, betrieben und identifiziert wird, z.B. ↗Gerät, ↗Programm, ↗Datei.

Objektverfolgung
object tracking, target tracking
Zu jedem Zeitpunkt können alle erforderlichen Objektpositionen im ↗Rechner festgehalten werden, z.B. bei ↗Zielsteuerungen in ↗Stückgutprozessen.

ODER-Funktion
OR operation, ↗Boolesche Befehle

ODER-Glied
OR element (gate, circuit)
↗Verknüpfungsglied für binäre ↗Variable in digitalen Schaltungen.

↗Schaltzeichen:

Funktionstabelle:

Eingänge		Ausgang
A	B	X
0	0	1
0	1	1
1	0	1
1	1	0

OEM
Original **E**quipment **M**anufacturer
Hersteller von ↗Geräten, die in andere Systeme eingebaut werden (Mixed Hardware).

offene Prozeßkopplung
on-line open loop
↗Prozeßkopplung, bei der entweder ↗Eingabedaten oder ↗Ausgabedaten oder beide, sofern sie nicht im kausalen Zusammenhang stehen, ohne menschlichen Eingriff übertragen oder übergeben werden (DIN 66201).

off-line
Form des ↗Datenverkehrs mit einem ↗Computer, bei dem der Benutzer nicht hardwaremäßig mit diesem verbunden ist, sondern der Verkehr über ↗Datenträger abgewickelt wird; auch Betrieb eines ↗peripheren Gerätes, wenn es vorüberge-

hend von der ↗ Zentraleinheit abgekoppelt, z.B. auf „unabhängig" geschaltet ist.

Off-line-Datenerfassung
off-line data acquisition
Die von der ↗ Peripherie kommenden ↗ Daten werden nur auf einen anderen ↗ Datenträger übernommen, es findet dabei noch keine ↗ Verarbeitung der Daten statt.

Off-line-Testprogramm
off-line test program
Hardware- oder Software-Testprogramm, das nicht im ↗ Realzeitbetrieb arbeiten kann.

Oktalsystem
octal system
Bei der ↗ Stellenschreibweise von Oktalzahlen ist der Stellenwert durch ganzzahlige Potenzen von 8 ausgedrückt. Bei der Umwandlung von ↗ Dualziffern entsprechen drei ↗ Dualziffern einer ↗ Oktalziffer.

Oktalziffer
octal digit
Ein ↗ Zeichen aus einem Zeichenvorrat von 8 Zeichen, denen als Zahlenwerte die ganzen ↗ Zahlen 0...7 umkehrbar eindeutig zugeordnet sind.

On-line
Form des ↗ Datenverkehrs mit einem ↗ Computer, bei dem das ↗ Terminal des Benutzers über eine ↗ Datenleitung direkt mit dem Computer verbunden ist; auch Bezeichnung

der entsprechenden Betriebsart eines ↗ peripheren Gerätes.

On-line-Datenerfassung
on-line data acquisition
Hierbei werden die anfallenden ↗ Daten direkt – ohne Zwischenspeicherung auf einen anderen ↗ Datenträger – in die ↗ Datenverarbeitungsanlage eingegeben und verarbeitet, z.B. ↗ Prozeßdatenerfassung über die ↗ Prozeßeinheit, Eingabe von auf ↗ Urbelegen stehenden Daten über einen ↗ Blattschreiber in die ↗ Zentraleinheit.

On-line-Testprogramm
on-line test program
Hardware- oder Software-Testprogramm, das während des ↗ Realzeitbetriebs arbeiten kann.

Operand
operand
Jeder Wert oder jede ↗ Information, die zur Ausführung eines ↗ Befehls aufgrund einer in dem Befehl enthaltenen ↗ Adresse (↗ Operandenadresse) geholt werden muß, in einem ↗ Register bereitsteht oder im Befehl selbst enthalten ist.

Operandenadresse
operand address
↗ Adresse eines im ↗ Zentralspeicher stehenden ↗ Operanden. Die Operandenadresse kann im auszuführenden ↗ Befehl, in einem ↗ Re-

gister oder in einer ↗ Speicherzelle des Zentralspeichers stehen.

Operandenregister
operand register
↗ Register im ↗ Rechenwerk von ↗ Zentraleinheiten zur Aufnahme von ↗ Operanden vor der ↗ Befehlsausführung.

Operandenteil
operand part
Der Teil eines ↗ Befehlswortes, der für ↗ Operanden oder Angaben zum Auffinden von Operanden oder Befehlswörtern vorgesehen ist (DIN 44 300). Bei ↗ Registermaschinen wird der Operandenteil ↗ Adressenteil genannt.

Operation
operation
Eine durch einen ↗ Befehl beschriebene Handlung.

Operationscode
operation code
Ein ↗ Code zur Darstellung des ↗ Operationsteils von ↗ Befehlswörtern (DIN 44 300).

Operationssteuerung
operation control
↗ Steuerung der ↗ Befehlsausführung durch Interpretation des ↗ Operationsteils des ↗ Befehlswortes. Im speziellen wird die Steuerung des ↗Rechenwerks als Operationssteuerung bezeichnet.

Operationssymbol
operator, ↗ Operator

Operationsteil
operation part
Der Teil des ↗ Befehlswortes, der die auszuführende Operation angibt (DIN 44 300).

Operationszeit
instruction execution time
Zeitbedarf für die vollständige Durchführung eines ↗ Befehls einer ↗ Datenverarbeitungsanlage. Die Operationszeiten aller Befehle einer ↗ Zentraleinheit sind meist in der ↗ Befehlsliste mit angegeben. Zur Beurteilung des durchschnittlichen Zeitbedarfs von Befehlen wird ein ↗ Mix gebildet.

Operator
operator
a) Gibt an, nach welcher Funktion die ↗ Operanden während der Befehlsausführung verknüpft werden sollen. Er wird durch ein Operationssymbol dargestellt, z. B. +, −, *, /, :, =.
b) Für die Bedienung von ↗ Datenverarbeitungsanlagen ausgebildetes Personal; zur besseren Unterscheidung von a) oft auch „Operateur" genannt.
Sie bedienen ↗ Geräte, lassen ↗ Programme nach Angaben von Auftraggebern ablaufen und führen über die Anlagenbelegung Buch. Im ↗ Closed-shop-Betrieb testen sie auch die Programme nach Angaben der ↗ Programmierer.

Optimierung
optimization, optimation
↗ Prozeßoptimierung

optische Anzeige
optical indicator
Am ↗ Bedienungsfeld bzw. Wartungsfeld einer ↗ Zentraleinheit sind verschiedene optische Anzeigen vorhanden, die für die manuelle Eingabe von ↗ Information sowie für Wartungsarbeiten an der ↗ Zentraleinheit nötig sind. Über diese optischen Anzeigen lassen sich z.B. Inhalte von ↗ Speicherzellen und ↗ Registern, ↗ Adressen sowie der Zustand der Zentraleinheit anzeigen.
Auch einige ↗ periphere Einheiten haben optische Anzeigen, z.B. Signallampen.

Optokoppler
optically-coupled isolator
Sie werden zur Übertragung von Digitalwerten und zur Abtastung (↗ Abtastverfahren) gelochter ↗ Datenträger verwendet. Sie bestehen aus einer lichtemittierenden Diode (↗ LED) und einem Fototransistor oder einer Fotodiode.

ORG, OS
operating system
↗ Organisationsprogramm

Organisationsprogramm (ORG, OS)
operating system, executive program, real-time operating system
↗ Systemprogramm des ↗ Betriebssystems. Das Organisationsprogramm ist in erster Linie ein Dienstleistungsprogramm. Es übernimmt Aufträge von anderen ↗ Programmen und führt sie koordiniert und nach ↗ Prioritäten geordnet aus. Bei einer Auftragsabwicklung kommuniziert das Organisationsprogramm mit dem Auftraggeber über ↗ Anzeigen, ↗ Meldungen, Informationsübergabe (ORG an Anwender) und ↗ Aufrufe, ↗ Kommandos, ↗ Quittungen (Anwender an ORG).
Innerhalb des ↗ Echtzeit-Betriebssystems für einen ↗ Prozeßrechner nimmt das Organisationsprogramm eine zentrale Stellung ein und ist mit entscheidend für die Leistungsfähigkeit des ↗ Systems. Organisationsprogramme sind in der Regel modular aufgebaut und entsprechend den Kundenwünschen und der ↗ Anla-

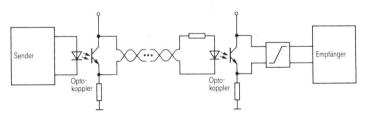

Übertragungsstrecke mit Optokopplern

genausstattung generierbar (↗ Systemgenerator, ↗ Generator, ↗ Masterstapel).

organisatorischer Befehl
organizational instruction, housekeeping instruction
↗ Befehle, mit denen organisatorische Aufgaben innerhalb der ↗ Zentraleinheit ausgeführt werden, z. B. ↗ Stoppbefehl, ↗ Peripherie Rücksetzen, Rufen ↗ Primärzustand (↗ ORG).

ORG-Anstoß
call primary status
Spezieller ↗ Befehl („Rufen Primärzustand", RPZ), der als ↗ Programmlaufbesonderheit wirkt und durch ↗ Zustandswechsel den Übergang vom ↗ Programm ins ↗ Organisationsprogramm (ORG) auslöst.

ORG-Aufruf
ORG call, SVC (supervisor call) ↗
Programme, die Funktionen des ↗ Organisationsprogramms (ORG) ansprechen wollen, erreichen dies mit einem ↗ Aufruf an das ORG. Ein ORG-Aufruf setzt sich i. allg. aus drei Bestandteilen zusammen, die vom ↗ Programmierer in Makroschreibweise nach Komponenten getrennt notiert werden müssen, wobei die zweite und dritte Komponente – je nach Aufgabenstellung – mehreren ORG-Aufrufen gemeinsam sein kann. Diese Bestandteile dürfen nur dann gemeinsam benutzt werden, wenn die betreffenden ORG-Aufrufe nie gleichzeitig „tätig" sind, sie sich somit nicht auf aktive Komponenten beziehen:

1. Komponente, kann im ↗ invarianten Programmteil stehen.	Gibt den Aufrufanstoß in Form von „Rufen Primärzustand" und verweist auf 2. Komponente.
2. Komponente, muß im ↗ varianten Programmteil stehen.	Umfaßt den ↗ Parameterblock für die Aufrufparameter, der bei Ein- und Ausgaben auf die 3. Komponente verweist.
3. Komponente, muß im ↗ varianten Programmteil stehen.	Umfaßt den ↗ GEDA-Block für Geräteparameter und Dateiparameter.

In einfachen ↗ Systemen ist die Zusammenfassung aller drei Komponenten in einem Aufruf ebenfalls üblich.

ORG-Baustein
ORG module
Den einzelnen Funktionen des ↗ Organisationsprogramms (ORG) sind ↗ Programmbausteine zugeordnet, die im ↗ Masterstapel zusammengefaßt sind. Ein im Bausteinkonzept realisiertes ↗ Produkt ist für die Entwicklung wirtschaftlich und schnell zu realisieren, für die Wartung übersichtlich zu pflegen und für den Benutzer anpassungsfähig einzusetzen.

ORG-Nahtstelle
ORG interface
ORG-Tätigkeiten für die ↗ Programme werden stets durch einen Informationsaustausch eingeleitet, der über die „Nahtstellen" des ↗ Organisationsprogramms (ORG) erfolgt:

Originalbeleg
source document, ↗ Urbeleg

OS
operating system
↗ Organisationsprogramm

overflow
↗ Überlauf

overlay
↗ Segmentierung

PA
peripheral request
↗ periphere Anforderung

Paging(-Verfahren)
paging
Spezielle vom ↗ Betriebssystem unterstützte Technik der Hauptspeicherplatzzuteilung an ↗ Programme und ↗ Daten (automatische ↗ Segmentierung). Dabei wird der Speicherplatz in Teilstücke (↗ Kacheln) zerlegt. Jede Kachel kann ein entsprechend langes Teilstück eines Programms (eine ↗ Seite) aufnehmen. Aufeinanderfolgende Seiten eines Programms müssen beim ↗ Ablauf nicht unbedingt in aneinander anschließenden Kacheln stehen, sondern können – bei entsprechendem Adressierverfahren – auch beliebig verstreut sein.
Werden nicht alle Seiten gleichzeitig im ↗ Hauptspeicher gehalten, sondern nur auf Anforderung die jeweils zum weiteren Ablauf nötigen, so spricht man von „demand paging".
Das Paging-Verfahren (Seitenwechsel-Verfahren) ist in der Hauptspeicherplatzvergabe flexibler – aber auch aufwendiger – als die Benutzung von ↗ Laufbereichen fester Länge. Es ist vorwiegend dort sinnvoll, wo lange Programme mit großem virtuellem ↗ Adreßraum in physikalisch kleinen Hauptspeichern ablaufen müssen (↗ Seitenwechsel, ↗ virtueller Speicher).

Paket, (Programmpaket)
package
a) Ein als Einheit angebotenes ↗ Programmsystem für bestimmte Leistungen.
b) Hauptspeicherinhalt eines kleineren ↗ Rechners, der geschlossen auf einen größeren Rechner der gleichen ↗ Modellreihe übernommen wird, und zwar unter Beibehaltung der Adreßbezüge zwischen den ↗ Objekten (Siemens System 340-R40).

parallel
parallel
In der ↗ Datenverarbeitung und ↗ Datenübertragung versteht man unter „parallel" im Gegensatz zu ↗ seriell oder ↗ sequentiell, daß etwas gleichzeitig geschieht; z.B. wenn die ↗ Bits eines ↗ Zeichens oder ↗ Wortes gleichzeitig verarbeitet oder gleichzeitig auf mehreren Leitungen übertragen werden (↗ Parallelbetrieb, ↗ Parallelübertragung).

Parallelbetrieb
parallel mode
Mehrere ↗ Funktionseinheiten eines ↗ Rechensystems arbeiten gleichzeitig an mehreren (unabhängigen)

Aufgaben oder an Teilaufgaben derselben Aufgabe (DIN 44 300).
Die einzelne Funktionseinheit arbeitet dabei entweder im ↗ Multiplexbetrieb oder im ↗ seriellen Betrieb.

Paralleldrucker
parallel printer
↗Drucker höherer Leistung, z. B. ↗ Schnelldrucker. Sie drucken eine ganze Zeile auf einmal (↗ Zeilendrucker).

Parallel-Serien-Umsetzer
parallel-serial converter, dynamiciser
Ein ↗ Umsetzer, in dem parallel dargestellte ↗ digitale Daten in zeitlich ↗ sequentiell dargestellte digitale Daten umgewandelt werden (DIN 44 300):

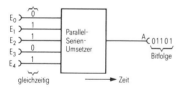

Parallelübergabe
parallel interchange,
parallel transmission
Eine Übergabe von ↗ digitalen Daten bei der die ↗ Binärzeichen, aus denen sich ein n-Bit-Zeichen zusammensetzt, über n Schnittstellenleitungen jeweils gleichzeitig übergeben werden (DIN 44 302).

Parallelübertragung
simultaneous transmission, parallel transmission
Die ↗ Bits eines ↗ Zeichens werden gleichzeitig auf mehreren ↗ Leitungen oder Übertragungskanälen übertragen.

Parallelverarbeitung
simultaneous processing, parallel processing
↗ Simultanarbeit

Parameter
parameter
↗ Größen in einer Formel, einem Rechenverfahren oder in einem ↗ Programm, die erst nachträglich nach Maßgabe einer konkreten Aufgabe definiert aber auch fallweise fest vorgegeben werden können. Sie sind in den ↗ Parameterblöcken von ↗ ORG-Aufrufen enthalten, z. B. Programmnummer, Programmpriorität, Datenfeldadressen, Zeitparameter, usw.
Parameter einer ↗ Datenübertragungsprozedur sind z. B.: Übertragungsrichtung, Übertragungscode, ↗ Gleichlaufverfahren, u. a. (↗ Parametertafel).

Parameterblock (PB)
parameter **b**lock
Besteht aus der Summe der ↗ Wörter, deren Inhalte das ↗ Organisationsprogramm (ORG) für die Bearbeitung je ↗ ORG-Aufruf benötigt. Er wird durch den ↗ Makroübersetzer aus den je ↗ Aufruf angegebenen Anwenderparametern generiert.

Parametertafel (PT)
parameter **t**able
Jedes im ↗ Zentralprozessor ablauffähige ↗ Programm (↗ System- und

↗ Anwenderprogramm) benötigt im ↗ Hauptspeicher einen Speicherbereich, z.B. 32 oder 64 Zellen. In diesem sind die programmspezifischen ↗ Informationen, z.B. ↗ Programmzustandswort, Start- bzw. Fortsetzadresse des Programms, Inhalt der ↗ Standardregister, hinterlegt. Das ist erforderlich, wenn die ↗ Hardware der Registersätze nur einmal oder einmal je Ebene, aber nicht einmal je Anwenderprogramm zur Verfügung steht. Die Parametertafel ist Bestandteil des ↗ Programmkopfes zum Abspeichern programmspezifischer Buchhaltungsinformationen und ↗ Daten, z.B. bei Unterbrechungen durch ↗ Hardware oder ↗ Organisationsprogramme zur Kennzeichnung des ↗ Programmzustandes.

Paritätsbit
parity bit
Ein einer Binärzeichenfolge zugeordnetes ↗ Bit, das zum Erkennen von ↗ Fehlern dient. Es ist so hinzugefügt, daß die Modulo-2-Summe aller in der Zeichenfolge als Dualziffern betrachteten Bits (einschließlich des Prüfbits) je nach Vorschrift entweder „0" oder „1" ist (DIN 44302).

Paritätsfehler
parity error, bad parity
Ein bei der ↗ Paritätskontrolle erkannter Fehler bewirkt z.B. den Abbruch eines ↗ Programms bzw. eine negative Quittung (↗ NAK) bei einer ↗ Datenfernübertragung.

Paritätskontrolle
parity check
Bei der ↗ Datenübertragung mit zeichen- oder blockweiser ↗ Datensicherung überträgt die sendende Einheit mit der ↗ Information auch ein ↗ Paritätsbit bzw. ein ↗ Blockparitätszeichen. Die empfangende Einheit bildet aus der empfangenen Information ebenfalls ein Paritätsbit bzw. Blockparitätszeichen und vergleicht dieses mit dem vom Sender empfangenen. Bei Ungleichheit liegt ein ↗ Paritätsfehler vor.

Paritätsprüfung
parity check, ↗ Paritätskontrolle

Paritätszeichen
parity character
↗ Blockparitätszeichen

Parity-
↗ Paritäts-

PB
↗ Parameterblock

PDA
↗ periphere Datenanforderung

PDV
Prozeßlenkung mit Datenverarbeitungsanlagen. Einsatz der ↗ Datenverarbeitung zur Führung ↗ technischer Prozesse.

PE
peripheral unit (PU)
↗ periphere Einheit

PEARL
process and experiment automation real-time language
↗ Problemorientierte Prozeßrechner-Programmiersprache

Pegelumsetzung
level conversion
Der Signalpegel von ↗ Prozeßdaten ist i. allg. von dem in der ↗ Zentraleinheit verwendeten unterschiedlich. Die nötige Pegelumsetzung wird in den ↗ Prozeßsignalformern vorgenommen. Sollen ↗ Funktionseinheiten mit unterschiedlichen Signalpegel gekoppelt werden, dann verwendet man dazu eine ↗ Anpassung (↗ Signalumsetzer).

periphere Anforderung (PA)
peripheral request
↗ Anforderung der ↗ peripheren Einheit an die ↗ Zentraleinheit. Man unterscheidet zwischen ↗ peripherer Datenanforderung (PDA) und ↗ peripherer Organisationsanforderung (POA).
Jede periphere Anforderung muß von der ↗ Zentraleinheit quittiert werden (↗ Anforderungs-Quittungs-Verfahren) ehe sie weggenommen wird.

periphere Datenanforderung (PDA)
peripheral data request
Mit einer peripheren Datenanforderung stellt die ↗ periphere Einheit eine ↗ Anforderung an die ↗ Zentraleinheit, an der entsprechenden ↗ EA-Anschlußstelle ein von der peripheren Einheit bereitgestelltes ↗ Datenwort zu übernehmen oder auszugeben. Der ↗ Datentransfer wird vom ↗ Eingabe-Ausgabe-Prozessor (ohne ↗ Zustandswechsel) oder bei kleineren ↗ Zentraleinheiten vom ↗ Zentralprozessor (mit Zustandswechsel) programmgesteuert ausgeführt.

periphere Einheit (PE, PU)
peripheral unit
Eine ↗ Funktionseinheit innerhalb eines ↗ digitalen Rechensystems, die nicht zur ↗ Zentraleinheit gehört (DIN 44 300).
Man unterscheidet periphere Einheiten der ↗ Standardperipherie und der ↗ Prozeßperipherie.

periphere Initiative
peripheral initiative
Die Initiative zum ↗EA-Verkehr geht hierbei von der ↗ peripheren Einheit aus. Sie sendet eine ↗ periphere Anforderung an die ↗ Zentraleinheit; diese (↗ Zentralprozessor oder ↗EA-Prozessor) reagiert auf die periphere Anforderung, in dem ein ↗ Programm gestartet wird, das den ↗ Datentransfer bearbeitet.

periphere Organisationsanforderung (POA)
periphal executive (ORG) request
Bewirkt eine ↗ Programmunterbrechung und einen ↗ Zustandswechsel des ↗ Zentralprozessors in einen ↗ Zustand (↗ Primärzustand), in dem das ↗ Organisationsprogramm diese ↗ Anforderung bearbeitet. Mit der ↗ peripheren Organisationsanforderung werden dem ↗ Zentralprozessor die ↗ Betriebsanzeigen übergeben, die eine Aussage über die Ursa-

che der peripheren Organisationsanforderung beinhalten (↗ Betriebsanzeigen).

peripherer Speicher
peripheral storage
Jeder ↗ Speicher, der nicht ↗ Zentralspeicher ist (DIN 44 300).
Als periphere Speicher werden für ↗ Prozeßrechner z. Z. ausschließlich ↗ Magnetschichtspeicher eingesetzt. Die ↗ peripheren Speichereinheiten werden über die ↗ EA-Anschlußstellen an die ↗ Zentraleinheit angeschlossen.

peripheres Gerät
peripheral device, ↗ Gerät

periphere Speichereinheit (PSE)
peripheral storage unit
Sie bestehen aus ↗ Datenträger, ↗ Gerät mit ↗ Steuerung und ↗ Anschaltung.
Sie gliedern sich in: ↗ Speicher mit ↗ Direktzugriff (↗ Platten- und ↗ Trommelspeichereinheiten) und Speicher mit ↗ seriellem Zugriff (↗ Magnetbandeinheiten).

Peripherie
peripherals
Alle ↗ peripheren Einheiten, die sich an die ↗ Zentraleinheit eines ↗ Digitalrechners anschließen lassen. Bei ↗ Prozeßrechnern unterscheidet man zwischen ↗ Standardperipherie und ↗ Prozeßperipherie.

Peripheriekopplungseinheit
peripheral coupling/communication unit
↗ Datenübertragungseinheit zum Anschluß von rechnerfern arbeitenden ↗ peripheren Einheiten an eine ↗ Zentraleinheit.

Peripherspeicher
peripheral storage
↗ peripherer Speicher

peripherspeicherresidentes Programm (PRP)
peripheral memory resident program, non-resident program, bulk-resident program
Ein ↗ Programm, das auf einem ↗ peripheren Speicher steht und zum ↗ Ablauf in einen ↗ Laufbereich des ↗ Hauptspeichers transferiert werden muß.

Photodiode
photo diode, ↗ Fotodiode

physikalisch
physical
↗ Identifikation und Eigenschaften eines ↗ Objektes aus der Sicht der ↗ Hardware, zum Unterschied zu den ↗ Software-Gegebenheiten, die auch als ↗ logisch bezeichnet werden, z. B. physikalische Blocklänge, physikalisches Gerät.

physikalischer Block
physical block, ↗ Block

PKE
Abkürzung für ↗ Peripheriekopplungseinheit.

PL/1
programming **l**anguage 1
Höhere Universalprogrammiersprache

PL/M
programming **l**anguage for **m**icrocomputer
Höhere ↗ Programmiersprache für ↗ Mikrocomputer, basierend auf ↗ PL/1.

Plattenspeicher
disk storage
↗ Plattenspeichereinheit

Plattenspeichereinheit
disk storage unit
Periphere Speichereinheit (↗ Magnetschichtspeicher) mit ↗ wahlfreiem Zugriff zur Speicherung von ↗ Daten und ↗ Programmen bzw. Programmteilen.

Die Plattenspeichereinheit besteht aus den Funktionseinheiten ↗ Plattenspeicherlaufwerk und ↗ Plattenspeichersteuerung.

Plattenspeicherlaufwerk
disk storage drive
Es setzt sich aus folgenden Baugruppen zusammen: Spindelantrieb, Datenträger, Positioniersystem, Schreib-Lese-Köpfe, Schreib-Lese-Elektronik und Kontroll-Logik, Luftzuführsystem und interne Stromversorgung.

Als ↗ Datenträger werden fest eingebaute Platten (Festplatte) oder auswechselbare Plattenstapel (Wechselkassette) verwendet.

Auf jeder Datenoberfläche einer Platte befinden sich konzentrische Spuren, z. B. 406. Die übereinanderliegenden Spuren mit gleicher Nummer auf allen Datenoberflächen faßt man unter dem Begriff „Zylinder" zusammen. Eine bestimmte Spur des Plattenspeicherlaufwerkes wird dadurch erreicht, daß die ↗ Positioniereinrichtung den gewünschten Zylinder ansteuert und der Schreib-Lese-Kopf (↗ Magnetkopf) der entsprechenden Datenoberfläche aktiviert wird.

Plattenspeichersteuerung
disk control unit
Sie organisiert den ↗ Datenverkehr zwischen den ↗ Plattenspeicherlaufwerken und der ↗ Zentraleinheit.

Plattenstapel
disk pack
↗ Plattenspeicherlaufwerk

Platzwechsel
program swapping
↗ Eintransfer eines ↗ peripherspeicherresidenten Programms in den ↗ Hauptspeicher mit eventuell vorherigem ↗ Austransfer eines diesen Platz belegenden anderen peripherspeicherresidenten Programms.

Plotter
plotter, ↗ xy-Schreiber

Polling
polling
Sendeaufruf. Ein Steuerungsverfahren, bei dem jeweils alle ↗ Unterstationen same ↗

PMOS (P-channel MOS)
MOS-Technologie, die sich gegenüber NMOS durch größeren Kristallflächen- und Leistungsbedarf sowie durch größere Schaltgeschwindigkeiten auszeichnet.

Datenübertragungsleitung an eine ↗ Leitstation angeschlossen sind, periodisch von dieser Leitstation aus abgefragt werden, ob bzw. von welcher Unterstation ↗ Datenverkehr gewünscht wird. Im Gegensatz dazu steht die alarmgesteuerte Arbeitsweise eines unterbrechungsfähigen ↗ Systems (↗ Alarm, ↗ Unterbrechbarkeit).

Pool (gemeinsamer Bereich)
pool
Ein ↗ Speicherbereich, aus dem das ↗ Betriebssystem bei zeitlich stark wechselndem Bedarf Teilstücke benutzt und später wieder freigibt, z.B. für ↗ Warteschlangen, Puffer, vorübergehend benötigte Listen usw. Fehlt ein Pool, so müßten z.B. alle Warteschlangen einzeln für ihren jeweiligen Maximalbedarf ausgelegt sein, der aber nie gleichzeitig mit allen anderen auftritt. Dieser zeitlich statistische Bedarf läßt sich mit einem Pool wirtschaftlicher decken (↗ Listenpool).

Portabilität
portability
Möglichkeit der Austauschbarkeit von ↗ Programmen zwischen ↗ Rechensystemen.

Positioniereinrichtung
positioner, actuator
Sie besteht aus dem Antrieb mit den Kopfträgern, den Stellungsgebern und Geschwindigkeitsgebern und der Servo-Elektronik.
Als Positionierantrieb von ↗ Plattenspeichern wird ein Linearmotor (ein voice coil actuator, das ist eine Tauchspule) verwendet. Die Stellung der Schreib-Leseköpfe wird elektromagnetisch gemessen. Die Fixierung der ↗ Magnetköpfe auf den ↗ Spuren erfolgt ebenfalls durch den Positionierantrieb.
Alle Kopfarme (je Plattenoberfläche ein Arm) sind zu einem Kopfvielfach starr miteinander verbunden. Das Kopfvielfach ist mit einem Positionierantrieb gekoppelt und wird von diesem, mechanisch exakt geführt, in

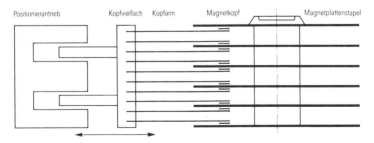

Positioniereinrichtung eines Plattenspeichers

Richtung Stapelmitte oder entgegengesetzt bewegt. Der gesamte innenliegende Oberflächenbereich des Stapels ist damit den Köpfen zugänglich.

positionieren
position
Bei ↗ Plattenspeichern versteht man darunter die Bewegung der ↗ Magnetköpfe zur ausgewählten ↗ Spur bzw. der ↗ Zylinder mit Hilfe der ↗ Positioniereinrichtung.

positive Quittung (ACK)
positive acknowledgement,
(↗ ACK)

PR
process computer
Abkürzung für ↗ Prozeßrechner.

Primäranzeigen
operational flags,
↗ Betriebsanzeigen

Primärzustand
primary status
↗ Prioritätszustand für ↗ Systemprogramme.

Priorität
priority
Die Priorität eines ↗ Programms (auch eines ↗ Gerätes, einer Anschlußstellennummer, eines ↗ Laufbereiches) ist maßgebend für die Bearbeitungsreihenfolge durch das ↗ Organisationsprogramm (ORG). Von allen Programmen im Zustand „ablauffähig" (↗ ablauffähiges Programm) ist jeweils dasjenige mit der höchsten Priorität aktuell (↗ aktuelles Programm). Die Priorität eines Hauptprogramms ist eine von seiner Programmnummer völlig unabhängige Eigenschaft, die getrennt und zusätzlich (beim ↗ Laden oder durch ↗ ORG-Aufruf) festzulegen ist. Neben diesen Software- bzw. Programmprioritäten haben die einzelnen ↗ Zentraleinheiten auch hardwaremäßig festgelegte Prioritäten (↗ Prioritätsebene, ↗ Prioritätszustand). Im Gegensatz dazu steht die Bearbeitung in zeitlicher Reihenfolge.

Prioritätsebene
priority level
Die ↗ Prioritätsstruktur einer ↗ Zentraleinheit verfügt über mehrere Prioritätsebenen, denen bestimmte Aufgaben und feste ↗ Prioritäten in Bezug auf die Bearbeitung durch den ↗ Zentralprozessor zugeordnet sind.
Beispiel: Siemens ZE 330
Prioritätsebene 0: Fehlerbehandlung
Prioritätsebene 1: Schnellreaktion
Prioritätsebene 2: Anwenderprogramme.
Die einzelnen Prioritätsebenen sind in ↗ Prioritätszustände unterteilt.

Prioritätssteuerung
priority controller
Teil des ↗ Steuerwerks eines ↗ Zentralprozessors, das die Zuteilung des ↗ Zentralprozessors an die ↗ Prioritätsebenen nach hardwaremäßig festgelegten ↗ Prioritäten durchführt und den ↗ Zustandswechsel ausführt.

Prioritätsstruktur – problemorientierte Programmiersprache

Prioritätsstruktur
priority structure
Die Hardware-Struktur des ↗ Zentralprozessors unterscheidet verschiedene ↗ Prioritätsebenen und ↗ Prioritätszustände, denen unterschiedliche ↗ Prioritäten fest zugeordnet sind.

Prioritätswechsel
priority change
Ein Prioritätswechsel läßt sich beim Start eines ↗ Programms oder per ↗ Aufruf erreichen und bewirkt, daß das Programm nunmehr mit der neuen ↗ Priorität mit den anderen Programmen konkurriert. Ein Prioritätswechsel während eines ↗ Programmlaufs hätte ein Umsortieren vieler ↗ Warteschlangen zur Folge, beansprucht Systemzeit und ist oftmals unübersichtlich.

Prioritätszustand
priority status
Eine ↗ Prioritätsebene ist in mehrere Prioritätszustände unterteilbar, z.B. in einen ↗ Primärzustand und einen ↗ Sekundärzustand. In diesem Fall ist im Primärzustand eine ↗ Befehlsfolge des ↗ Organisationsprogramms ablauffähig, das die ↗ Programme (↗ Anwenderprogramme), die dem Sekundärzustand zugeordnet sind, koordiniert.

privilegierter Befehl
privileged instruction
Bestimmte ↗ Befehle, wie z.B. ↗ organisatorische Befehle, können nur im ↗ privilegierten Modus ablaufen. Im nichtprivilegierten Modus führen sie zu einer ↗ Programmunterbrechung. Die Privilegierung ist eine Sicherheitsmaßnahme.

privilegierter Modus
privileged mode
Größere ↗ Zentraleinheiten, z.B. Siemens ZE 330, kennen zwei Betriebsmodi, den privilegierten Modus und den nichtprivilegierten Modus.
Im privilegierten Modus (Systemmodus) sind hauptsächlich die ↗ Systemprogramme ablauffähig, wohingegen für die ↗ Anwenderprogramme der nichtprivilegierte Modus (Benutzermodus) verwendet wird.
Gegenüber dem nichtprivilegierten Modus gilt im privilegierten Modus, daß ↗ privilegierte Befehle ablaufen können und daß in den geschützten Teil des ↗ Zentralspeichers (↗ Speicherschutz) geschrieben werden darf.

problemorientierte Programmiersprache
problem oriented language
Eine ↗ Programmiersprache, die dazu dient, ↗ Programme aus einem bestimmten Anwendungsbereich unabhängig von einer bestimmten ↗ digitalen Rechenanlage abzufassen, und die diesem Anwendungsbereich besonders angemessen ist (DIN 44300).
Beispiele: ↗ ALGOL, ↗ COBOL, ↗ FORTRAN, ↗ PL/1, ↗ PEARL, ↗ BASIC
(↗ maschinenunabhängige Programmiersprache).

Problemsoftware
user software, application software
↗ Anwendersoftware

Problemteil
problem division
Der Teil eines ↗PEARL-Programms, dessen ↗ Ablauf der Problemlösung dient (↗ Systemteil).

Produkt
product
a) Alle im Rahmen eines ↗ Projektes entstehenden und verwendeten Hardware- und Software-Erzeugnisse,
b) Ergebnis eines ↗ technischen Prozesses,
c) Ergebnis einer ↗ Multiplikation.

Programm
program
Eine zur Lösung einer ↗ Aufgabe vollständige ↗ Anweisung zusammen mit allen erforderlichen ↗ Vereinbarungen (DIN 44300).

Programme bestehen aus dem ↗ invarianten und ↗ varianten Programmteil. Sie können simultan zueinander ablaufen und verschiedene ↗ Programmzustände annehmen.

Spezielle Bedeutungen: Programm im Sinne des ↗ Assemblers: ↗ Übersetzungsobjekt, Programm im Sinne des ↗ Organisationsprogramms: ↗ Hauptprogramm, Programm im Sinne der ↗ Hardware: ↗ Befehlsfolge.

Programmablauf
program flow, program execution, program run
Die zeitlichen Beziehungen zwischen den Teilvorgängen, aus denen sich die folgerichtige Ausführung eines ↗ Programms zusammensetzt (DIN 44300).

Programmablaufplan
program flowchart
Die Darstellung der Gesamtheit aller beim ↗ Programmablauf möglichen Wege (DIN 44300).
↗ Sinnbilder für Programmablaufpläne der Informationsverarbeitung: DIN 66001.

Programmart
class of program
Man unterscheidet nach dem Speicherort ↗ hauptspeicherresidente Programme (HRP) und ↗ peripherspeicherresidente Programme (PRP).

Programmaufbau
layout of program
Ein ↗ Programm besteht aus ↗ Programmkopf und ↗ Programmrumpf. Diese Teile können örtlich getrennt abgespeichert sein. Der Programmrumpf kann außerdem aus ↗ Segmenten bestehen.

Programmbaustein
program modul, program unit
Ein nach Aufbau oder Zusammensetzung abgrenzbares programmtechnisches Gebilde (DIN 44300), Mit Programmbausteinen läßt sich ein ↗ Programmsystem aufbauen.

Programmbeschreibung – Programmierer

Programmbeschreibung
program description / manual
Sie soll die Niederschrift der ↗ Befehlsfolge so ergänzen, daß auch ein ↗ Programmierer, der an der Entwicklung des ↗ Programmes nicht mitgearbeitet hat, nach kurzer Einarbeitung in der Lage ist, Änderungen vorzunehmen.
Die wesentlichen Teile der Beschreibung sind der ↗ Programmablaufplan, eine Übersicht über die im Programm verwendeten Eingabe- und Ausgabedateien und eine Beschreibung des Aufbaus dieser ↗ Dateien. Die Anwenderbeschreibung ist in der Regel eine übersichtlich und didaktisch aufbereitete Teilmenge der technischen Programmbeschreibung.

Programmbibliothek
program library, core image library
a) Eine systematisierte Sammlung von erprobten allgemein verwendbaren ↗ Programmen (↗ System- und ↗ Anwenderprogrammen) sowie ↗ Unterprogrammen. Zur Benutzung dieser Programme enthält die Programmbibliothek die zugehörigen ↗ Programmbeschreibungen.
Der Inhalt einer Programmbibliothek ist aus dem Programmkatalog ersichtlich.
Die Programme einer Programmbibliothek befinden sich auf ↗ peripheren Speichern.
b) Dienststelle, die Programme verwaltet und liefert.

Programmdurchlauf
program run, ↗ Durchlauf

Programmformular
coding sheet, coding form, program sheet
↗ Ablochschema

Programmgenerator
program generator, ↗ Generator

programmgesteuerte Rechenanlage
program-controlled computer
↗ Datenverarbeitungsanlage

Programmidentifikation
program identification
Ein ↗ Programm wird durch eine vom Anwender beim ↗ Laden anzugebende Nummer gekennzeichnet. Sie muß innerhalb eines vorgegebenen Nummernbereiches liegen und darf nicht schon durch ein geladenes Objekt belegt sein. In manchen ↗ Systemen werden Programme auch über einen Namen identifiziert.

programmierbarer Festwertspeicher (PROM)
programmable **r**ead **o**nly **m**emory
↗ PROM

programmieren
program
In der Informationsverarbeitung das Erstellen von ↗ Programmen für ↗ Datenverarbeitungsanlagen.

Programmierer
programmer
Fachkraft für die Ausarbeitung von ↗ Programmablaufplänen und für die Formulierung von ↗ Programmen in ↗ Programmiersprachen.

```
                  Programmable Read Only Memory
           PROM   programmierbarer Festspeicher, der na
                  der Fertigung vom Anwender einmal
                  programmiert werden kann
```

Programmierfehler
programming error
a) Verstöße gegen die von der ↗ Programmiersprache oder vom ↗ Übersetzerprogramm vorgegebenen Regeln.
b) (Teil-)Leistungen eines ↗ Programms, die nicht widerspruchsfrei oder aber unvollständig sind; sie können im Widerspruch zu den von der Programmdokumentation zugesicherten Leistungen stehen bzw. erfüllen keine vernünftigen Erwartungen, bezüglich implizit anzunehmender Leistungen.

Programmierhilfe
programming aid
Erleichterung bei der Erstellung von ↗ Programmen bieten: ↗ Programmiersprachen, Verwendung vorhandener Standardprogramme, ↗ Unterprogramme, ↗ Makroaufrufe, Verwendung von ↗ Testhilfen zum ↗ Testen der Programme, Benutzung von ↗ Programmformularen für die Niederschrift.

Programmiersprache
programming language, program language
Eine zum Abfassen von ↗ Programmen geschaffene Sprache (DIN 44 300).
Man unterscheidet: ↗ maschinenabhängige (niedere) Programmiersprachen und ↗ maschinenunabhängige (höhere) Programmiersprachen.

Programmiersystem
programming system
Eine oder mehrere ↗ Programmiersprachen und alle ↗ Programme, die dazu dienen, in diesen Programmiersprachen abgefaßte Programme für eine bestimmte digitale Rechenanlage ausführbar zu machen (DIN 44 300).

Programmiertechnik
programming methodology
Das sind Programmierverfahren, die das bisher vorwiegend individuell intuitive Erfassen und Formulieren eines Problems durch ein ingenieurmäßig systematisches Vorgehen bei der Lösung ersetzen wollen. Dazu gehören u. a. Normierungen, Konventionen, Strukturmodelle, Darstellungshilfen sowie Prüf- und Testkonzepte (↗ strukturierte Programmierung).

Programmkanal
program channel
Über den Programmkanal (Rechnerkanal) werden ↗ Datenwörter zwischen einem ↗ Arbeitsregister des ↗ Zentralprozessors und einem an das ↗ EA-Werk angeschlossenen ↗ Register einer ↗ peripheren Einheit ausgetauscht. Der Transport der ↗ Wörter wird durch ↗ Befehle des ↗ Programms veranlaßt. Für jedes zu transferierende Wort muß ein ↗ EA-Befehl ausgeführt werden.
Infolge des geringen Aufwandes im EA-Werk wird die ↗ Prozeßperipherie bei kleinen und mittelgroßen ↗ Prozeßrechnern häufig an einen Programmkanal angeschlossen.
Bei den ↗ Rechnern der Siemens Systeme 300-24 Bit wird die ↗ Steuerung der peripheren Einheit (Elementsteuerung) über den Pro-

grammkanal mit Befehlen versorgt, während sie die ↗ Daten über den ↗ Datenkanal mit der ↗ Zentraleinheit austauscht.

Programmkopf
program header
Er besteht aus der ↗ Übersetzungstafel und der ↗ Parametertafel und gehört zum ↗ varianten Programmteil des ↗ Programms. Der ↗ Programmierer darf nur über ↗ Aufrufe an das ↗ Organisationsprogramm zum Programmkopf zugreifen.

Programm(ab)lauf
program flow, program execution, program run
Das Ablaufen eines ↗ Programms in einer ↗ Datenverarbeitungsanlage (↗ Programmablauf).

Programmlaufbesonderheit
instruction trap
Auch Unterbrechungsanzeige genannt, da das Auftreten einer Programmlaufbesonderheit, z.B. Rufen Primärzustand, ↗ Überlauf, Divisionsfehler, ↗ nicht interpretierbarer Befehl, Adressierfehler, Privilegverletzung, eine ↗ Programmunterbrechung bewirkt.

Programmlaufzeitzähler (PLZ)
program run time counter
↗ Zähler im ↗ Zentralprozessor einer ↗ Zentraleinheit. Er ermöglicht mit Unterstützung des ↗ Organisationsprogramms programmspezifische Laufzeitüberwachung (Programmabbruch bei Zeitüberschreitung) und Laufzeitmessung (abgelaufene Zeit).

Programmodul
module, ↗ Modul, ↗ Segmentierung

Programmname
program name
Alphanumerische Zeichenkette zur ↗ Identifikation eines ↗ Programms gegenüber dem ↗ Betriebssystem.

Programmorganisation
program organization
Steuert und koordiniert den ↗ Ablauf der ↗ Programme; sie ist der Teil des ↗ Organisationsprogramms, der die Zuteilung des ↗ Zentralprozessors an die Programme, die Ausführung der Programm- und Platzwechsel, die Bearbeitung der ↗ Aufrufe zur Programmkoordinierung, die Verwaltung der Programmbuchführung sowie die Daten- und Parameterübergabe veranlaßt.

Programmpaket
program package, ↗ Paket

Programmparametertafel
program parameter table
↗ Parametertafel

Programmpriorität
program priority, ↗ Priorität

Programmrumpf
program body
Die vom ↗ Programmierer erstellten

Teile aus ↗ Befehlen (invarianter Teil) und ↗ Daten (varianter Teil), die unmittelbar zur Lösung der Aufgabe dienen.
Der Programmrumpf wird vom ↗ Betriebssystem durch Hinzufügen des ↗ Programmkopfes ergänzt. Die Einheit aus Programmkopf und Programmrumpf bildet das ↗ Ablaufobjekt. Das ist ein ↗ Programm im Sinne des Betriebssystems.

Programmschleife
program loop
Eine ↗ Befehlsfolge, die zur Lösung einer Aufgabe mehrmals nacheinander durchlaufen wird. Am Ende einer Programmschleife befindet sich stets ein ↗ bedingter Sprungbefehl. Dieser ↗ Sprungbefehl verzweigt solange wieder zum Schleifenanfang, sooft die ↗ Sprungbedingung erfüllt ist. Ist die Sprungbedingung nicht mehr erfüllt, wird die Schleife verlassen und das ↗ Programm mit dem auf den Sprungbefehl folgenden ↗ Befehl fortgesetzt.

Programmschutz
program protection
Schutz eines ↗ Programms gegen Zerstörung durch unbefugtes ↗ Überschreiben, ggf. auch gegen jeden ↗ Zugriff. Ein derartiger Schutz kann durch Hardwareeinrichtungen oder durch Softwaremaßnahmen erreicht werden, z.B. Adressierverfahren, ↗ Adreßraum, Zulässigkeitsprüfungen, unzugängliche Programmadressen.

Programmsegment
program segment, program section
↗ Segmentierung

Programmspeicher
program storage
↗ Speicher, in dem ausschließlich ↗ Programme gespeichert sind (beim ↗ Mikrocomputer meist ↗ ROM).

Programmstart
start of program
Der Start eines ↗ Programms entspricht dem Zustandswechsel von „ruhend" nach „ablauffähig" (↗ Programmzustand). Er wird in der Regel als Eintrag des zu startenden Programms in eine ↗ Programmwarteschlange realisiert.

Programmsteuerung
a) program control
Ihre Aufgabe ist die Steuerung verschiedener Funktionen eines ↗ Gerätes oder einer Anlage in einer bestimmten Folge nach einem mechanisch oder elektrisch gespeicherten, veränderlichen oder unveränderlichen ↗ Programm.
b) scheduler
Teil der ↗ Programmorganisation, der den ↗ Programmwechsel ausführt.

Programmstruktur
program structure
Gliederung der Teile oder Leistungen eines ↗ Programms einschließlich der Bezüge zwischen ihnen, z.B. nach den Ablaufschritten, den Bearbeitungsaufgaben oder den zu verarbeitenden Datenarten.

Programmstück
basic block, code passage
Teil eines ↗ Programms, das in ↗ Quellsprache oder ↗ Grundsprache vorliegen kann.

Programmsystem
program system
Das Programmsystem eines ↗ Prozeßrechners ist die Menge aller ↗ Programme, die zur Ausführung der Automatisierungsaufgaben erforderlich sind.

Programmtest
program test
Jedes neu erstellte oder geänderte ↗ Programm muß vor dem Einsatz durch einen oder mehrere Tests auf ordnungsgemäßes Arbeiten geprüft und von Fehlern befreit werden. Für diesen Programmtest stehen dem ↗ Programmierer ↗ Testhilfen zur Verfügung.

Programmübersetzung
program translation
Ein in einer ↗ Programmiersprache geschriebenes ↗ Programm muß in die ↗ Maschinensprache umgewandelt bzw. übersetzt werden, bevor es auf einer ↗ Datenverarbeitungsanlage ablaufen kann. Diese Programmübersetzung geschieht mit Hilfe eines Übersetzungsprogramms, ↗ Übersetzer genannt (↗ Assembler, ↗ Compiler).

Programmunterbrechung
program interrupt, process interrupt
Bei einer Programmunterbrechung wird das gerade laufende ↗ Programm angehalten und ein anderes aktiviert oder der ↗ Zentralprozessor geht in den ↗ Stoppzustand. Eine Programmunterbrechung kann verschiedene Ursachen haben, z.B. das Programm aktiviert selbst ein anderes Programm (programmierter Zustandswechsel); Meldungen von der ↗ Peripherie (Abschlußmeldung einer ↗ peripheren Einheit, ↗ Alarm von der ↗ Prozeßeinheit): Das laufende Programm wird zugunsten des Reaktionsprogramms kurzzeitig unterbrochen. Der Zeitpunkt der Unterbrechung ist hier noch von der ↗ Priorität des laufenden Programms abhängig.
Das die Programmunterbrechung auslösende Unterbrechungssignal bewirkt:

a) Meldung und Zwischenspeicherung des Unterbrechungssignals in der ↗ Prioritätssteuerung des ↗ Zentralprozessors;

b) Zuordnung und Auswertung der Priorität des ↗ Signals in Bezug auf andere Unterbrechungssignale;

c) Vergleich der Priorität des Unterbrechungssignals mit dem Prioritätszustand des Zentralprozessors und Entscheidung, ob das laufende Programm unterbrochen werden soll;

d) ↗ Zustandswechsel (Rett-, Ladevorgänge);

e) Aktivierung des zugehörigen Reaktionsprogramms.

Programmverwaltung
program management
↗ Programmbibliothek

Programmverzweigung
program jump, branch
Sie werden durch ↗ Sprungbefehle abhängig von einer Bedingung realisiert.

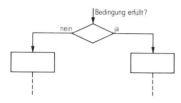

Darstellung einer Programmverzweigung in einem Ablaufdiagramm

Programmvordruck
coding sheet, coding form
↗ Ablochschema

Programmvorlauf
initial section
Der einleitende Teil eines ↗ Programms, der den korrekten Ausgangszustand der ↗ Daten und ↗ Felder herstellt und damit u.a. Wiederstartbarkeit und Wiederanlauffähigkeit des Programms sicherstellt (↗ Wiederstart, ↗ Wiederanlauf).

Programmwarteschlange
program queue, ↗ Warteschlange

Programmwechsel
program change
Dem aktuellen ↗ Hauptprogramm wird durch das ↗ Organisationsprogramm der ↗ Zentralprozessor entzogen und dieser einem anderen, ablauffähigen in der ↗ Programmwarteschlange nächstfolgenden, gleich- oder höherprioren Hauptprogramm zugeteilt. Bei einem Programmwechsel wird somit aus der Menge aller ablauffähigen Hauptprogramme dasjenige mit der höchsten ↗ Priorität zum ↗ aktuellen Programm erklärt. Haben mehrere ↗ Programme gleiche ↗ Priorität, so entscheidet die zeitliche Reihenfolge, in der sie ablauffähig wurden.

Programmzustand
program status, program state
Die Programmorganisation des ↗ Organisationsprogramms unterscheidet folgende Programmzustände: ruhend (↗ ruhendes Programm), ablauffähig (↗ ablauffähiges Programm), aktuell (das höchstpriore ablauffähige Programm), wartend (↗ wartendes Programm), angehalten (↗ angehaltenes Programm).

Programmzustandsregister (PZR)
program status register
Enthält ↗ Informationen, die u.a. im Zusammenhang mit der Unterbrechung und späteren Fortsetzung eines ↗ Programms von Bedeutung sind; z.B. ↗ Ergebnisanzeigen, ↗ Übertragsspeicher, ↗ Zustandswechselsperre, Maskenbits, mit denen zugelassen oder verhindert wird, daß bestimmte Ereignisse (z.B. ↗ Überlauf bei ↗ Festpunktrechnung) zu einer ↗ Programmunterbrechung führen. Das Programmzustandsregister enthält keine Information über den ↗ Programmzustand im Sinne des ↗ Organisationsprogramms.

Programmzustandswort (PZW)
program status word
Programmspezifische ↗ Information, die bei einem ↗ Zustandswechsel in das ↗ Programmzustandsregister geladen wird bzw. aus diesem ↗ Register in die entsprechende Speicherzelle der ↗ Parametertafel gerettet wird (↗ Programmzustandsregister).

Projekt
project
Software-Entwicklungsvorhaben sollen so untergliedert sein, daß sie aus nach logischen Gesichtspunkten abgeschlossenen Aufgabenkomplexen bestehen. Ein solcher Aufgabenkomplex wird als Software-Projekt bezeichnet.
Sein Ergebnis ist eine Anzahl von ↗ Produkten (↗ Code, Beschreibung).

Projektnummer
project number
In der Regel ↗ alphanumerische Zeichenfolge, Identifikationsmerkmal zur Unterscheidung von ↗ Projekten, oft auch als Fabrikate-Nr., Sach-Nr., Erzeugnis-Nr. o. ä. bezeichnet.

PROM
programmable memory
Programmierbarer Wortspeicher, dessen Inhalt erst nach der Herstellung eingeschrieben wird. Ein PROM besteht aus einem ↗ Chip, der mit entsprechenden Hilfsmitteln im Labor mit der gewünschten Speicherinformation programmiert werden kann.

PROSA
Programmiersprache mit **s**ymbolischen **A**dressen
↗ Maschinenorientierte Programmiersprache für das Siemens System 300-24 Bit.

Protokoll
printout, logging, listing
Alle auf dem ↗ Bedienungsblattschreiber oder ↗ Ausgabeblattschreiber einer ↗ Datenverarbeitungsanlage ausgedruckten ↗ Informationen, die während des Betriebs, ↗ Programmtests oder bei Wartungsarbeiten anfallen, (↗ Betriebsprotokoll, ↗ Störungsprotokoll).

Protokollblattschreiber
logging typewriter
↗ Ausgabeblattschreiber, der ausschließlich der Ausgabe von ↗ Betriebs- und ↗ Störungsprotokollen dient.

Prozedur
procedure
Ein ↗ Programmbaustein, der aus einer zur Lösung einer Aufgabe vollständigen ↗ Anweisung besteht, aber nicht notwendig alle ↗ Vereinbarungen über Namen und Argumente und Ergebnisse enthält. Die Argumente und Ergebnisse, über deren Namen in der Prozedur nichts vereinbart worden ist, heißen Prozedurparameter (DIN 44 300) (↗ Datenübertragungsprozedur).

Prozeduranweisung
procedure statement
Eine ↗ Anweisung zum Aufruf einer

↗ Prozedur unter Bereitstellung aller erforderlicher Angaben über die Prozedurparameter (DIN 44 300).

Prozeß
process
Umformung und/oder Transport von Materie, Energie und/oder Information (DIN 66 201) (↗ technischer Prozeß, ↗ Rechenprozeß).

Prozeßaufruf
process call
↗ Aufrufe zu Eingabe-, Ausgabe-Funktionen für die ↗ Prozeßsignalformer der ↗ Prozeßeinheit.

Prozeßautomatisierung
process automation
↗ Automatisierung ↗ technischer Prozesse mit Hilfe von ↗ Prozeßrechensystemen.

Prozeßautomatisierungssystem
process automation system
↗ Automatisierungssystem

Prozeßbedienungsfeld
process engineer's console
↗ Baueinheit zur Überwachung und Beeinflussung eines ↗ technischen Prozesses durch das Bedienungspersonal. Ein Prozeßbedienungsfeld setzt nicht unbedingt die Existenz eines ↗ Rechners voraus, z.B. für ↗ Back-up. Bei rechnergeführten ↗ Systemen kann der ↗ Prozeß auch durch rechnerungeschultes Personal geführt werden.

Prozeßdaten
process data
↗ Daten eines ↗ Prozesses. Die Daten, die vom Prozeß zum ↗ Prozeßrechensystem übertragen oder übergeben werden, sind ↗ Eingabedaten des Prozeßrechensystems. Die Daten, die vom Prozeßrechensystem zum Prozeß übertragen oder übergeben werden, sind Ausgabedaten des Prozeßrechensystems (DIN 66 201).

Prozeßdatenerfassung
process data acquisition
↗ Datenerfassung

Prozeßdatenquelle
process data source
Sie liefern ↗ Prozeßgrößen an das ↗ Prozeßrechensystem. Man unterscheidet: manuelle Prozeßdatenquellen, z.B. ↗ Tastaturen, ↗ Fernschreiber, ↗ Datensichtstationen (Eingaben) und automatische Prozeßdatenquellen. Diese geben ↗ analoge, ↗ binäre, ↗ digitale oder impulsförmige ↗ Signale ab.

Prozeßdatensenke
process data sink
Einrichtung, die vom ↗ Prozeßrechner ↗ Signale zur Beeinflussung von ↗ Prozeßgrößen erhält. Es gibt ma-

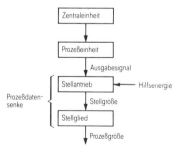

nuelle Stelleinrichtungen und automatische Stelleinrichtungen.
Ein vom Prozeßrechner über die ↗ Prozeßeinheit ausgegebenes Signal wird vom Stellantrieb in eine ↗ Stellgröße (Kraft, Drehwinkel, Hub) umgeformt. Mit der Stellgröße wird ein ↗ Stellglied betätigt, das die zugeordnete ↗ Prozeßgröße beeinflußt.

Prozeßdatenverarbeitung
process data handling/processing
Programmgesteuerte Verarbeitung der über die ↗ Prozeßeinheit oder andere ↗ Eingabeeinheiten in den ↗ Prozeßrechner gelangenden ↗ Prozeßdaten mit Hilfe von ↗ Anwenderprogrammen. Als Ergebnis dieser ↗ Datenverarbeitung ergeben sich neue Prozeßdaten, die über die Prozeßeinheit an den angeschlossenen ↗ Prozeß – z.B. als Steuerungsinformation für den Stellantrieb eines Stellgliedes – abgegeben werden (↗ Prozeßdatenquelle, ↗ Prozeßdatensenke).

Prozeßeinheit (PE)
process I/O unit
Die Prozeßeinheit, auch Prozeßelement, Verkehrsverteiler, Prozeßanschlußeinheit genannt, setzt sich zusammen aus einem Steuerungsteil (eine oder mehrere EA-Steuerungen) zur Abwicklung des Datenverkehrs und den ↗ Prozeßsignalformern.
Ein ↗ Digitalrechner, der über eine Prozeßeinheit mit einem ↗ technischen Prozeß verbunden ist, wird ↗ Prozeßrechner genannt.

Prozeßelement
process element
↗ Prozeßeinheit. Die ↗ Prozeßeinheit im Siemens System 300-24 Bit wird Prozeßelement genannt.

Prozeßerkennung
process identification
Ermittlung der Struktur eines ↗ Prozesses und der Wirkungszusammenhänge zwischen seinen ↗ Zustandsgrößen (DIN 66 201).
Man unterscheidet: ↗ empirische Prozeßerkennung und ↗ analytische Prozeßerkennung.

Prozeß-FORTRAN
real-time-FORTRAN
Die Erweiterung von ↗ FORTRAN für Prozeßrechner-Anwendungen. Die ↗ Syntax von FORTRAN bleibt erhalten; alle Zusätze können deshalb nur in Form von Unterprogramm- und Funktionsaufrufen formuliert werden. Prozeß-FORTRAN kann auf jedem ↗ Rechner installiert werden, der einen FORTRAN-Compiler nach ISO-Norm besitzt.
Für die ↗ Prozeßrechner der Siemens Systeme 300-16 Bit ist 'PROZESS-FORTRAN 300' verfügbar.

Prozeßgröße
process variable
Physikalische Größen von ↗ Prozeßdatenquellen, z.B. Drücke, Temperaturen, Kräfte, Wege, Geschwindigkeiten. Prozeßgrößen mit einem kontinuierlichen Wertebereich werden ↗ analoge Prozeßgrößen oder Meßgrößen genannt.

Prozeßidentifikation
process identification
↗ Prozeßerkennung

Prozeßkopplung
on-line loop
Verbindung eines ↗ Prozesses mit einem ↗ Prozeßrechensystem durch Übertragung oder Übergabe von ↗ Prozeßdaten zwischen dem Prozeß und dem Prozeßrechensystem (DIN 66201).
Bei diesem Begriff wird nur auf Prozeßdaten Bezug genommen, die zwischen dem Prozeß und dem Prozeßrechensystem ausgetauscht werden.
Man unterscheidet: ↗ direkte -, ↗ offene -, ↗ geschlossene - und ↗ indirekte Prozeßkopplung.

Prozeßmeßtechnik
process instrumentation
Umfaßt das ↗ Messen, Umformen und Übertragen vom Meßsignalen (↗ Meßgrößen).

Prozeß-Mix
process mix
Meßzahl zur Beurteilung des durchschnittlichen Zeitbedarfs für die Ausführung von ↗ Befehlen bei ↗ Prozeßrechnern (↗ Mix).

Prozeßmodell
process model
Beschreibung oder Nachbildung eines ↗ Prozesses aufgrund des Ergebnisses einer ↗ Prozeßerkennung (DIN 66201). Das Prozeßmodell muß dabei nicht die genaue Struktur des Prozesses erfassen; es kann auch nur für bestimmte Wertebereiche der ↗ Zustandsgrößen in hinreichender Näherung Gültigkeit haben.
Prozeßmodelle können unterschieden werden nach:
Gewinnung (↗ empirisches, ↗ analytisches Prozeßmodell),
Darstellung (↗ mathematisches, ↗ gegenständliches Prozeßmodell),
Zeitverhalten (↗ stationäres, ↗ dynamisches Prozeßmodell),
Entwicklungsvermögen (↗ lernendes, ↗ adaptives Prozeßmodell).

Prozeßoptimierung
process optimization
Führung eines ↗ Prozesses in der Weise, daß ein durch eine vorgegebene ↗ Zielfunktion definiertes Optimum des Prozesses erreicht wird, gegebenenfalls unter Berücksichtigung von Nebenbedingungen (DIN 66201).
Man unterscheidet: ↗ stationäre, ↗ dynamische, ↗ gesteuerte und ↗ geregelte Prozeßoptimierung.

Prozessor
processor, processing unit
Eine ↗ Funktionseinheit innerhalb eines ↗ digitalen Rechensystems, die ↗ Rechenwerk und ↗ Leitwerk umfaßt (DIN 44300).
Ein Prozessor kann jedoch mehr als nur Rechenwerk und Leitwerk (↗ Steuerwerk) enthalten. In diesem Fall ist es notwendig, die anderen Bestandteile zu nennen.

Prozeßperipherie
process peripherals
Sie dient dem Informationsaustausch zwischen Prozeßrechner-Zentralein-

heit und dem ↗ technischen Prozeß. Zur Prozeßperipherie gehört die ↗ Prozeßeinheit einschließlich der ↗ Fühler und ↗ Stellglieder im Prozeß und der Verkabelung, sowie Zeitgeber (↗ Absolut- und ↗ Relativzeitgeber).

Prozeßrechenanlage

process computer, process control computer
Im Sprachgebrauch hat sich die Benennung ↗ Prozeßrechner eingebürgert (DIN 66 201).

Prozeßrechensystem

process computing system
Eine ↗ Funktionseinheit zur prozeßgekoppelten Verarbeitung von ↗ Prozeßdaten, nämlich zur Durchführung boolescher, arithmetischer, vergleichender, umformender, übertragender und speichernder ↗ Operationen (DIN 66 201).

Prozeßrechner

process computer, process control computer
Die Gesamtheit der ↗ Baueinheiten, aus denen ein direkt prozeßgekoppeltes ↗ Prozeßrechensystem aufgebaut ist (DIN 66 201).
Der Prozeßrechner ist ein für Aufgaben der ↗ Prozeßautomatisierung eingesetzter ↗ Digitalrechner. Spezielle Eigenschaften: ↗ Echtzeitbetrieb, ↗ Prozeßkopplung über eine ↗ Prozeßeinheit, Einzelbit-Verarbeitungsmöglichkeiten (↗ Bitbefehle).

Prozeßrechnereinsatz

process computer field use
Prozentualer Anteil von ↗ Prozeßrechnern in den einzelnen Industriebereichen der Bundesrepublik Deutschland (Stand 1976):

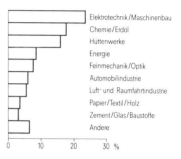

Prozeßrechner-Software

process computer software
Speziell auf die Aufgaben von ↗ Prozeßrechnern bezogene ↗ Software.

Prozeßregelung

process control
Bei dieser Automatisierungsstufe von ↗ Prozessen werden ↗ Regelungen mit direktem Eingriff in die Stellorgane der ↗ Regelkreise vom ↗ Prozeßrechner übernommen.

Prozeßsignal

process signal
Einzelne ↗ analoge und ↗ digitale Signale, die vom ↗ Prozeß zum ↗ Prozeßrechner und umgekehrt übertragen werden. Zusammengehörige Prozeßsignale werden ↗ Prozeßdaten genannt (↗ analoge Prozeßgröße).

Prozeßsignalformer (PSF)
process I/O module, process I/O device, process interface module
↗ Funktionseinheiten der ↗ Prozeßeinheit für die Erfassung binärer ↗ Signale (↗ Digitaleingabe), Ausgabe binärer Signale (↗ Digitalausgabe), Erfassung analoger Spannungs- oder Stromsignale (↗ Analogeingabe), Ausgabe analoger Spannungs- oder Stromsignale (↗ Analogausgabe), Erfassung impulsförmiger Signale (↗ Impulseingabe, Zähleingabe), Ausgabe impulsförmiger Signale (↗ Impulsausgabe).
Die Prozeßsignalformer dienen zur Aufbereitung und ↗ Anpassung von ↗ Prozeßsignalen.

Prozeßsignalformer-Adresse
address of process I/O module
Dient dem Programmierer zur Adressierung der einzelnen ↗ Prozeßsignalformer innerhalb der gleichen Ebene der Steuerungshierarchie (um die Anschlußstellennummer ergänzt zu denken) in der ↗ Prozeßeinheit.

Prozeßsimulation
process simulation
Anwendung eines ↗ Prozeßmodells als Ersatz für einen ↗ Prozeß (DIN 66 201).

Prozeßsteuerung
process control
Prozeßsteuerung wird die Automatisierungsstufe genannt, bei der der direkte Eingriff in die Schaltgeräte der Steuerkreise vom Prozeßrechner übernommen wird.

Zur ↗ Steuerung ↗ technischer Prozesse werden neben herkömmlichen Steuerungsverfahren zunehmend ↗ Prozeßrechner eingesetzt.

Prozeßstudie
process study
Untersuchung der Möglichkeiten und Zweckmäßigkeit des Einsatzes eines ↗ Prozeßrechensystems für einen ↗ technischen Prozeß, die bis zur ↗ Prozeßerkennung führen kann.

Prozeßterminal
process terminal
↗ Datenstation zur Eingabe und Ausgabe von ↗ Prozeßdaten.

Prozeßüberwachung
process monitoring
Selbsttätiges Erfassen und Verarbeiten von ↗ Prozeßdaten zur Überwachung eines ↗ Prozesses und Ausgabe entsprechender ↗ Meldungen (DIN 66 201).

PRP
↗ peripherspeicherresidentes Programm

Prüfbit
parity bit, check bit, ↗ Paritätsbit

Prüfprogramm
test program, diagnostic program
↗ Programm zum ↗ Testen von funktionellen Einheiten einer ↗ Zentraleinheit, z.B. Zentralspeicher-Prüfprogramm, oder einer ↗ peripheren Einheit.
Prüfprogramme werden für Inbetriebnahme und Wartung zur Über-

prüfung der Funktionsfähigkeit einer ↗ Datenverarbeitungsanlage bzw. eines ↗ Prozeßrechners eingesetzt.

Prüfprotokoll
test log
Beim ↗ Ablauf von ↗ Prüfprogrammen werden die Ergebnisse als ↗ Protokoll mit Hilfe des ↗ Bedienungsgerätes, z.B. ↗ Protokollblattschreibers festgehalten.

Prüf- und Wartungs-Software
test and maintenance software
↗ Programme zum Testen der ↗ Funktionseinheiten (↗ Hardware) einer ↗ Datenverarbeitungsanlage.

PSF
process I/O module, process I/O device, process interface module
↗ **P**rozeß**s**ignal**f**ormer

PSW
program status word
↗ Programmzustandswort

PT
parameter table, ↗ Parametertafel

PU
peripheral unit
↗ periphere Einheit

Puffer
buffer
Ein ↗ Speicher, der ↗ Daten vorübergehend aufnimmt, die von einer ↗ Funktionseinheit zu einer anderen übertragen werden (DIN 44 300).

Puffereinrichtung
buffer equipment
Dient der Überbrückung von ↗ Netzeinbrüchen oder kurzzeitigen ↗ Netzausfällen.

Pufferspeicher
buffer storage
Sie gleichen Unterschiede in der Geschwindigkeit oder im Weiterverarbeitungszeitpunkt zwischen ↗ Datenquellen und ↗ Datensenken aus. Die dabei erforderliche Pufferspeicherkapazität ist sowohl dem Unterschied in der ↗ Datenrate als auch der größten Zeitdauer proportional, in der dieser Unterschied ausgeglichen werden soll.

Spezielle Pufferspeicher können ↗ simultan zum Einschreiben ausgelesen werden. Zur Markierung der aktuellen ↗ Speicherzellen wird dann eine Schreibmarke und eine Lesemarke verwendet.

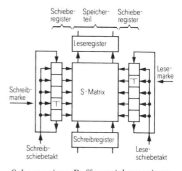

Schema eines Pufferspeichers mit unabhängigem Schreiben und Lesen

Punkt-zu-Punkt-Verbindung
point-to-point connection
Eine Verbindung zwischen genau zwei ↗ Datenstationen. Die Verbindung kann fest geschaltet oder über ↗ Vermittlungsstellen geführt sein (DIN 44 302).

PWS
program queue
↗ Programmwarteschlange

PZR
program status register
↗ Programmzustandsregister

PZW
program status word
↗ Programmzustandswort

Quelle
source, ↗ Prozeßdatenquelle

Quellprogramm
(Quellenprogramm)
source program
↗ Programm, das in einer ↗ Programmiersprache geschrieben ist. Nach dem ↗ Übersetzen erhält man daraus das ↗ Grundspracheprogramm bzw. Zielprogramm.

Quellsprache
source language
Die ↗ Programmiersprache, in der das ↗ Quellprogramm geschrieben ist; z.B. ↗ Assemblersprache, ↗ FORTRAN, ↗ ALGOL.

Querparität
vertical parity
Parität über die Informationsbits eines ↗ Zeichens (besonders) bei ↗ paralleler Übertragung.

queue
↗ Warteschlange

Quittung
acknowledgement
Antwort auf eine ↗ Anforderung.
↗ EA-Verkehr: ↗ Anforderungs-Quittungsverfahren. ↗ Datenfernverarbeitung: ↗ ACK, ↗ NAK.
↗ Software: a) Die Quittungsmeldung ist die Antwort bzw. die Bestätigung eines ↗ Programms auf ein ↗ Kommando.
b) Das Quittungskommando ist die Antwort des Benutzers auf eine Anfrage des Programms.

Quittungssignale
acknowledgement signal
An der ↗ EA-Anschlußstelle muß jede ↗ Anforderung mit einem Quittungssignal beantwortet werden (↗ Anforderungs-Quittungsverfahren).

Anforderung:
Quittung:
Zeit: ⟶

Quittungsverfahren
request-acknowledgement cycle
↗ Anforderungs-Quittungsverfahren

Quotient
quotient, ↗ Division

R

Schreib/Lesespeicher, Speicher mit wahlfreiem Zugriff

RAM
random access memory
↗ Schreib-Lese-Speicher mit ↗ wahlfreiem Zugriff.

random access
↗ direkter Zugriff

Reaktionszeit
reaction time
In einer ↗ Zentraleinheit die Zeitspanne zwischen dem Ende des Eintreffens einer Aufgabenstellung und dem Beginn der Bearbeitung (DIN 44300).

real-time ...
↗ Echtzeit-, ↗ Realzeit-

Real-Time-BASIC
Erweiterung von ↗ BASIC für Prozeßrechner-Anwendungen.

Real-Time-FORTRAN
Prozeß-FORTRAN

Realzeitbetrieb
real-time processing, real-time operating
Ein Betrieb eines ↗ Rechensystems, bei dem ↗ Programme zur ↗ Verarbeitung anfallender ↗ Daten ständig betriebsbereit sind derart, daß die Verarbeitungsergebnisse innerhalb einer vorgegebenen Zeitspanne verfügbar sind. Die Daten können je nach Anwendungsfall nach einer zeitlich zufälligen Verteilung oder zu vorbestimmten Zeitpunkten anfallen (DIN 44300).

Realzeit-Programmierung
real-time programming
↗ Echtzeit-Programmierung

Realzeit-Programmiersprache
real-time language
↗ Echtzeit-Programmiersprache

Realzeituhr
real-time clock
↗ Zeitgeber, der einem Benutzer die aktuelle Tageszeit oder das Erreichen eines aktuellen Tageszeitpunktes mitteilt (↗ Absolutzeitgeber).

Rechenanlage
data processing machine, computer
↗ Datenverarbeitungsanlage

Rechenmaschine (programmgesteuerte)
computer, ↗ Computer

Rechenmaschine (nicht programmgesteuerte)
calculator
Mechanische oder elektrische Büromaschine oder Rechenhilfsmittel zur Ausführung der vier Grundrechenarten.

Rechenoperation
arithmetic operation
Alle arithmetischen und ↗ logischen Verknüpfungen von ↗ Operanden, die z.B. im ↗ Rechenwerk einer ↗ Zentraleinheit ausgeführt werden.

Rechenprozeß (Task)
task
Durchführung einer Automatisierungsaufgabe mit Hilfe eines ↗ Automatisierungsprogramms, dessen ↗ Ablauf durch ein ↗ Organisationsprogramm gesteuert wird.

Zustände eines Rechenprozesses:
laufend (running): Rechenprozeß ist in Bearbeitung;
bereit (runnable): Rechenprozeß kann ablaufen, es fehlt Start durch ↗ Organisationsprogramm;
blockiert (suspended): Rechenprozeß wurde durch eine Anweisung für eine gewisse Zeit oder bis zum Eintreten eines Ereignisses zurückgestellt;
ruhend (dormant): es liegt dem ↗ Organisationsprogramm kein Auftrag zur Ausführung vor.

Rechensystem
data processing system
Eine ↗ Funktionseinheit zur ↗ Verarbeitung von ↗ Daten, nämlich zur Durchführung mathematischer, umformender, übertragender und speichernder ↗ Operationen (DIN 44300).

Rechenwerk (RW, REW, AU)
arithmetic unit
↗ Funktionseinheit innerhalb eines ↗ digitalen Rechensystems, die Rechenoperationen ausführt (DIN 44300).
Zu den Rechenoperationen gehören auch Vergleichen, Umformen, Verschieben, Runden usw.

Rechenwerksregister
arithmetic register
Bezeichnung für die ↗ Register im ↗ Rechenwerk, z.B. ↗ Akkumulator, ↗ Operandenregister, Exponentenregister.

Rechenzentrum (RZ)
data processing center, computer center
Die Gesamtheit der für den Betrieb einer ↗ Datenverarbeitungsanlage erforderlichen Einrichtungen und Räumlichkeiten.

Rechner
computer
Oberbegriff für alle programmgesteuert, automatisch arbeitenden Anlagen mit mechanisch, elektrisch oder elektronisch arbeitenden ↗ Funktionseinheiten nach dem digitalen oder analogen Arbeitsprinzip.

Rechnerfamilie
computer family
Eine Reihe von ↗ Zentraleinheiten desselben Herstellers unterschiedlicher Leistung, denen aber grundsätzlich die gleiche ↗ Maschinensprache zu Grunde liegt. Außerdem verfügen sie über ein einheitliches Spektrum ↗ peripherer Einheiten. Synonym: Modellreihe.

Rechnerhierarchie
computer hierarchy
↗ Mehrrechnersystem, bestehend aus ↗ digitalen Rechenanlagen verschiedener Rangordnung für Aufgaben verschiedener Ebenen, wobei die ↗ Rechner miteinander gekoppelt sind.

Rechnerkopplung
computer coupling, computer-computer link
Kopplung von zwei oder mehreren ↗ Zentraleinheiten mit Hilfe von ↗ Rechnerkopplungseinheiten zum Zwecke des programmgesteuerten ↗ Datenaustausches.

Rechnerkopplungseinheit (RKE)
computer coupling unit
↗ Datenübertragungseinheit für die ↗ Rechnerkopplung. Man unterscheidet Rechnerkopplungseinheiten für den ↗ Nahbereich, ↗ innerbetrieblichen Bereich und ↗ Regionalbereich. Bei Entfernungen über 28 km (Fernbereich) wird die Rechnerkopplung über ↗ Datenübertragungssteuerungen (DUST) realisiert.

Rechnerregelung
computer control
Anwendung eines ↗ Prozeßrechensystems zur ↗ Regelung (DIN 66201).

Rechnerschrank
computer cabinet
Die ↗ Baugruppenträger, die die ↗ Funktionseinheiten von ↗ Datenverarbeitungsanlagen enthalten, werden i. allg. in genormten Schränken untergebracht.

Rechnersteuerung
computer control
Anwendung eines ↗ Prozeßrechensystems zur ↗ Steuerung (DIN 66201).

Redundanz
redundancy
Weitschweifigkeit bei der Darstellung der ↗ Daten, die die Prüfung der Daten ermöglicht (↗ Informationstheorie).

reelle Adressierung
real addressing
↗ Adresse zum Auffinden einer ↗ Speicherzelle in einem reellen (physikalisch vorhandenen) ↗ Speicher. Gegensatz: ↗ virtuelle Adressierung.

reelles Paket
real mode package
Im Hauptspeicheranfangsbereich stehendes ↗ Paket, das denselben ↗ Adreßraum wie das ↗ Organisationsprogramm benutzt. In diesem Bereich sind reelle und ↗ virtuelle Adressen gleich (Siemens System 340-R40).

reentrant programmierte Befehlsfolge
reentrant sequence of instructions
↗ Ablaufinvariante Befehlsfolge, die von mehreren ↗ Programmen gemeinsam und ↗ simultan benutzt werden kann (Programm B kann in die ↗ Befehlsfolge eintreten, auch wenn Programm A sie noch

nicht verlassen hat). Das bedeutet, daß zu ↗ Daten nur indiziert zugegriffen werden darf. Datenübergaben dürfen nur in ↗ Registern oder indizierten ↗ Datenfeldern erfolgen (↗ Ablaufinvarianz).

Reflektormarke
reflective marker, reflective spot
↗ Bandendemarke

Refresh
↗ dynamischer Speicher

Regelabweichung
deviation
Unterschied von ↗ Führungsgröße und tatsächlichem Wert der ↗ Regelgröße.

Regelalgorithmus
control algorithm
Eine Vorschrift zur Berechnung der Werte einer oder mehrerer ↗ Stellgrößen aus den Werten einer oder mehrerer ↗ Regelabweichungen (DIN 66 201).

reenterable
reenterable, ↗ Ablaufinvarianz

Regeleinrichtung
control device
↗ Steuer- und Regeleinrichtung

Regelgröße
controlled variable
Physikalische ↗ Größe, die auf dem Wege der ↗ Regelung, bei konstanter ↗ Führungsgröße, möglichst unverändlich gehalten wird oder der Führungsgröße möglichst genau

folgen soll. Dieses wird mit Hilfe einer ↗ Regeleinrichtung bewirkt.

Regelkreis
control loop
Wird durch die Gesamtheit aller ↗ Glieder gebildet, die an dem geschlossenen Wirkungsablauf der ↗ Regelung teilnehmen (DIN 19 226).

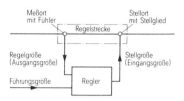

regellose Größe
random variable
Nicht vorhersagbare ↗ Größe, die also nur mit statistischen Methoden und Begriffen beschrieben werden kann.

regeln
control, regulate
Das Regeln – die ↗ Regelung – ist ein Vorgang, bei dem eine ↗ Größe, die zu regelnde Größe (↗Regelgröße), fortlaufend erfaßt, mit einer anderen Größe, der ↗ Führungsgröße, verglichen und abhängig vom Ergebnis dieses Vergleichs im Sinne einer Angleichung an die Führungsgröße beeinflußt wird. Der sich dabei ergebende Wirkungsablauf findet in einem geschlossenen Kreis, dem ↗ Regelkreis, statt (DIN 19 226).

Regelstrecke
plant, controlled system
Der Teil eines ↗ Regelkreises, der den aufgabengemäß zu beeinflussenden Teil der Anlage oder den zu ↗ regelnden ↗ technischen Prozeß darstellt (↗ Regelkreis).

Regelung
regulation, control
Wird vielfach nicht nur für den Vorgang des ↗ Regelns, sondern auch für die Gesamtanlage verwendet, in der die Regelung stattfindet (DIN 19 226) (↗ regeln).

Regionalbereich
regional zone
Für den Einsatz bzw. Anschluß ↗ peripherer Einheiten – vor allem ↗ Datenübertragungseinheiten – definierter Entfernungsbereich bis 28 km.

Register
register
Anordnung von ↗ Speicherelementen (↗ Flipflops), um kleine Einheiten ↗ digitaler ↗ Informationen vorübergehend zu ↗ speichern und mit kurzer ↗ Zugriffszeit wieder abzugeben. Meist hat ein Register die Länge eines ↗ Maschinenwortes und ist einer bestimmten Aufgabe fest zugeordnet.

Registeradresse
register address
Bestimmte ↗ Register, z.B. ↗ Standardregister, ↗ Spezialregister, lassen sich per ↗ Befehl über eine Registeradresse oder Registernummer adressieren.

Registermaschine
register machine
Eine ↗ Zentraleinheit, dessen ↗ Zentralprozessor einen Satz von ↗ Standardregistern, z.B. 16, enthält, die bei ↗ Befehlsausführungen als ↗ Arbeitsregister verwendet werden. Registermaschinen arbeiten mit festen Wortlängen und zeichnen sich durch kurze Befehlsausführungszeiten aus. Moderne ↗ Prozeßrechner, z.B. Siemens Systeme 300-16 Bit sind als Registermaschinen ausgeführt.

Registernummer
register number, ↗ Registeradresse

Regler
regulator
Innerhalb einer ↗ Regeleinrichtung kann ein ↗ Gerät als Regler bezeichnet werden, wenn es mehrere Aufgaben der Regeleinrichtung zusammenfaßt. Der Regler muß jedoch den Vergleicher sowie mindestens ein weiteres wesentliches ↗ Bauglied, z.B. ↗ Verstärker, Zeitglieder, enthalten (DIN 19 226).

Relais
relay
In der Elektrotechnik ein elektrisches Schaltgerät, das auf vergleichsweise geringe Steuerströme anspricht und dabei Kontakte für vielfältige Steuerungsaufgaben oder Durchschaltungen betätigt.

relative Adresse
relative address
↗ Programme werden in der Regel

nicht mit ↗ absoluten, sondern mit relativen, d. h. auf Programmanfang oder Adreßraumanfang bezogenen ↗ Adressen geschrieben. Der ↗ Programmierer adressiert die ↗ Befehle und ↗ Operanden so, als stünde ihm ein ↗ Speicher allein zur Verfügung. Das ↗ Absolutieren des Programms wird vom ↗ Lader beim ↗ Laden übernommen.

Relativzeitgeber
relative time clock, interval timer
Auch Kurzzeitwecker oder Differenzzeituhr genannt, arbeitet wie ein Wecker. Ein per ↗ Programm voreinstellbarer ↗ Zähler wird auf eine bestimmte Zeit eingestellt. Ist diese abgelaufen, gibt der Relativzeitgeber ein ↗ Alarmsignal ab.

Remote-Job-Entry-Terminal (RJE)
Fernverarbeitungsstation, die nach einer festgelegten ↗ Datenübertragungsprozedur im ↗ Polling-Verfahren ↗ Programme oder ↗ Daten an einen übergeordneten ↗ Leitrechner zur Verarbeitung übergibt; häufig wird es als Remote-Batch-Entry-Terminal zur ↗ Stapelfernverarbeitung eingesetzt. Das RJE-Gerätespektrum umfaßt alle papierverarbeitenden Einheiten, ↗ Datensichtstationen und/oder kleine ↗ Peripherspeicher (↗ Magnetbandkassette, ↗ Floppy-disk-Einheit). Die Intelligenz der ↗ Terminals reicht von der Beherrschung der Datenübertragungsprozedur (festverdrahtet oder per ↗ Mikroprozessor) bis hin zu der freiprogrammierbarer Kleinrechner.

reset
↗rücksetzen

retten
save ↗ Zustandswechsel

Rett-Laderoutine
save and load routine
↗ Zustandswechsel

REW
arithmetic unit, ↗ Rechenwerk

Richtungsbetrieb
simplex operation
↗ Simplex-Betrieb

Richtungsschrift (NRZ)
nonreturn to zero
Ein ↗ binäres Schreibverfahren, bei dem die beiden ↗ Binärzeichen durch entgegengesetzte magnetische Sättigung der ↗ Spurelemente dargestellt werden, wobei an den Grenzen keine Rückkehr zu einem Bezugszustand erfolgt (DIN 66 010).

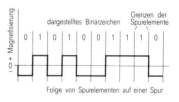

Richtungstaktschrift (PE)
phase encoding
Ein ↗ binäres Schreibverfahren, bei dem jedes ↗ Spurelement in zwei Teile geteilt ist, die in einander entgegengesetztem Sinne magnetisch ge-

sättigt sind, wobei jede Richtung des Flußwechsels (Bitflußwechsel) einem der beiden ↗ Binärzeichen fest zugeordnet ist. Dabei treten bei aufeinanderfolgenden gleichen Binärzeichen zusätzliche Flußwechsel (Phasenflußwechsel) an den Grenzen der Spurelemente auf (DIN 66010).

Ringnetz
closed circuit network
↗ Netzformen

roll in, roll out
↗ Eintransfer und ↗ Austransfer ↗ peripherspeicherresidenter Programme (↗ Platzwechsel).

ROM
read only memory
↗ Festwertspeicher mit ↗ wahlfreiem Zugriff.

Rootsegment
Steuersegment. Bei ↗ Ablauf eines ↗ segmentierten Programms ständig im ↗ Hauptspeicher stehendes ↗ Segment, das den ↗ Eintransfer der übrigen Segmente veranlaßt und deren Ablauffolge bestimmt.

Routine
routine
Ein abgeschlossenes ↗ Programm oder eine ↗ Befehlsfolge, die Teil eines Programms ist und eine abgeschlossene Aufgabe behandelt.

Rückkopplung
feedback
Rückführung der von einer Einrichtung produzierten Ausgangswerte ganz oder teilweise auf den Eingang dieser Einrichtung, so daß dadurch Ausgangswerte beeinflußt werden. Die Rückkopplung ist Grundlage jeder ↗ Regelung (↗ Regelkreis). In der ↗ Datenverarbeitung ist sie bei der ↗ Prozeßsteuerung von Bedeutung. Je nach Phasenlage wird eine Rückkopplung mit stabilisierender (dämpfender) Wirkung auch als Gegenkopplung bezeichnet.

rücksetzen
a) reset
Herstellen eines definierten Ausgangszustands. Bei ↗ Registern und ↗ Speichern bedeutet es das ↗ Löschen der Register- bzw. Speicherstufen.
b) backspace
Das Bewegen des ↗ Lochstreifens entgegen der Vorschubrichtung (↗ Vorschub) um eine oder mehrere ↗ Sprossen (DIN 66218).

Rücksprung
return
Wird in der Programmiertechnik verwendet. Bedeutet einen Sprung (↗ Sprungbefehl) auf einen ↗ Befehl mit niedrigerer ↗ Befehlsadresse bei einer ↗ Programmschleife oder einen Sprung von einem ↗ Unterprogramm in das ↗ Hauptprogramm.

ROM — Festspeicher; Speicher der vom Hersteller mit nicht mehr veränderbarem Inhalt geliefert wird

Rufen Primärzustand
call primary status, ↗ ORG-Aufruf

ruhendes Programm
inoperative program, idle program, dormant program
Ein ↗ Programm ist nach dem ↗ Laden vor dem ersten Start und nach Beendigung des Programms im Zustand „ruhend".

RW
arithmetic unit, ↗ Rechenwerk

RWM
read-write memory
↗ Schreib-Lesespeicher

RZ
data processing center, computer center
↗ Rechenzentrum

S

SCANNEN = die Oberfläche zeilenweise abfahren

Satellitenrechner
satellite computer
↗ Digitale Rechenanlage innerhalb einer ↗ Rechnerhierarchie mit niedrigerer Rangordnung als der ↗ Leitrechner.

Satellitensystem
satellite computer system
↗ dezentrale Datenverarbeitung

Satz
record
Ein (logischer) Satz ist eine Teilmenge von ↗ Daten, die entweder durch die Anzahl der Daten, z.B. Sätze fester Länge, oder durch ein definiertes Satzende, z.B. Sätze variabler Länge, bestimmt ist. Ein logischer Satz ist unabhängig von der physikalischen Darstellung auf ↗ Datenträgern. Ein logischer Satz wird mit einem Eingabe-Ausgabeaufruf übertragen.

SBC
single **b**oard **c**omputer
Der komplette ↗ Rechner befindet sich auf einer einzigen ↗ Leiterplatte.

SBP
standard operator routine
↗ Standard-Bedienungsprogramm

Schaltalgebra
switching algebra
Grundlage für den logischen Entwurf von ↗ Datenverarbeitungsanlagen. Sie befaßt sich mit der Anwendung der Booleschen Algebra (↗ Boolesche Befehle) auf ↗ Schaltwerke.

Schalter
switch
Man unterscheidet: mechanische Schalter (↗ Bedienungseinrichtung); elektronische Schalter mit Hilfe von logischen ↗ Verknüpfungsgliedern; programmierte Schalter (Verzweigung in einem ↗ Programm).

Schaltkreis
switching circuit
Vorrangig Anordnungen mit einem hohen Integrationsgrad (↗ integrierte Schaltung). Realisierung logischer Funktionen durch ↗ Gatter, logische Verknüpfungsschaltungen sowie Speicherschaltungen aus ↗ binären Elementen. Schaltkreise sind meist als ↗ Bausteine ausgeführt.

Schaltkreisfamilie
switching circuit family, static switching system
Zusammenfassung von ↗ Schaltkrei-

sen mit gleichen technischen und technologischen ↗ Parametern. Wichtige Schaltkreisfamilien sind: ↗ TTL, ↗ ECL, ↗ IIL.

Schaltvariable
switching variable, logic variable
Eine Variable, die nur endlich viele Werte (z.B. 2) annehmen kann (DIN 44300).

Schaltwerk
sequential circuit
Eine ↗ Funktionseinheit zum Verarbeiten von ↗ Schaltvariablen, wobei der Wert am Ausgang zu einem bestimmten Zeitpunkt abhängt von den Werten am Eingang zu diesem und endlich vielen vorangegangenen Zeitpunkten (DIN 44300).

Schaltzeichen
graphic symbol
Ein ↗ Symbol oder ↗ Sinnbild zur zeichnerischen Darstellung der Innenschaltung von logischen Verknüpfungsschaltungen (↗ Verknüpfungsglied), Geräteteilen, ↗ Baugliedern auf Schaltplänen.
Die Schaltzeichen für die digitale Informationsverarbeitung sind unter IEC 117-15 und DIN 40700, Teil 14, genormt.

Schedule, scheduling
Zeitplanvorgabe für ↗ Abläufe oder Betriebsmittelbenutzung.

Schiebebefehl
shift instruction
↗ Befehl zum Verschieben von ↗ Operanden nach links oder rechts um soviele ↗ Bitstellen, wie die Schiebezahl angibt.

Schieberegister
shift register
↗ Seriell organisierte ↗ Speicher, bei denen durch ↗ Takte ↗ Informationen von einem ↗ Speicherelement zum nächsten verschoben werden.

Schiebezahl
shift number, ↗ Schiebebefehl

Schleife
loop, ↗ Programmschleife

schließen (Datei)
file closing
Das Schließen einer ↗ Datei ist das Gegenstück zum ↗ Eröffnen: Es beendet den ↗ Verkehr mit der Datei. Je nach Leistungsumfang und Eigenart des ↗ Betriebssystems wird z.B. die Belegung (↗ belegen) aufgehoben, der ↗ Dateizeiger gelöscht, die für den ↗ Zugriff benötigte Buchführungsinformation (↗ Buchführung) zurücktransferiert oder für ungültig erklärt.

Schnelldrucker (SD, SDR)
high-speed printer, line printer
↗ Drucker

Schnittstelle
interface (channel)
Die Gesamtheit der Festlegungen
a) der physikalischen Eigenschaften der ↗ Schnittstellenleitungen,
b) der auf den ↗ Schnittstellenleitungen ausgetauschten ↗ Signale,

c) der Bedeutung der ausgetauschten Signale (DIN 44302).
Spezielle Schnittstellen: ↗ EA-Anschlußstelle, ↗ Geräteschnittstelle.

Schnittstellenleitung
interchange circuit
Verbindungsleitung zwischen den Einrichtungen beiderseits der ↗ Übergabestelle (DIN 44302).

Schnittstellenumschalter
interface switch
↗Baueinheit zur Umschaltung einer ↗ peripheren Einheit zwischen zwei oder mehreren Zeneraleinheitsschnittstellen (↗ EA-Anschlußstellen).

Schnittstellenumsetzer
interface converter, interface adapter
↗ Baueinheit zur Anpassung von ↗ Schnittstellen.

Schräglauf
tape skew, ↗ Bitversatz

schreiben
write
In der Speichertechnik bedeutet „schreiben" das Einspeichern von ↗ Information in einen ↗ Datenträger bzw. ↗ Speicher (↗ Register, ↗ Hauptspeicher, ↗ peripherer Speicher) (↗ drucken).

Schreibkopf
write/recording head
↗ Magnetkopf

Schreib-Lesespeicher
write-read memory
↗ Speicher, dessen Informationsinhalt unter Rechnerkontrolle gelesen und verändert werden kann; z.B. ↗ Kernspeicher, ↗ Halbleiterspeicher (↗ RAM), ↗ Magnetschichtspeicher. Gegenteil: ↗ Festwertspeicher (↗ ROM).

Schreiblocher
printing card punch
Ein ↗ Lochkartenstanzer, der die in die ↗ Lochkarten gelochten ↗ Daten gleichzeitig in ↗ Klarschrift auf die Oberkante der Karte druckt (schreibt).

Schreibmarke
cursor, ↗ Cursor

Schreibring
write enable ring
Magnetbandtechnik: Ein Ring, der in die dafür vorgesehene Nut einer Spule eingesetzt werden kann und in einem entsprechend ausgerüsteten ↗ Magnetbandgerät das Ausschalten der Schreib- und Löschsperre bewirkt (DIN 66010).

Schreibschutz
write lockout, memory protect feature, write protect
↗ Datei: ↗ Datenschutz.
↗ Zentralspeicher: ↗ Speicherschutz.
Der Schreibschutz läßt einen lesenden ↗ Zugriff zu.

Schreibverfahren
recording mode
↗ Magnetschichtspeicher: Die Art und Weise, wie die ↗ Information durch Magnetisierungszustände oder -wechsel dargestellt wird (DIN 66010) (↗ binäres Schreibverfahren).

Schriftkennung
identification burst
Ein ↗ Bandblock am Anfang des Aufzeichnungsbereiches eines ↗ Magnetbandes, das mit ↗Richtungstaktschrift beschrieben ist, zur Kennzeichnung dieses ↗ Schreibverfahrens (DIN 66010).

Schritt
signal element
Ein ↗ Signal definierter Dauer, dem eindeutig ein Wertebereich des ↗ Signalparameters unter endlich vielen Wertebereichen dieses Signalparameters – bei ↗ binärer Übertragung unter zwei Wertebereichen des Signalparameters – zugeordnet ist (DIN 44302). Meist wird pro Übertragungsschritt ein ↗ Bit übertragen.

Schritttakt
signal element timing, clock pulse
Eine Folge von äquidistanten Zeitpunkten, wobei der Abstand zweier aufeinanderfolgender Zeitpunkte gleich dem ↗ Sollwert der ↗ Schrittdauer ist (DIN 44302).

Schrittdauer
length element, pulse length
Dauer eines ↗ Schrittes. Der ↗ Sollwert der Schrittdauer ist gleich dem vereinbarten kürzesten Abstand zwischen aufeinanderfolgenden Übergängen des ↗ Signalparameters von einem in einen anderen Wertebereich (DIN 44302).

Schrittgeschwindigkeit
modulation rate
Der Kehrwert des ↗ Sollwertes der ↗ Schrittdauer.

Einheit der Schrittgeschwindigkeit:

↗ Baud (1 Baud = $\frac{1}{s}$) (DIN 44302). Anzahl der übertragenen Stromschritte je Sekunde.

schritthaltender Betrieb
real-time operation
↗ Echtzeitbetrieb

Schrittpuls
step pulse, step clock
Eine periodische Folge von ↗ Impulsen, die in geeigneter Weise den ↗ Schritttakt kennzeichnet (DIN 44302).

SD
high-speed printer, line printer
Abkürzung für ↗ Schnelldrucker, auch SDR.

SDLC-Datenübertragungsprozedur
SDLC-data communication procedure (**s**ynchronous **d**ata **l**ink **c**ontrol)
Hausinterne ↗ Datenübertragungsprozedur der Firma IBM.

SDR
high-speed printer, line printer
Abkürzung für ↗ Schnelldrucker, auch SD.

sedezimal
hexadecimal
Zahlendarstellung im ↗ Sedezimalsystem.

Sedezimalsystem
hexadecimal number system
↗ Zahlensystem mit der ↗ Basis 16, dargestellt aus den Grundzeichen 0 bis 9 und A (10) bis F (15). Da die Basis 16 gleich 2^4 ist, können alle Grundzeichen des ↗ Systems durch 4 Bits dargestellt werden.

sedezimal	dual	dezimal
0	0000	0
1	0001	1
2	0010	2
3	0011	3
4	0100	4
5	0101	5
6	0110	6
7	0111	7
8	1000	8
9	1001	9
A	1010	10
B	1011	11
C	1100	12
D	1101	13
E	1110	14
F	1111	15

Sedezimalziffer
hexadecimal digit
Ein ↗ Zeichen aus einem Zeichenvorrat von 16 Zeichen, denen als Zahlenwerte die ganzen ↗ Zahlen 0 ... 15 umkehrbar eindeutig zugeordnet sind.

Segment
segment
Teilstück eines ↗ segmentierten Programms (↗ Segmentierung).

Segmentierkante
segment reference address
Die relative Anfangsadresse des ↗ Rootsegmentes, auf die die ↗ Adressen der anderen ↗ Segmente beim ↗ Binden bezogen werden.

segmentiertes Programm
segmented program
Ein ↗ Programm, das durch ↗ Segmentierung in ↗ Rootsegment und andere ↗ Segmente zerlegt wurde. Die Segmente werden voneinander unabhängig übersetzt und nach Maßgabe einer Strukturbeschreibung mit dem ↗ Binder gebunden. Beim Binden werden die Segmente für den ↗ Ablauf auf das Rootsegment bezogen umadressiert. Außerdem stellt der Binder die Adreßbezüge zwischen den Segmenten her, d.h. er ordnet Externadreßaufrufen Externadreßdefinitionen zu. Ein segmentiertes Programm erfordert besondere Maßnahmen beim ↗ Laden, weil dabei die Segmente (außer dem Rootsegment) in einer Segmentdatei abgelegt werden müssen.

Segmentierung
segmentation
Die Zerlegung eines ↗ Programms in (möglichst als Einheit ablauffähige) Teilstücke (Segmente). Dabei wird angestrebt, beim ↗ Ablauf eines Programms mit einem Hauptspeicherplatzbedarf auszukommen, der

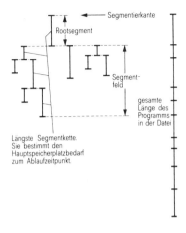

Längste Segmentkette. Sie bestimmt den Hauptspeicherplatzbedarf zum Ablaufzeitpunkt.

kleiner als die Gesamtlänge ist. Ein Rumpfteil (↗ Rootsegment) steht während der gesamten Laufdauer im ↗ Hauptspeicher, die anderen ↗ Segmente nur soweit, wie sie einzeln (alternativ) oder zusammen mit einigen anderen als ↗ Segmentkette gerade zum Ablauf benötigt werden. Andernfalls stehen sie in einer ↗ Datei. Im Hauptspeicher wird im Anschluß an das Rootsegment ein weiterer Bereich benötigt (Segmentfeld), in dem die Segmente nacheinander – sich überlagernd – laufen. Dies wird auch als Überlagerungs- oder Overlay-Struktur bezeichnet und läßt sich als Segmentbaum darstellen (s. Bild). Segmentierung ist eine Alternative zum ↗ Seitenwechsel-Verfahren, bedeutet im Vergleich dazu einen geringeren Betriebssystemaufwand und schnellere Programmabläufe, ist aber auf eine geschickte Segmentstrukturierung durch den Anwenderprogrammierer angewiesen. Ein Sonderfall ist im Siemens System 340 die ↗ HSP-Segmentierung.

Segmentkette
segment chain
Die Folge der zu einem Ablaufzeitpunkt gleichzeitig hintereinander im ↗ Hauptspeicher stehenden ↗ Segmente eines ↗ segmentierten Programms.

Seite
page
↗ Programme bzw. ↗ Dateien, die im ↗ Paging-Verfahren bearbeitet werden, sind auf Maschinenebene (Darstellung in ↗ Maschinensprache) in Elemente gleicher Länge gegliedert. Ein derartiges Element wird Seite genannt und kann z. B. 1 KWörter groß sein.

Seitenwechsel
page roll in roll out, swapping
Ein ↗ Algorithmus, nach dem bei Anlagen mit virtueller Seitenadressierung das ↗ Laden von Programmseiten und das dynamische Zuteilen und Freigeben der ↗ Seiten im ↗ Hauptspeicher geregelt wird. Erst bei ↗ Zugriff zu einer nicht eintransferierten Seite wird durch die ↗ Hardware eine Seitenanforderung an das ↗ Organisationsprogramm gegeben, das für das Eintransferieren der Programmseite sorgt.

Sektor
sector
Die Oberfläche einer Magnetplatte eines ↗ Plattenspeicherlaufwerkes

ist in Sektoren, z. B. 12, aufgeteilt. Ein Sektor einer ↗ Spur enthält z. B. zwei ↗ Datenfelder und ein Adreßfeld mit der Sektoradresse zur Identifizierung des Sektors. Die mechanische Festlegung der Sektoren erfolgt über die auf einer Indexplatte angebrachten ↗ Indexmarken.

Sektoradresse
sector address, ↗ Sektor

Sekundäranzeigen
device flags, ↗ Geräteanzeigen

Sekundärzustand
secondary status
↗ Prioritätszustand für ↗ Anwenderprogramme.

selbständiges Programm
independent program, independent routine
a) ↗ Programm, das ohne Hilfe eines ↗ Grund- oder ↗ Organisationsprogramms in den ↗ Hauptspeicher geladen und zum ↗ Ablauf gebracht werden kann. Der ↗ Datenträger eines selbständigen Programms muß wenigstens zum Teil (am Anfang!) eine ↗ Informationsdarstellung enthalten, die vom ↗ Urlader interpretiert werden kann (Urlader-Format). Es wird vom Urlader in den Hauptspeicher eingelesen und durch Ansprung einer ↗ Startadresse gestartet.
b) In ↗ Systemen mit ↗ Programmpaketen (Siemens System 340-R40) ein Programm, das nicht Bestandteil eines ↗ Paketes ist (selbständiges ↗ HRP, ↗ PRP).

selbsttätige Regelung
automatic control
Eine ↗ Regelung, bei der alle Vorgänge im ↗ Regelkreis ohne Zutun eines Menschen ablaufen. Der Zusatz „selbsttätig" wird nur dann angewendet, wenn eine Unterscheidung gegenüber der ↗ Handregelung notwendig ist (DIN 19 226).

Selektorkanal
selector channel
↗ Baueinheit einer ↗ digitalen Rechenanlage, welche die blockweise Übertragung zwischen dem ↗ Zentralspeicher und einer ausgewählten ↗ peripheren Einheit ermöglicht. Über Selektorkanäle werden ↗ Peripheriegeräte angeschlossen, die hohe ↗ Übertragungsraten erfordern, z. B. ↗ Plattenspeicher.

Semaphor-Variable
semaphor-variable
Eine dem ↗ Betriebssystem zur Koordinierungssteuerung dienende Zählvariable. Sie läßt sich über ↗ Befehle oder ↗ Aufrufe erhöhen oder erniedrigen. Der Zählwert bildet dabei eine „Zustandsanzeige" und löst beim Überschreiten oder Unterschreiten vereinbarter Grenzwerte koordinierende Wirkungen aus (semaphor = Winkzeichengeber).
In den Siemens Systemen 300-16 Bit wird die Zählvariable über ↗ ORG-Aufrufe eingerichtet und verändert. Sie ist mit einer ↗ Warteschlange kombiniert und wird als ↗ Koordinierungszähler bezeichnet.

Sendeabruf
polling
Die Aufforderung an eine ↗ Datenstation, als ↗ Sendestation zu arbeiten.

Sendeaufruf
polling
Der Aufruf an eine ↗ Datenstation, ↗ Daten auszusenden (DIN 44 302).

Sender
transmitter
Im Sender bzw. Sendeteil einer ↗ Funktionseinheit werden die ↗ Ausgangssignale verstärkt und an die ↗ Übertragungsstrecke angepaßt. Bei ↗ serieller ↗ Übertragung gehört meist ein ↗ Parallel-Serien-Umsetzer zum ↗ Sender.

Sendestation
master station
Eine ↗ Datenstation zu der Zeit, zu der sie aufgefordert ist, ↗ Daten auszusenden (DIN 44 302).

sequentiell
sequential
↗ Verarbeitung von ↗ Daten in einer bestimmten vorher festgelegten Reihenfolge. Der Einsatz von ↗ Bandspeichern erfordert eine sequentielle Verarbeitung, weil hier kein ↗ direkter Zugriff zu den gespeicherten Daten möglich ist.
Sequentiell wird oft im Sinne von ↗ seriell verwendet (↗ sequentieller Zugriff).

sequentieller Prozeß
sequential process, ↗ Folgeprozeß

sequentieller Zugriff
sequential access
Er liegt vor, wenn der Anwender zu den ↗ Daten gemäß einer logischen Reihenfolge (Sequenz) zugreift, die von der physikalischen Anordnung abweichen kann. Soweit das ↗ Organisationsprogramm diese ↗ Zugriffsart nicht unterstützt, sind spezielle ↗ Dienstprogramme erforderlich.
Beispiel: ↗ index-sequentieller Zugriff.

seriell
serial
Das Übertragen oder Verarbeiten von Informationselementen zeitlich nacheinander wird als serielle ↗ Übertragung oder ↗ Verarbeitung bezeichnet. Je nachdem, ob es sich um ↗ Zeichen, ↗ Bytes oder ↗ Bits handelt, spricht man von zeichenserieller, byteserieller oder bitserieller Übertragung oder Verarbeitung.
Gegenteil: ↗ parallel.
Speicherzugriff: ↗ serieller Zugriff.

serieller Betrieb
serial mode
Eine ↗ Funktionseinheit bearbeitet mehrere Aufgaben, eine nach der anderen (DIN 44 300).

serieller Zugriff
serial access
Die Bearbeitung einer ↗ Datei erfolgt bei einer ↗ Eröffnung vom An-

fang beginnend satzweise, bzw. gemäß Puffergröße, fortschreitend, d. h. entsprechend der Reihenfolge der physikalischen Anordnung der ↗ Daten auf dem ↗ Datenträger, z. B. im ↗ Hauptspeicher.

Der ↗ Datenzeiger rückt um die Satzgröße oder Puffergröße vor. Mit ↗ ORG-Aufrufen zum ↗ Lesen und Einstellen des Dateizeigers läßt sich die serielle Bearbeitungsfolge modifizieren.

Seriendrucker
serial printer
Sie bilden eine gedruckte Zeile, indem sie ↗ Zeichen für Zeichen hintereinander ausdrucken.

Zu den Seriendruckern gehören ↗ Blattschreiber und ↗ Fernschreiber. Gegensatz: ↗ Parallel- oder ↗ Zeilendrucker.

Serien-Parallel-Umsetzer
serial-parallel converter, staticiser
Ein ↗ Umsetzer, in dem zeitlich ↗ sequentiell dargestellte ↗ digitale Daten in ↗ parallel dargestellte ↗ Daten umgewandelt werden (DIN 44 300).

Serienübergabe
serial interchange, serial transmission
Eine Übergabe von ↗ digitalen Daten, bei der die ↗ Binärzeichen über eine ↗ Schnittstellenleitung nacheinander übergeben werden (DIN 44 302).

SF
process I/O module, process I/O device, process interface module
Abkürzung für Signalformer (↗ Prozeßsignalformer).

Sicherungszeichen
parity character, ↗ Datensicherung

Sichtgerät
display device
Ein ↗ Ausgabegerät in der Funktion, dem Benutzer ↗ Daten vorübergehend für das Auge erkennbar zu machen (DIN 44 300). Beispiele dafür sind Bildschirmgeräte und Ziffernanzeiger.

sign bit
↗ Vorzeichen

Signal
signal
a) Die physikalische Darstellung von ↗ Nachrichten oder ↗ Daten (DIN 44 300).
b) Mitteilung des ↗ Systems (↗ Hardware, ↗ Software) an ein ↗ Programm (eine ↗ Task) über Ablaufbesonderheiten (↗ PEARL).

Signalausfall
drop out
↗ Magnetschichtspeicher: Eine durch Schäden oder Fremdkörper auf der Magnetschicht hervorgerufene Verringerung der Lesespannung derart, daß ein ↗ Binärzeichen nicht erkannt wird (DIN 66 010).

Signalformer
process I/O module, process I/O device, process interface module
↗ Prozeßsignalformer

Signalformeradresse
address of process I/O module
↗ Prozeßsignalformeradresse

Signalparameter
signal parameter
Diejenige Kenngröße des ↗ Signals, welche die Informationen trägt (DIN 19226).
Ist das Signal z.B. eine amplitudenmodulierte Wechselspannung, dann ist die Amplitude der Signalparameter.

Signalumformer
signal converter
↗ Meßumformer. Ein Gerät, welches ein ↗ Eingangssignal – gegebenenfalls unter Verwendung einer Hilfsenergie – möglichst eindeutig in ein damit zusammenhängendes ↗ Ausgangssignal umformt (DIN 19226).

Simplex-Betrieb
simplex operation, simplex working
Bei dieser ↗ Betriebsart werden ↗ Daten auf einer ↗ Datenübertragungsleitung nur in einer Richtung übertragen. Für den ↗ Empfänger besteht keine Möglichkeit einer Rückmeldung, z.B. bei einem ↗ Übertragungsfehler.

Simulation
simulation
In der ↗ Datenverarbeitung das modellhafte Nachbilden eines ↗ Systems oder einer Funktion auf einer ↗ Datenverarbeitungsanlage. Dabei sollen die mit dem simulierten System gewonnenen Ergebnisse mit denen des originalen Systems übereinstimmen (↗ Emulation).

Simulationsprogramm
simulation program/routine
↗ Simulationsroutine

Simulationsroutine
simulation routine
Simulationsroutinen sind ↗ invariante und dadurch mehrfach benutzbare ↗ Befehlsfolgen, vorzugsweise zur Nachbildung der in der ↗ Hardware kleinerer Modelle nicht vorhandenen ↗ Befehle.
Jedem ↗ Hauptprogramm steht in der ↗ Parametertafel ein zusätzlicher Registersatz für Simulationsroutinen zur Verfügung, so daß die ↗ Register des aufrufenden Programms – im Gegensatz zur ↗ Common-Code-Technik – nicht verändert werden.
Im Siemens System 300-16 Bit werden Simulationsroutinen über den in der Hardware nicht interpretierbaren ↗ Operationscode NNN oder über einen Spezialbefehl, z.B. „Rufe Simulation" RUS, angesprochen und als Systemsimulationsroutinen bezeichnet. Sie sind dem ↗ Organisationsprogramm beigestellt und werden durch den ↗ Systemgenerator entsprechend den Anwenderwünschen geladen.

Simulator
simulator
Ein ↗ Programm, das die Gesetze ei-

nes ↗ Prozesses auf einer ↗ Rechenanlage nachbildet und damit die Anlage als Modell auffassen läßt (DIN 44300).

Simulierer
simulator program
Ein ↗ Interpretierer, bei dem das zu interpretierende ↗ Programm in einer ↗ maschinenorientierten Programmiersprache abgefaßt ist (DIN 44300).

simultan
simultaneous
Werden ↗ Operationen in einem ↗ System zeitlich verschachtelt oder so schnell nacheinander abgewickelt, so daß es für den Betrachter erscheint, als würden sie gleichzeitig ablaufen, dann spricht man von „simultan" oder „quasi gleichzeitig".

Simultanarbeit
simultaneous operation
a) Simultanarbeit von Geräten: Die an den verschiedenen ↗ EA-Anschlußstellen einer ↗ Zentraleinheit angeschlossenen ↗ peripheren Einheiten werden von der ↗ Zentraleinheit nacheinander versorgt und arbeiten dann gleichzeitig (simultan). Die Forderung nach Simultanarbeit ergibt sich aus den unterschiedlichen Bearbeitungszeiten von Zentraleinheit und den ↗ peripheren Einheiten, z. B. eines ↗ Prozeßrechensystems.
b) Simultanarbeit von ↗ Programmen: Hierbei werden mehrere Programme, die unabhängig oder abhängig voneinander sein können, in Teilstücken ineinandergeschachtelt verarbeitet (↗ Mehrprogrammbetrieb).

Sinnbild
symbol
↗ Ablaufdiagramme und ↗ Datenflußpläne werden mit Hilfe von graphischen Sinnbildern erstellt, die in DIN 66001 genormt sind.

Situationsanalyse
status analysis, ↗ Systemplanung

SIVAREP® B
Siemens-Einbausystem mit aufeinander abgestimmten ↗ Rechnerschränken, ↗ Baugruppenträgern, ↗ Flachbaugruppen und ↗ Steckverbindern.

Slave
↗ Empfangsstation

Slice
slice
Kaskadierbarer ↗ Baustein; aus mehreren Slices wird ein bipolarer ↗ Mikroprozessor zusammengesetzt.

Software
software
Sammelbegriff für alle Arten von ↗ Programmen (↗ Hardware).

Software-Testprogramm
software test program
↗ Programm zur Fehlererkennung und ↗ Ablaufverfolgung von ↗ Programmbausteinen.

Software-Uhr
(software-)clock
Mit Hilfe von Zeitgeber-Zählimpulsen führt das ↗ Organisationsprogramm eine Software-Uhr als ↗ Echtzeituhr.

Sollwert
set point
Der Wert, den eine ↗ Größe im betrachteten Zeitpunkt unter festgelegten Bedingungen haben soll (DIN 19226).

Sonderperipherie
special peripherals
Das ↗ Organisationsprogramm unterscheidet zwei Hauptgruppen von ↗ peripheren Geräten: ↗ Standardperipherie und Sonderperipherie.

Die Sonderperipherie umfaßt die ↗ Prozeßperipherie und etwaige anwenderspezifische ↗ Geräte, die das Organisationsprogramm gar nicht, nur teilweise oder ersatzweise mit den ↗ Bausteinen für andere Geräte betreibt.

Sonderzeichen
special character
Alle ↗ Zeichen, die nicht ↗ Ziffern oder ↗ Buchstaben sind.

SP
space, blank
Codetabellenkurzzeichen; bedeutet als ↗ Gerätesteuerzeichen „Zwischenraum".

Space
space, blank, ↗ SP

Spannungsausfall
voltage breakdown, power failure
Bei Spannungsausfall geht die ↗ Zentraleinheit nach dem ↗ Rücksetzen aller ↗ EA-Anschlußstellen in den ↗ Stoppzustand (↗ Stromversorgungseinheit, ↗ Spannungswiederkehr).

Spannungswiederkehr
power restoration
Bei Spannungswiederkehr trifft der entsprechende ↗ ORG-Baustein vorbereitende Wiederanlaufmaßnahmen und löst automatisch einen ↗ Wiederanlauf oder ↗ Neustart aus.

Speicher
storage
↗ Funktionseinheit innerhalb eines ↗ digitalen Rechensystems, die ↗ digitale Daten aufnimmt, aufbewahrt und abgibt (DIN 44300) (↗ Datenspeicher).

Speicherabbild
core image, ↗ Abbild

Speicherabzug
core storage dump
Mit Hilfe spezieller ↗ Programme kann man den Inhalt – teilweise oder ganz – eines ↗ Speichers über einen ↗ Drucker abdrucken.

Speicheradresse
storage address
Eine ↗ Adresse, die für einen ↗ Speicher angegeben wird und in ihm eine ↗ Zelle identifiziert.

Speicherbefehl
store instruction
↗ Befehl für den Transfer eines ↗ Datenwortes (↗ Datum) in eine durch die ↗ Speicheradresse angegebene ↗ Speicherzelle im ↗ Zentralspeicher.

Speicherbereich
storage area
Anzahl von ↗ Speicherzellen, die für einen bestimmten Zweck reserviert sind, z. B. ↗ Laufbereiche, Eingabebereich, Ausgabebereich, Commonbereich.

Speicherdichte
bit density
Anzahl der ↗ Zeichen, die auf einem ↗ Datenträger je Längen-, Flächen- oder Raumeinheit untergebracht werden können. Maßeinheit für die Speicherdichte ist entweder Zeichen je cm oder BPI (Bits per Inch) oder entsprechende Flächenmaße oder Raummaße.

Speichereinheit
memory unit
Man unterscheidet: ↗ Zentralspeichereinheit (↗ Speicher und ↗ Steuerung) und ↗ periphere Speichereinheit (↗ Laufwerk und Steuerung).

Speicherelement
storage element
Ein in einem gegebenen Zusammenhang nicht weiter zerlegbarer Teil eines ↗ Speichers (DIN 44 300).

Speicherglied
storage element
Bestandteil eines ↗ Schaltwerks, der ↗ Schaltvariable aufnimmt aufbewahrt und abgibt (DIN 44 300).

Speicherkapazität
storage capacity
Kenngröße für ↗ Datenspeicher zur Angabe des Fassungsvermögens. Die Speicherkapazität kann in ↗ Bits, ↗ Bytes oder in ↗ Wörtern angegeben werden.

Speicherkosten
storage cost
↗ Magnetschichtspeicher

Speichermodul
storage module
↗ Zentralspeicher moderner ↗ Datenverarbeitungsanlagen (↗ Prozeßrechner) sind modular (↗ Modul) aufgebaut. Ein Speichermodul ist konstruktiv eine Einheit, z. B. eine ↗ Flachbaugruppe.

speichern
store, record
Unbefristete Unterbringung von ↗ Daten auf einem Speichermedium (↗ Datenträger).

Speicherplatz
storage location
Mit einem einzigen ↗ Zugriff erreichbare Bitstellen eines ↗ Zentralspeichers.

Speicherplatzverwaltung
store management
Das ↗ Betriebssystem übernimmt häufig (mitunter optional) die Zuteilung und Verwaltung von freiverfügbarem Hauptspeicherplatz, indem es den Speicherort für Anwenderobjekte festlegt oder beeinflußt. Auf ↗ peripheren Speichern erfolgt die Platzvergabe für ↗ Programme stets, für ↗ Dateien fast ausschließlich durch das ↗ Organisationsprogramm.

speicherprogrammiert
stored-program
Eine ↗ Funktionseinheit (↗ Rechner, ↗ Steuerung) heißt speicherprogrammiert, wenn die zur Bearbeitung von ↗ Abläufen verwendeten ↗ Programme in einem ↗ Programmspeicher hinterlegt sind.

speicherresident
memory-resident
Ein ↗ Programm ist speicherresident, d. h. es ist in einem ↗ Speicher (↗ Hauptspeicher, ↗ peripherer Speicher) abgelegt. Der ↗ Speicherplatz und damit die ↗ Speicheradresse, unter der das Programm zu finden ist, wird beim ↗ Laden vergeben (↗ hauptspeicherresidentes Programm, ↗ peripherspeicherresidentes Programm).

Speicherschreibschutz
memory protect feature
↗ Speicherschutz

Speicherschutz
storage protection, memory protect feature
Teile des ↗ Zentralspeichers lassen sich gegen Überschreiben von ↗ Programmen, die im ↗ nichtprivilegierten Modus laufen, schützen. Schutzbereiche können durch eine oder mehrere Grenzadressen oder seitenweise (Bereiche von z.B. 1 KWörtern) je nach Hardware-Gegebenheiten bestimmt werden. Ein ↗ Speicherbefehl wird nur ausgeführt, wenn die ↗ Adresse nicht in diesem geschützten Zentralspeicherbereich liegt.

Speicherstelle
storage location
Teil eines ↗ Speichers zur Aufnahme eines ↗ Zeichens (DIN 44 300).

Speicherwort
storage word, memory word
Technische ↗ Wortlänge, die der ↗ Speicher in einer elementaren ↗ Operation aufnehmen oder ausliefern kann.

Speicherzelle
storage cell, storage location
Bei einem ↗ wortorganisierten Speicher eine Gruppe von ↗ Speicherelementen, die ein ↗ Maschinenwort aufnimmt (DIN 44 300).

Speicherzyklus
storage cycle
Die Folge aller Vorgänge, die zum ↗ Lesen (einschließlich Wiederein-

Spezialregister

special register

↗ Register in der ↗ Zentraleinheit – hauptsächlich im ↗ Zentralprozessor –, das Steuerinformation enthält und über ↗ Spezialregisterbefehle geladen, verändert und gelesen werden kann.

Spezialregisterbefehl

special register instruction
↗ Spezialregister

Spezialzelle

special cell

Gruppe von (16) Zellen innerhalb der ↗ Parametertafel (Siemens Systeme 300-16 Bit). Die Spezialzellen enthalten ↗ Informationen, die beim ↗ Zustandswechsel aus den ↗ Registern (nicht ↗ Standardregister) des ↗ Zentralprozessors gerettet bzw. in diese geladen werden.

spooling

↗ Datenpufferung

Sprache

language

Ein ↗ Programm kann verschiedene Erscheinungsformen annehmen, die je nach Betrachtungsweise in unterschiedlichen ↗ Sprachebenen liegen (↗ Programmiersprache, ↗ Sprachebene):

Sprachebene

level of language

Die verschiedenen Arten von ↗ Programmiersprachen lassen sich nach Sprachebenen ordnen. Die ↗ maschinenabhängigen Programmiersprachen belegen die niederen Sprachebenen, während die ↗ maschinenunabhängigen Programmiersprachen auf den höheren Sprachebenen liegen:

```
Sprach-  ↑ Metasprachen
ebene    |
         | Problemorientierte Sprachen    ⎫
         | Verfahrenorientierte Sprachen  ⎬ maschinenunabhängige
         | Geschlossene Makrosprachen     ⎭ (höhere) Programmiersprachen
         |
         | Makroassemblersprachen         ⎫
         | Assemblersprachen              ⎬ maschinenabhängige
         | Maschinensprachen              ⎭ (niedere) Programmiersprachen
         | Mikroprogrammsprachen
```

Sprosse – Sprung

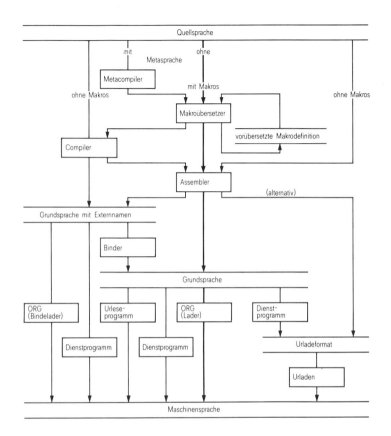

Sprosse
row
Lochstreifentechnik: Eine Senkrechte zur ↗ Bezugskante, auf der die Informationslöcher liegen und der ein ↗ Taktloch zugeordnet sein kann (DIN 66 218).

Sprung
branch
Verlassen einer kontinuierlichen ↗ Befehlsfolge durch ↗ Laden des ↗ Befehlsadreßregisters mit der ↗ Sprungadresse mit Hilfe eines ↗ Sprungbefehls.

Sprungadresse
transfer address, transfer target
Zieladresse eines ↗ Sprungbefehls. Das ↗ Befehlsadreßregister wird bei der ↗ Befehlausführung eines Sprungbefehls mit der Sprungadresse geladen.

Sprungbedingung
branch condition
↗ bedingter Sprungbefehl

Sprungbefehl
branch instruction
Man unterscheidet zwischen ↗ bedingtem Sprungbefehl und ↗ unbedingtem Sprungbefehl.

Sprungleiste, Sprungliste
branch table, branch destination
Eine ↗ Liste mit ↗ Sprungadressen, deren Listenelemente über einen ↗ Index adressiert werden. Damit entsteht eine vielfältige Verzweigungsmöglichkeit in einem ↗ Programm.

Sprungziel
branch destination, ↗ Sprungadresse

Spur
track
Bereich auf einem ↗ Datenträger, in dem eine Folge von ↗ Bits untergebracht werden kann. Je nach Art des Datenträgers werden die Bits eines ↗ Zeichens oder ↗ Wortes auf einer (↗ seriell) oder mehreren Spuren (↗ parallel) gespeichert.
Serielle Speicherung auf einer Spur: ↗ Festkopfspeicher-(einheit), ↗ Plattenspeicher-(einheit), ↗ Floppy-disk-Einheit.
Bitparallele bzw. zeichenserielle Speicherung auf mehreren Spuren: ↗ Bandspeicher, ↗ Lochstreifen.

Spurbreite
track width
Magnetbandtechnik: Die Breite einer ↗ Spur; sie ist gleich der Breite der Polschuhe eines ↗ Schreibkopfes, gemessen am Spalt (DIN 66010).

Spurelement
track element
Magnetbandtechnik: Der einem ↗ Binärzeichen (Bit) zugeordnete Bereich einer ↗ Spur (DIN 66010).

Spurteilung
track pitch
Magnetbandtechnik: Der Abstand zwischen den Mittellinien zweier benachbarter ↗ Spuren (DIN 66010).

SSI (Small Scale Integration)
Geringer Integrationsgrad, das Unterbringen von sehr einfachen Schaltungen (1—10 Gatter) auf einem Halbleiterkristall.
↗ Chip.

Stack
stack
Stapelspeicher: Vom ↗ Programmierer definierter ↗ Speicherbereich außerhalb des ↗ Steuerwerks für spezielle Aufgaben z. B. Speicherung der Rücksprungadressen bei Unterprogrammsprüngen und Registerrettung.

Stack-Pointer
stack pointer
Stapelzeiger: ↗ Register, in dem eine Stapel-Adresse gespeichert ist.

Stand-Alone-Betrieb
stand-alone operation
Der von anderen Betriebs- oder Hilfsmitteln weitgehend unabhängige Betrieb eines ↗ Programms oder ↗ Systems.

Stand-Alone-Programm
stand-alone program
Ein ↗ Programm, das zu seinem ↗ Ablauf im ↗ Rechner kein ↗ Organisationsprogramm voraussetzt, weil es derartige Leistungen – soweit von ihm benötigt – selbst integriert hat.

Standardaufruf
standard call
↗ Aufrufe für die ↗ Standardperipherie – auch Standard-Eingabe-/Ausgabe-Aufrufe genannt –. Sie sind geräteunabhängig, d. h. der ↗ Programmierer muß keine gerätespezifischen Eigenschaften berücksichtigen, wenn bestimmte Normierungen eingehalten werden. Die Festlegung des ↗ Gerätes kann beim ↗ Programmieren statisch oder beim ↗ Programmablauf dynamisch erfolgen.

Standardbaustein
general purpose component
In der Mikrocomputertechnik allgemein einsetzbare Universalbausteine, die von verschiedenen Herstellern angeboten werden.
Gegensatz: kundenspezifische ↗ integrierte Schaltungen (IS) oder ↗ Bausteine der Mikrocomputerserie.

Standardbedienungsprogramm (SBP)
standard operator routine
Die Aufgabe des Standardbedienungsprogramms ist es, eine festgelegte Menge von Standardkommandos (↗ Kommando) als Bedienungseingaben eines Bedieners entgegenzunehmen, diese zu interpretieren und die gewünschte Funktion mit einem ↗ Aufruf an das ↗ Organisationsprogramm (ORG) anzustoßen. Dazu nimmt es die Bedienungsfunktion des Organisationsprogramms in Anspruch. Gegebenenfalls werden dann noch Resultate bzw. ↗ Anzeigen über den Erfolg an den Bediener ausgegeben.
Das Standardbedienungsprogramm gehört zu den ↗ Bausteinen des ORG-Stapels, läuft jedoch als vom Organisationsprogramm unabhängiges ↗ Programm auf der Anwenderebene ab.

Standardfunktion
standard function
Funktionen, die implizit in einer ↗ Sprache vereinbart sind und in jedem ↗ Programm benutzt werden können.
Sie wird in Form von ↗ Prozeduren oder monadischen ↗ Operatoren realisiert.

Standardgerät
standard device
↗ Geräte der ↗ Standardperipherie, die über ↗ Standardaufrufe angesprochen werden.

Standardmakro
standard macro
Sie sind Bestandteil von Makrobibliotheken und über die Prozeßrechner-↗Programmbibliothek beziehbar.

Standardperipherie
standard peripherals
Gesamtheit der ↗ Eingabe-Ausgabe-Einheiten innerhalb eines ↗ digitalen Rechensystems, die nicht an den ↗ Prozeß angeschlossen sind. Sie dienen dem Informationsaustausch (Programmverkehr und ↗ Datenverkehr) zwischen Mensch und ↗ Rechner.

Standardregister
standard register,
general-purpose register
Arbeitsregister von ↗ Registermaschinen. Sie dienen zur Aufnahme von ↗ Operanden, ↗ Operandenadressen und Ergebnissen. Der ↗ Zentralprozessor von Registermaschinen verfügt i. allg. über 8 oder 16 Standardregister, die auch als ↗ Indexregister benutzt werden. Bei kleineren ↗ Zentraleinheiten werden als Standardregisster ↗ Speicherzellen des ↗ Zentralspeichers verwendet.

Stand-by-System
↗ Doppelrechnersystem

Standleitung
point-to-point line, dedicated line, leased line
Eine zwischen zwei entfernt liegenden Punkten bzw. ↗ Datenstationen fest durchgeschaltete ↗ Datenübertragungsleitung.

Standverbindung
point-to-point connection
↗ Standleitung

stanzen
punch, perforate
Lochen von ↗ Datenträgern
(↗ Lochkarten, ↗ Lochstreifen).

Stapelbetrieb
batch processing, batch operation, batch mode
Ein Betrieb eines ↗ Rechensystems, bei dem eine Aufgabe aus einer Menge von Aufgaben vollständig gestellt sein muß, bevor mit ihrer Abwicklung begonnen werden kann (DIN 44 300).
Bei dieser Betriebsart ist das Ergebnis der ↗ Datenverarbeitung unabhängig vom genauen Zeitpunkt der Bearbeitung, z.B. Berechnung von mathematischen Aufgaben. Meist gibt hier der ↗ Operator den Zeitpunkt für die Bearbeitung durch die ↗ Datenverarbeitungsanlage vor.

Stapelfernverarbeitung
remote batch processing, remote batch computing
Bearbeitung einer Vielzahl von ↗ Daten in einem Verarbeitungsgang unter Benutzung von ↗ Datenübertragungswegen.

Start
start, ↗ Programmstart

Startadresse
start address
↗ Adresse, die vor dem ↗ Ablauf eines ↗ Programms in das ↗ Befehlsadreßregister (↗ Befehlszähler) geladen werden muß und den ersten zu durchlaufenden ↗ Befehl enthält.

Startbit
start element (in a start-stop system)
Das bei der ↗ Start-Stopp-Übertragung jedem zu übertragenden n-Bit-Zeichen vorangesetzte ↗ Bit (DIN 44302).

Startschritt
start signal, start element
Synchronisierimpuls bei der ↗ Start-Stopp-Übertragung (↗ Startbit).

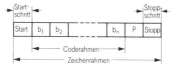

Start-Stopp-Übertragung
start-stop transmission
↗ Asynchrone Übertragung, bei der das Zeitraster für jedes zu übertragende n-Bit-Zeichen durch ein ↗ Startbit neu festgelegt wird. Der Empfangsmechanismus wird mit dem ↗ Stoppbit in die Ruhestellung zurückgesetzt (DIN 44302).

Startweg
start distance
Der Weg des ↗ Magnetbandes, der während der ↗ Startzeit zurückgelegt wird (DIN 66010).

Startzeit
start time
Magnetbandtechnik: Die Zeit vom Startsignal bis zum Erreichen der (zum ↗ Schreiben oder ↗ Lesen erforderlichen gleichmäßigen) ↗ Bandgeschwindigkeit (DIN 66010).

Statement
statement
In einem ↗ Code verschlüsselte ↗ Anweisung für einen ↗ Computer.

Station
station, ↗ Datenstation

stationäre Prozeßoptimierung
steady-state process optimization
↗ Prozeßoptimierung des Beharrungszustandes (DIN 66201).

stationäres Prozeßmodell
steady-state process model
Ein ↗ Prozeßmodell, das den stationären Zustand eines ↗ Prozesses im betrachteten Zeitraum darstellt (DIN 66201).

Stationsaufforderung
query, interrogation
Der Vorgang, bei dem die ↗ Sendestation eine ↗ Empfangsstation auffordert, ihre ↗ Identifizierfolge zu senden und ihre Empfangsbereitschaft zu melden (DIN 44302).
(↗ ENQ).

statischer Speicherbaustein
static storage element
↗ Bauelement, dessen ↗ Informationen nach dem Einschreiben auch ohne zusätzliche Maßnahmen erhalten bleiben.

Status
status, ↗ Zustand

Steckbaugruppe
plug-in assembly / module / unit
↗ Baugruppe

Stecker
connector, plug, ↗ Steckverbinder

Steckerleiste
multipoint connector
↗ Steckverbinder

Steckverbinder
plug and socket connection
Sie dienen zur mechanischen und elektrischen Verbindung bzw. Trennung von ↗ Baugruppen.
Ein n-poliger Steckverbinder besteht aus der Federleiste und der Messerleiste oder Stiftleiste.
Welche der beiden Steckerleisten auf der ↗ Baugruppe (↗ Flachbaugruppe) bzw. im ↗ Baugruppenträger befestigt ist, ist vom verwendeten Aufbausystem (z. B. ↗ ES 902, ↗ SIVAREP® B) abhängig.

Stellbereich
total range of manipulated variable
Der Bereich, innerhalb dessen die ↗ Stellgröße einstellbar ist.

Stelle
position, digit position
Die einem ↗ Zeichen innerhalb einer Folge von Zeichen zukommende Lage (DIN 44 300).
Insbesondere die örtliche oder zeitliche Lage einer ↗ Ziffer innerhalb einer ↗ Zahl.

Stellenschreibweise
positional notation
Eine Darstellungsart für ↗ Zahlen, bei welcher der Beitrag jeder ↗ Ziffer von ihrer ↗ Stelle und ihrem ↗ Zahlenwert abhängt (DIN 44 300).

Stellenübertrag
transfer
↗ Übertrag, der bei arithmetischen Verknüpfungen zweier ↗ Bits gleicher ↗ Wertigkeit entstehen kann.

Stellglied
final control element, actuator
Es erzeugt Stellwerte aus elektrischen ↗ Signalen (↗ Prozeßdaten von der ↗ Prozeßeinheit).
Das Stellglied setzt sich zusammen aus Stellmotor und Stellorgan. Stellmotoren dienen als Antrieb für Stellorgane und sind häufig mit ihnen zu einer ↗ Bauelement zusammengefaßt. Beispiele für Stellorgane: Ventil, Klappe, Düse, Ruder, elektrischer Schalter.

Stellgröße
manipulated variable
Sie ist die ↗ Ausgangsgröße der ↗ Steuer- oder Regeleinrichtung und zugleich ↗ Eingangsgröße der ↗ Strecke. Sie überträgt die steuernde

Stellmotor – Steuerzeichen

Wirkung der Einrichtung auf die Strecke (DIN 19226).

Stellmotor
servo motor, ↗ Stellglied

Stellorgan
regulating unit, ↗ Stellglied

Sternnetz
star network, radial network
↗ Netzformen

Steuer- und Regeleinrichtung
control device
Die Steuereinrichtung ist derjenige Teil des ↗ Wirkungswegs, welcher die aufgabenmäßige Beeinflussung der ↗ Strecke über das Stellglied bewirkt (DIN 19226).

Steuerkette
open-loop control
Eine Anordnung von ↗ Systemen, die in Kettenstruktur aufeinander einwirken (DIN 19226).

Steuerknüppel
control stick
↗ Grafik-Bildschirmeinheit

steuern
control
Das Steuern – die ↗ Steuerung – ist der Vorgang in einem ↗ System, bei dem eine oder mehrere ↗ Größen als ↗ Eingangsgrößen andere Größen als ↗ Ausgangsgrößen auf Grund der dem System eigentümlichen Gesetzmäßigkeit beeinflussen. Kennzeichnend für das Steuern ist der offene Wirkungsablauf über das einzelne ↗ Übertragungsglied oder die ↗ Steuerkette (DIN 19226).

Steuersignal
control signal
↗ Signal zur ↗ Steuerung von ↗ Funktionseinheiten.
Gegenteil: ↗ Datensignal.

Steuerung
control
Wird vielfach nicht nur für den Vorgang des ↗ Steuerns, sondern auch für die Gesamtanlage verwendet, in der die Steuerung stattfindet (DIN 19226). (↗ steuern, ↗ Ablaufsteuerung).

Steuerwerk (STW)
control unit
↗ Funktionseinheit innerhalb eines ↗ digitalen Rechensystems, die die Reihenfolge steuert, in der die Befehle eines ↗ Programmes ausgeführt werden, die diese Befehle entschlüsselt und dabei gegebenenfalls modifiziert und die die für ihre Ausführung erforderlichen ↗ digitalen Signale abgibt.

Steuerzeichen
control character
Neben den ↗ abdruckbaren Zeichen eines ↗ Codes gibt es auch Codeelemente, die beim ↗ Datentransfer zwischen ↗ Zentraleinheit und ↗ peripherer Einheit Steuerfunktionen auslösen.
Man unterscheidet zwischen ↗ Gerätesteuerzeichen und ↗ Übertragungssteuerzeichen.

SSI Small Scale Integration
Integration niedrigen Grades

stochastische Größe
stochastic variable
Nicht vollständig vorhersagbare ↗ Größe, die also regellose Anteile enthält.

Störgröße
disturbance variable, perturbance
Unabhängige Veränderliche (↗ Eingangsgröße) in einem ↗Regelkreis, die die ↗ Regelgröße beeinflußt. Die Kompensation dieses Einflusses ist die Aufgabe der Regeleinrichtung, die zusammen mit der ↗ Regelstrecke den ↗ Regelkreis bildet.

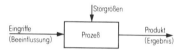

Störsignal
drop-in, interfering signal
↗ Magnetschichtspeicher: Eine durch Schäden oder Fremdkörper auf der Magnetschicht hervorgerufene Veränderung der Lesespannung derart, daß ein ↗ Binärzeichen hinzugefügt oder verändert wird (DIN 66010).

Störspannung
noise voltage
Bei der Messung von ↗ Prozeßgrößen und bei der Übertragung der ↗ Prozeßsignale bzw. ↗ Prozeßdaten können Störspannungen auf die Signalleitungen gelangen.
Man unterscheidet: Gegentaktstörspannungen (normal-mode) und Gleichtaktstörspannungen (common-mode).
Maßnahmen zur Verhinderung von Störspannungen sind z.B.: Potentialtrennung auf dem ↗ Prozeßsignalformer, räumliche Trennung von Signalleitungen und störenden Fremdleitungen, Verdrillung der Signalleitungen, Abschirmung der Signalleitungen, Erdungsmaßnahmen.
Maßnahmen zur Eliminierung von Störspannungen sind z.B. Anwendung ↗ integrierender Analogeingaben und Einbau von Tiefpaßfiltern in die Eingangsschaltungen der Prozeßsignalformer.

Störungsprotokoll
printout of faults, fault record, fault log, fault printout
↗ Protokoll, auf dem die auftretenden ↗ Meldungen im ↗ Klartext mit Angabe der Uhrzeit und in chronologisch richtiger Reihenfolge ausgedruckt werden. Kommende und verschwindende Meldungen werden, z.B. durch Rot- bzw. Schwarzdruck, kenntlich gemacht (↗ Protokollblattschreiber).

Stoppbefehl
stop instruction
↗ Organisatorischer Befehl am Ende einer ↗ Befehlsfolge. Er bewirkt, daß der ↗ Zentralprozessor nach einem ↗ Zustandswechsel (Rettroutine) in den ↗ Stoppzustand geht.

Stoppbit
stop element (in a start-stop system)
Das bei der ↗ Start-Stopp-Übertragung jedem zu übertragenden n-Bit-Zeichen nachgesetzte Bit (DIN 44302).

Stoppschritt
stop signal, stop element
Bei der ↗ Start-Stopp-Übertragung ist am Ende jedes ↗ Zeichens ein Stoppschritt angefügt (↗ Stoppbit); (↗ Startschritt).

Stoppweg
stop distance
Der Weg des ↗ Magnetbandes, der während der ↗ Stoppzeit zurückgelegt wird (DIN 66 010).

Stoppzeit
stop time
Die Zeit zwischen Stoppsignal und Stillstand des ↗ Magnetbandes am ↗ Magnetkopf (DIN 66 010).

Stoppzustand
stop state
Im Stoppzustand einer ↗ Zentraleinheit ruhen alle Bearbeitungsvorgänge. Dem Stoppzustand ist keine ↗ Prioritätsebene und kein ↗ Prioritätszustand zugeordnet. Einige Wartungsfeldfunktionen lassen sich nur im Stoppzustand realisieren.

Strecke
plant, ↗ Regelstrecke

Stromversorgung (-seinheit) (SVE)
power supply (unit)
Sie versorgt die ↗ Funktionseinheiten einer ↗ Datenverarbeitungsanlage mit Gleichspannungen und Gleichströmen. Die Stromversorgungseinheiten sind meist modular aufgebaut und nach Bedarf erweiterbar. Die Spannungen werden durch sie selbsttätig konstant gehalten. Netzspannungsschwankungen (+10% bis −15%) und Laststromschwankungen bis 100% werden mit einer Gleichspannungsgenauigkeit von etwa 0,5 bis 2% ausgeglichen. Von der ↗ Verfügbarkeit der Stromversorgungseinheiten kann die Verfügbarkeit des gesamten ↗ Prozeßautomatisierungssystems abhängen. Sie müssen daher so ausgeführt sein, daß bei Ausfällen der Netzversorgung der Betrieb des Prozeßrechensystems für eine gewisse Zeit weitergeführt werden kann; d. h. daß Taktzyklen und laufende ↗ Befehle definiert beendet werden.

Nach der Zeitspanne, in der ein Prozeßrechner nach einem ↗ Netzausfall noch arbeitsfähig ist, unterscheidet man zwischen ↗ gepufferter Stromversorgung und ↗ Notstromversorgung.

strukturierte Programmierung
structural programming
Sammelbegriff für unterschiedliche Verfahren, um den Entwurfsvorgang methodisch durchzuführen mit dem Ziel, die Entwicklung von ↗ Programmsystemen zu vereinfachen, ihre Zuverlässigkeit zu erhöhen und die Fehlerfreiheit nachweisbar zu machen.

Strukturvariable
structure variable
In ↗ PEARL eine ↗ Variable, die einen sturkturierten Verbund identifiziert.

Stückgutprozeß, Stückprozeß
discrete process, piece process
Er ist dadurch gekennzeichnet, daß sich einzeln identifizierbare Stücke in ihrer räumlichen Position und/oder in ihrem Zustand ändern, z. B. Transportvorgänge und Fertigungsvorgänge.

STW
control unit
Abkürzung für ↗ Steuerwerk.

STX
start of text
Codetabellenkurzzeichen; bedeutet als ↗ Übertragungssteuerzeichen „Beginn des ↗ Textes".

Subroutine
subroutine, ↗ Unterprogramm

Substitution
substitution
Sie bietet die Möglichkeit, im ↗ Adressenteil eines ↗ Befehls nicht die ↗ Operandenadresse oder den ↗ Operanden direkt anzugeben, sondern stattdessen die ↗ Adresse einer ↗ Hilfszelle, in der die Operandenadresse oder der Operand zu finden ist. Im Befehl ist die Substitution durch das ↗ Befehlsformat oder durch eine spezielle Bitstelle gekennzeichnet. In manchen ↗ Rechnern ist auch Mehrfachsubstitution möglich.

Subsystem
subsystem
Ein ↗ System, das Bestandteil eines anderen Systems ist.

Subtraktion
subtraction
Die Subtraktion zweier ↗ Operanden, z. B. OP_i minus OP_j, wird im ↗ Arithmetikbaustein des ↗ Rechenwerks durchgeführt. Die Subtraktion wird i. allg. auf eine ↗ Addition zurückgeführt (Addition mit dem Komplement des Subtrahenden). Es können dabei ↗ Überläufe und ↗ Überträge auftreten. Die Subtraktion kann mit ↗ Betragszahlen, ↗ Festpunktzahlen und, falls ein ↗ Gleitpunktprozessor vorhanden ist, mit ↗ Gleitpunktzahlen ausgeführt werden.

Subtraktionsbefehl
subtract instruction
↗ Arithmetischer Befehl zur ↗ Subtraktion von ↗ Operanden.
Subtraktionsbefehle von ↗ Mehradreßmaschinen und Registermaschinen beinhalten die Bereitstellung und Verknüpfung beider Operanden sowie die Abspeicherung des Ergebnisses. Es gibt Subtraktionsbefehle für ↗ Betragszahlen, ↗ Festpunktzahlen und ↗ Gleitpunktzahlen.

Supervisor
supervisor
↗ Organisationsprogramm

SVE
power supply (unit)
↗ Stromversorgung(-seinheit)

sx
Abkürzung für simplex (↗ Simplex-Betrieb).

Symbol

symbol

Ein ↗ Zeichen oder ↗ Wort, dem eine Bedeutung beigemessen wird (DIN 44300); (↗ Sinnbild).

Symbolgenerator

symbol generator

↗ Symbole werden wie ↗ alphanumerische Zeichen codiert.
Der ↗ Codetabelle, z.B. des ↗ ISO-7-Bit-Codes, werden zwei Belegungen zugeordnet. Die erste Belegung entspricht den alphanumerischen Zeichen und die zweite den Symbolen. Die Umschaltung von einer Belegung auf die andere erfolgt mit dem ↗ Steuerzeichen ESC. Bei der ↗ Grafik-Bildschirmeinheit wird ein Symbol durch eine Punktinformation in einem Feld von 9 x 7 Punkten dargestellt. Mehrere Symbole können hier lückenlos aneinandergereiht und mosaikartig Grafiken aufgebaut werden. Die Punktinformation der Symbole ist in einem ↗ Festwertspeicher hinterlegt (↗ Grafik-Bildschirmeinheit, ↗ Zeichengenerator).

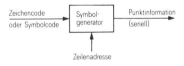

symbolische Adresse

symbolic address

Vom ↗ Programmierer frei gewählter Name begrenzter Länge für eine ↗ Adresse innerhalb eines ↗ Programms, der mit Hilfe eines ↗ Übersetzungsprogrammes, z.B. eines ↗ Assemblers oder ↗ Compilers, in eine ↗ Maschinenadresse (↗ relative Adresse) umgewandelt wird (↗ Adreßbuch).

symbolischer Gerätename

symbolic device name, symbolic device assignment

Ein vom Anwender frei wählbarer Name (z.B. bis 6 Zeichen) eines ↗ Gerätes, dessen ↗ logischer Gerätename noch nicht bekannt oder anlagenabhängig ist. Beim ↗ Ablauf des entsprechenden ↗ Programms wird der symbolische Gerätename nach Bedienung durch den logischen Gerätenamen ersetzt.

symbolischer Name

symbolic name, symbolic assignment
(↗ Dateiname, ↗ symbolische Adresse).

symbolisches Programm

symbolic program

Ein in einer symbolischen ↗ Programmiersprache geschriebenes ↗ Programm. Ein symbolisches Programm muß durch ein Übersetzerprogramm (↗ Übersetzer) in ein ↗ Maschinenprogramm umgewandelt werden. In einem symbolischen Programm werden die ↗ Operationscodes als mnemotechnische Abkürzungen (↗ mnemonischer Code) und die ↗ Operandenadressen als ↗ symbolische Adressen niedergeschrieben.

SYN
synchronous idle character
Synchronisierungszeichen. Die Zeichensynchronisation im ↗ Synchronbetrieb wird durch Abgabe mehrerer im ↗ Code festgelegter Synchronisierungszeichen (SYN-Zeichen) von der ↗ Sendestation hergestellt.

synchron
synchronous
Gleichlauf oder zeitliche Übereinstimmung von Vorgängen. Gegenteil: ↗ asynchron.

synchrone Steuerung
clocked control
Eine ↗ Steuerung, bei der die Signalverarbeitung synchron zu einem Taktsignal erfolgt.

synchrone Übertragung
synchronous transmission
Eine Übertragungsart, bei der alle Binärzeichen in einem festen Zeitraster liegen und zwischen den ↗ Datenstationen Synchronismus besteht (DIN 44302).

Synchronisiereinheit
sync unit, timing generator
Eine ↗ Funktionseinheit, die dazu dient, den Synchronismus zwischen den miteinander verkehrenden ↗ Datenstationen herzustellen und während des Betriebes aufrechtzuerhalten (DIN 44302).

Synchronisierungszeichen
synchronous idle character, ↗ SYN

Syntax
syntax
Regeln zur Bildung von Zeichenfolgen in einer Sprache (↗ Programmiersprache).

SYN-Zeichen
synchronous idle character, ↗ SYN

System
system
Eine abgegrenzte Anordnung von aufeinander einwirkenden Gebilden. Solche Gebilde können sowohl Gegenstände als auch Denkmethoden und deren Ergebnisse (z.B. Organisationsformen, mathematische Methoden, ↗ Programmiersprachen) sein. Diese Anordnung wird durch eine Hüllfläche von ihrer Umgebung abgegrenzt oder abgegrenzt gedacht (DIN 19226).

Systemanalyse
system analysis
Verfahren, mit denen kommerzielle, technische und wissenschaftliche ↗ Prozesse und Funktionen mit dem Ziel analysiert werden, Kenntnisse bezüglich der Rationalisierung derartiger Funktionen zu erarbeiten. Die Systemanalyse zerlegt ein ↗ System in seine Elemente und ↗ Subsysteme und ermittelt Relationen zwischen diesen, um unübersichtliche komplexe Systeme in überschaubare Subsysteme aufzugliedern bzw. Änderungen innerhalb eines Subsystems durchführen zu können, ohne das Gesamtsystem verändern zu müssen.

Systemanalytiker
system engineer, system analyzer
↗ Systemplanung

Systemanlauf (Kaltstart)
initialization, cold start
Ausführung eines ↗ Programms, das ein ↗ Rechensystem in einen Anfangszustand bringt.
Dieses Programm initialisiert die Rechnerperipherie und das ↗ Betriebssystem, so daß danach die reguläre Rechnerbenutzung beginnen kann.

Systemberater
system engineer, ↗ Systemplanung

Systemgenerator
system generator
↗ Masterstapel, ↗ Generator

Systemingenieur
system engineer, ↗ Systemplanung

Systemplaner
system engineer, system designer
↗ Systemplanung

Systemplanung
system engineering
Planung für den Einsatz einer Datenverarbeitungsanlage oder eines ↗ Automatisierungssystems. Die Planungsarbeiten, die vor der Entscheidung für ein bestimmtes ↗ System erforderlich sind, beginnen mit dem Erfassen des Ist-Zustands des ↗ technischen Prozesses und seiner Umwelteinflüsse (Situationsanalyse). Danach folgt die ↗ Systemanalyse mit der Untersuchung der Wirkungsweise des technischen Prozesses und seiner ↗ Prozeßgrößen. Die Situationsanalyse und Systemanalyse sind Voraussetzung zur Erstellung eines ↗ Prozeßmodells.
Die mit der Systemplanung betrauten Fachleute werden als Systemplaner, Systemanalytiker, Systemberater oder Systemingenieure bezeichnet.

Systemprogramm
operating system
Alle ↗ Programme, die Bestandteil eines ↗ Betriebssystems einer ↗ Datenverarbeitungsanlage sind, z.B. ↗ Organisationsprogramme, ↗ Dienstprogramme, ↗ Übersetzer.

Systemsoftware
system software
↗ Programmbausteine, die die Erstellung und Ausführung der ↗ Anwendersoftware auf einer digitalen Rechenanlage ermöglichen bzw. unterstützen.
Gegensatz: Anwendersoftware.

Systemspeicher
system residence disk
↗ Periphere Speichereinheit, die ↗ Dateien des ↗ Betriebssystems enthält.

Systemteil
system division
Der Teil eines ↗ Programms in einer höheren ↗ Programmiersprache, der die vom Programm benötigte ↗ Geräteausstattung der Rechneranlage beschreibt.

Systemtest
system test
Je nach Lieferumfang und Leistungsverantwortung bezüglich der Teile des ↗ Systems die abschließende Überprüfung aller ↗ Geräte an der ↗ Zentraleinheit (Hardware-Systemtest) oder aller Geräte zusammen mit allen ↗ Programmen des ↗ Betriebssystems (Software-Systemtest) oder zusammen mit der ↗ Anwendungssoftware (Gesamt-Systemtest).

T

Tafelzeiger
table pointer
Programmspezifische ↗ Adresse eines ↗ Anwenderprogramms zur Adressierung der eigenen ↗ Parametertafel. Die Tafelzeiger der Anwenderprogramme werden vom ↗ Organisationsprogramm verwaltet. Vor dem ↗ Ablauf eines Anwenderprogramms wird der zugehörige Tafelzeiger während des ↗ Zustandswechsels in das ↗ Tafelzeigerregister geladen.

Tafelzeigerregister
table pointer register
↗ Spezialregister oder ↗ Hilfsregister im ↗ Zentralprozessor zur Aufnahme des ↗ Tafelzeigers bei ↗ Anwenderprogrammen.

Takt
clock, clock pulse, timing pulse
Alle modernen ↗ Datenverarbeitungsanlagen werden taktgesteuert betrieben, sie verfügen über einen ↗ Grundtakt, z. B. 10MHz, von dem sie weitere Hilfstakte und Steuertakte ableiten. Der Takt wird in Form von ↗ Impulsen von einem Impulsgenerator (↗ Taktgeber) mit konstanter Impulsfrequenz geliefert.

Taktgeber
clock, clock (pulse) generator
Ein Pulsgenerator zur Synchronisierung von ↗ Operationen (DIN 44 300).

Taktloch
feed hole
Ein Loch zur Erkennung einer ↗ Sprosse, das auch dem Transport des ↗ Lochstreifens dienen kann (DIN 66 218).

Taktspur
a) feed track
↗ Lochstreifen: Die ↗ Spur zur Aufnahme der ↗ Taktlöcher (DIN 66 218).
b) clock track
↗ Festkopfspeicher oder Trommelspeicher (-einheit). Auf dem Trommelkörper sind meist mehrere Spuren als Taktspuren ausgeführt, z. B. Bitspur, Sektorspur und Indextaktspur. Der auf diesen Spuren aufgezeichnete ↗ Takt wird zur Synchronisation der zugehörigen ↗ Gerätesteuerung verwendet.

Task
task
Aufgabe, Ablaufeinheit. Ein dem ↗ Betriebssystem bekannter Auftrag, dem eine bestimmte ↗ Befehlsfolge und eine bestimmte ↗ Priorität, d. h.

in der Regel ein ↗ Ablaufobjekt zugeordnet ist.

Tastatur
keyboard
Tastenfeld zur ↗ Eingabe ↗ alphanumerischer Daten oder zur Auslösung von Funktionen (Bedienungstasten) in einer ↗ Funktionseinheit.

TC
Transmission Control Character
↗ Übertragungssteuerzeichen

technischer Prozeß
technical process
Ein ↗ Prozeß, dessen ↗ Zustandsgrößen mit technischen Mitteln gemessen, gesteuert und/oder geregelt werden können (DIN 66 201).

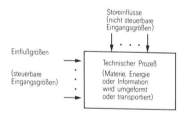

technisch-wissenschaftliche Datenverarbeitung
scientifical data processing
Bei technisch-wissenschaftlich eingesetzten ↗ Datenverarbeitungsanlagen ist die Zahl der durchzuführenden Rechenoperationen meist sehr hoch, während verhältnismäßig wenig ↗ Daten einzugeben oder auszugeben sind.

teilgraphisches Sichtgerät
semigraphical display
Ein zeichenweise arbeitendes ↗ Sichtgerät, das neben den Funktionen eines ↗ alphanumerischen Sichtgerätes durch eine beschränkte Anzahl spezieller ↗ Sonderzeichen die Darstellung graphischer Elemente ermöglicht.

Teilnehmer
subscriber, user
Jeder an eine ↗ Datenübertragungsleitung angeschlossene ↗ Sender oder ↗ Empfänger von ↗ Daten.

Teilnehmerbetrieb
time-sharing mode, ↗ Time sharing

Telegrafieleitung
telegraph line, TTY-line
↗ Fernschreibleitung

Telex
telex (**tel**eprinter **ex**change)
Bezeichnung für den internationalen öffentlichen Fernschreibverkehr, dessen Fernschreibwählnetz Telexnetz heißt. Die ↗ Übertragungsgeschwindigkeit beträgt generell 50 bit/s. Als ↗ Code wird der ↗ Fernschreibcode verwendet.

Terminal
terminal, ↗ Datenstation

Terminierung
termination
a) Bei ↗ Datenverkehr mit ↗ peripherer Initiative kann der ↗ Datentransfer durch entsprechende ↗ Steuersignale von der ↗ Zentralein-

heit oder von der ↗ peripheren Einheit beendet (terminiert) werden.
b) Das ↗ Organisationsprogramm terminiert einen Datenverkehr, wenn es von sich aus eine Endebedingung erkennt, z.B. ↗ Endezeichen, Pufferende, Objektende.

Test
test, ↗ Programmtest

testen
test, check out
Das Suchen und Verbessern von Fehlern, die beim Erstellen eines ↗ Programms entstanden sind. Mit speziellen Testprogrammen (↗ Testhilfe) kann eine ↗ Datenverarbeitungsanlage Fehler lokalisieren und identifizieren.

Testhilfe
test aid
Um die Arbeit beim Programmtest zu erleichtern und sie für das ↗ Testen mit der ↗ Datenverarbeitungsanlage abzukürzen, verwendet man eine Reihe von Hilfsmitteln. Das sind hauptsächlich ↗ Programme, mit denen eine ↗ Ablaufverfolgung möglich ist.

Testobjekt
test object
Jedes ↗ Anwenderprogramm, das durch eine ↗ Testhilfe in seinem ↗ Ablauf gesteuert und überwacht wird.

Tetrade
tetrad
4-Bit-Gruppe. Bei der Darstellung von Dezimalziffern und Sedezimalziffern in binärer Form; z.B.:

$0100 \triangleq 4_{10}$
$1001 \triangleq 9_{10}$
$\underbrace{1111} \triangleq F_{16} \triangleq 15_{10}$
Tetrade

Text
text
Bei Datenübermittlung der Teil einer ↗ Zeichenfolge, der die ↗ Information enthält, die zur empfangenden ↗ Datenendeinrichtung zu übermitteln ist (DIN 44302).

Textblock
text block
↗ Datenübertragungsblock

Text-Editor
text editor
↗ Programm zum Erstellen von ↗ Texten und zum Editieren d.h. Korrigieren, ↗ Löschen, Einfügen, ↗ Formatieren und Umstellen, einschließlich Aufbereitung zum ↗ Drucken (↗ Editor).

Textempfangsstation
slave station
Eine ↗ Datenstation, die den über eine Fernleitung einlaufenden ↗ Text aufnimmt.

Textsendestation
master station
Textabgebende ↗ Datenstation.

Textübermittlung(-sphase)
text transfer(phase)
↗ Datenübertragungsprozedur

Time sharing
time sharing
Zeitscheibenverfahren, bei dem mehrere Benutzer ↗ on-line auf eine Großanlage zugreifen können, wobei jeder Benutzer den Eindruck hat, daß ihm die Anlage allein zur Verfügung steht.

Trabantenstation
tributary station
Jede an einer ↗ Mehrpunktverbindung betriebene ↗ Datenstation mit Ausnahme der ↗ Leitstation (DIN 44 302). Trabantenstationen können nur dann ↗ Daten aufnehmen oder abgeben, wenn sie dazu von der Leitstation aufgefordert worden sind.

trace, tracing
↗ Ablaufverfolgung

Transfer
transfer, ↗ Datentransfer

Transfergeschwindigkeit
data transfer rate
Die Anzahl von ↗ Bits oder ↗ Datenübertragungsblöcken, die im Durchschnitt je Zeiteinheit zwischen den korrespondierenden Datenendeinrichtungen übertragen und (als brauchbar) akzeptiert werden (DIN 44 302).
Korrespondierende Einrichtungen sind z. B. ↗ Datenübertragungseinrichtungen oder ↗ EA-Werke.

Transferwarteschlange
transfer queue
Eine einem ↗ Gerät zugeordnete Warteschlange des ↗ Betriebssystems, in der Eingabe- oder Ausgabeaufrufe in der Reihenfolge stehen, in der sie bearbeitet werden sollen.

Translator
translator
↗ Übersetzungsprogramm zur Übersetzung eines in einer höheren ↗ Programmiersprache geschriebenen ↗ Programms in eine andere höhere Programmiersprache.

transparenter Modus
transparent mode
Dabei werden in einem bestimmten ↗ Coderahmen alle möglichen ↗ Bitkombinationen beliebig als ↗ Daten übertragen. Ein ↗ Steuerzeichen wird durch eine ihm vorangestellte Bitkombination als solches gekennzeichnet.

Trommelspeicher
magnetic drum storage
↗ Festkopfspeichereinheit

TTL
transistor **t**ransistor **l**ogic
Mittelschnelle digitale Standardbausteinserie mit 5V Versorgungsspannung.

TTY
tele**t**ype
↗ Fernschreiber, meist mit angeschlossenem ↗ Lochstreifenleser und ↗ Lochstreifenstanzer.

Typ
typ
Jede Zeile eines in ↗ Assemblersprache, z. B. ASS 300, geschriebenen ↗ Programms kann mit der Angabe des Typs eingeleitet werden. Der Typ kennzeichnet eine Reihe von Eigenschaften: Rechnungsart, z. B. ↗Festpunkt, ↗ Gleitpunkt; Länge und Raster der ↗ Operanden; Art der ↗ Operandenadresse; Abspeichermodus.

Je nachdem, ob die Assemblerzeile Befehlszeile oder Datenzeile ist, legt der Typ die Rechnungsart, z. B. Betragsrechnung, Festpunktrechnung, oder die Datenart, z. B. Betragszahl, Festpunktzahl, Gleitpunktzahl, fest.

UART
universal asynchronous receiver/transmitter
Programmierbarer EA-Baustein für asynchrone serielle ↗ Datenübertragung.

UAW
interrupt flag word
↗ Unterbrechungsanzeigenwort

Übergabestelle
interchange point
Der Ort, an dem die ↗ Signale auf den ↗ Schnittstellenleitungen in definierter Weise übergeben werden und an dem die Schnittstellenleitungen z.B. mittels ↗ Steckverbindungen zusammengeschaltet sind (DIN 44 302).

Übergangsfunktion
step response, transient response
Zeitliche Veränderung der ↗ Ausgangsgröße eines ↗ Systems z.B. einer ↗ Regelstrecke bei sprungförmiger Veränderung einer ↗ Eingangsgröße. Das dynamische Verhalten eines linearen Systems mit einer Eingangsgröße und einer Ausgangsgröße wird durch die Übergangsfunktion vollständig beschrieben. Siehe auch DIN 19 226.

überlassene Leitung
leased line, ↗ Standleitung

Überlauf
overflow
Ein Überlauf liegt vor, wenn bei einer ↗ arithmetischen Operation (↗ arithmetischer Befehl) die Stellenzahl des Ergebnisses größer ist als die Stellenzahl des ↗ Registers, das dieses Ergebnis aufnehmen soll. Hierbei wird der erlaubte Zahlenbereich überschritten. Ein Überlauf wird als ↗ Ergebnisanzeige angezeigt.
Beispiel: ↗ Addition zweier positiver ↗ Festpunktzahlen

Bitstelle:	0 1 2 3 . .
1. Operand	0|1 0 0 . .
2. Operand	0|1 0 0 . .
Ergebnis	1|0 0 0 . .

Das Ergebnis ist falsch, da in die ↗ Vorzeichenstelle (das ist die Bitstelle 0) des Ergebnisses die Stelle mit der höchsten Wertigkeit gerückt ist. Das Vorzeichenbit (0 ≙ +) ist verlorengegangen, es wird Überlauf angezeigt.

überlochen
delete, overpunch
Lochstreifentechnik: Das Ungültigmachen einer ↗ Lochkombination

durch ↗ Lochen in allen ↗ Spuren (DIN 66218).

überschreiben
overwrite
Einschreiben (↗ schreiben) von ↗ Informationen in ein ↗ Register, eine ↗ Speicherzelle oder auf einen ↗ Magnetschichtspeicher, wobei die Information verlorengeht, die dort vorher stand.

übersetzen
translate
Umwandlung eines in einer ↗ Programmiersprache geschriebenen ↗ Programms in die ↗ Maschinensprache einer bestimmten ↗ Zentraleinheit. Das Übersetzen wird in einer ↗ Datenverarbeitungsanlage mit Hilfe eines ↗ Übersetzers durchgeführt (↗ Übersetzungsvorgang); (↗ Assembler, ↗ Compiler).

Übersetzer
translator, translating/compiling program
Ein ↗ Programm, das in der ↗ Programmiersprache A (↗ Quellsprache) abgefaßte ↗ Anweisungen ohne Veränderung der Arbeitsvorschriften in Anweisungen einer Programmiersprache B (Zielsprache) umwandelt (↗ übersetzt) (DIN 44 300); (↗ Assembler, ↗ Compiler, ↗ Translator).

Übersetzungsanweisung
directive
Eine ↗ Anweisung an einen ↗ Übersetzer (DIN 44300).

Übersetzungsobjekt
translating object
Diejenige Menge von ↗ Assemblersprache, die für den ↗ Assembler geschlossen übersetzbar ist.

Übersetzungsprogramm
translating/compiling program
↗ Übersetzer

Übersetzungstafel
address translating table, (memory) page table
Für Programme: ↗ Liste für die hardwaregesteuerte Übersetzung der virtuellen Seitenadressen des ↗ Hauptspeichers. Die Übersetzungstafel steht im ↗ Programmkopf.

Übersetzungsvorgang
translating, translation process
Das ↗ Übersetzen geht in der Regel in mehreren Stufen vor sich. Dabei müssen Zwischenergebnisse im ↗ Zentralspeicher oder einem ↗ peripheren Speicher festgehalten werden. Zum Übersetzungsvorgang kann auf einem ↗ Schnelldrucker ein Übersetzungsprotokoll ausgedruckt werden.

Übertrag
carry
Ein Übertrag liegt vor, wenn infolge einer ↗ arithmetischen Operation oder eines ↗ Schiebebefehls eine ‚1' über die höchstwertige ↗ Bitstelle verlorengeht. Bei einem Übertrag wird der ↗ Übertragsspeicher gesetzt.

Beispiel: ↗ Addition zweier negativer ↗ Festpunktzahlen bzw. zweier ↗ Betragszahlen

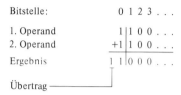

Übertragsspeicher

carry store

↗ Speicherelement im ↗ Zentralprozessor, das den ↗ Übertrag bei einem ↗ arithmetischen Befehl oder ↗ Schiebebefehl aufnimmt. Der Übertragsspeicher ist bei den ↗ Zentraleinheiten der Siemens Systeme 300-16 Bit als eine ↗ Bitstelle des ↗ Programmzustandsregisters realisiert. Die Auswertung erfolgt entweder über ↗ Spezialregisterbefehle oder über ↗ Befehle, die den Inhalt des Übertragsspeichers bei ihrer Ausführung berücksichtigen.

Übertragung

transfer, ↗ Datenübertragung

(Übertragungs-)Fehler

transmission error

Die Abweichung der empfangenen Zeichen oder Zeichenfolgen von den gesendeten Zeichen oder Zeichenfolgen (DIN 44302); (↗ Fehler).

Übertragungsgeschwindigkeit

data signalling rate, bit rate

Anzahl der je Zeiteinheit übertragenen Binärentscheidungen (DIN 44302). Einheit: ↗ bit/s.

Die Übertragungsgeschwindigkeit ist abhängig von der ↗ Schrittgeschwindigkeit und der Anzahl der vereinbarten Wertebereiche des ↗ Signalparameters. Sind z. B. zwei Wertebereiche des Signalparameters vereinbart (↗ binäre Übertragung), so gilt die Gleichung:

$$\frac{\text{Übertragungsgeschw.}}{\text{bit/s}} = \frac{\text{Schrittgeschw.}}{\text{Baud}}$$

Übertragungsglied

transfer element, ↗ Glied

Übertragungskanal

transmission line/channel

↗ Datenübertragungsleitung

Übertragungsphase

transfer phase

Bei der ↗ Datenfernverarbeitung unterscheidet man fünf Übertragungsphasen:
1. ↗ Verbindungsaufbau,
2. Aufforderung zur ↗ Datenübertragung,
3. Textübermittlung,
4. Beendigung der Datenübertragung,
5. ↗ Verbindungsabbau.

Die Phasen 1. und 5., die sowohl softwaremäßig als auch manuell durchgeführt werden können, werden nicht durch die ↗ Datenübertragungsprozedur beeinflußt.

Übertragungsprozedur

communication procedure

↗ Datenübertragungsprozedur

Übertragungsrate
data signalling rate, transfer rate
↗ Übertragungsgeschwindigkeit

Übertragungssicherheit
transmission reliability
Die Sicherheit gegen ↗ Übertragungsfehler ist ein Maß für die Güte einer ↗ Datenübertragungsleitung. Die Übertragungssicherheit ist definiert als die durchschnittliche Anzahl richtig übertragener ↗ Zeichen, auf die ein fehlerhaft übertragenes Zeichen entfällt. Durch geeignete Sicherungsverfahren, wie ↗ Kreuzsicherung und ↗ zyklische Blocksicherung, versucht man ↗ Übertragungsfehler zu erkennen und nach Möglichkeit zu korrigieren.

Übertragungssteuerzeichen
transmission control character
Diese ↗ Zeichen steuern Datenübertragungsfunktionen und dürfen nur zu diesem Zweck verwendet werden. STX und ETB sind zwei von insgesamt zehn international festgelegten Übertragungssteuerzeichen. In manchen Codetabellen sind sie zusätzlich mit TC1 bis TC10 durchnumeriert (TC ist die Abkürzung von Transmission Control Character).

Übertragungssteuerzeichenfolge
supervisory sequence
ÜSt-Zeichenfolge. Eine bestimmte Folge von ↗ Übertragungssteuerzeichen und gegebenenfalls eine ↗ Bitkombination für Schriftzeichen, die zur ↗ Steuerung der Datenübermittlung dienen (DIN 44 302).

Übertragungsstrecke
data transmission line
↗ Datenübertragungsweg zwischen ↗ Datenstationen.

Übertragungsverfahren
transmission mode
In der ↗ Datenübertragung unterscheidet man zwischen ↗ asynchroner Übertragung und ↗ synchroner Übertragung.

Das Übertragungsverfahren kennzeichnet die zeitliche Anordnung der ↗ Bits eines ↗ Zeichens auf dem ↗ Übertragungsweg.

Übertragungsweg
transmission line/channel/path
↗ Datenübertragungsweg

Übertragungszeichenfolge
information message
Eine ↗ Zeichenfolge bestehend aus ↗ Text und, falls vorhanden, ↗ Kopf sowie dazugehörigen ↗ Übertragungssteuerzeichen (DIN 44 302).

Uhr
clock, ↗ Zeitgeber

Uhrzeit-Geber
timer, time-of-day clock
↗ Peripheriegerät von ↗ Prozeßrechensystemen.

Man unterscheidet: ↗ Absolutzeitgeber und ↗ Relativzeitgeber.

umcodieren
transliterate
↗ Umsetzen von ↗ Informationen aus einem ↗ Code definierter ↗ Redundanz in einen anderen Code definierter Redundanz (↗ codieren).

umsetzen
convert
Übertragen der ↗ Daten eines ↗ Datenträgers auf einen anderen Datenträger ohne wesentliche Verarbeitung der Daten. Das Umsetzen erfolgt mit Hilfe von Umsetzprogrammen auf einer ↗ Datenverarbeitungsanlage.

Umsetzer
converter
↗ Funktionseinheit zum Ändern der Darstellung von ↗ Daten (DIN 44300). Die Änderung kann sich sowohl auf die ↗ Codierung als auch auf den ↗ Datenträger oder die zur Darstellung benutzte physikalische ↗ Größe beziehen (↗ Code-Umsetzer, ↗ Analog-Digital-Umsetzer, ↗ Digital-Analog-Umsetzer).

Umsetzprogramm
conversion program/routine
↗ umsetzen

unbedienter Betrieb
non-attended operation, unattended mode
Die ↗ Datenstation wird bei Empfang eines ↗ Anrufes automatisch an den ↗ Übertragungsweg angeschlossen.

unbedingter Sprungbefehl
unconditional jump instruction
↗ Sprungbefehl, dessen ↗ Sprungbedingung immer erfüllt ist. Zu den unbedingten Sprungbefehlen zählt auch der ↗ Unterprogrammsprung.

UND-Funktion
AND-function, ↗ Boolesche Befehle

UND-Glied
AND-element/circuit/gate
↗ Verknüpfungsglied für binäre ↗ Variable in digitalen Schaltungen.

↗ Schaltzeichen:

Funktionstabelle:

| Eingänge | | Ausgang |
A	B	X
0	0	0
0	1	0
1	0	0
1	1	1

Universalcomputer
general-purpose computer
↗ Rechner, die in der kommerziellen, technisch-wissenschaftlichen und Prozeßrechentechnik einsetzbar sind.

Universalrechner
general-purpose computer
↗ Universalcomputer

unmittelbarer Zugriff
immediate access
a) unmittelbarer Operandenzugriff: Wenn der ↗ Operand in einer festgelegten Distanz zum ↗ Befehl im ↗ Zentralspeicher steht; z.B. Befehl und Operand stehen unmittelbar hintereinander in je einer ↗ Speicherzelle. Um den Operanden zu adressieren, muß lediglich der Inhalt des ↗ Befehlsadreßregisters um plus 1 erhöht werden.
b) unmittelbarer Dateizugriff: Hierfür stellt das ↗ Organisationsprogramm beim ↗ Eröffnen einer ↗ Datei ↗ Anfangsadresse und Länge des Datenteils im ↗ GEDA-Block des ↗ Aufrufs zur Verfügung. Das ↗ Anwenderprogramm kann nunmehr wortweise indiziert mit ↗ Maschinenbefehlen (↗ Laden und ↗ Speichern) zu den ↗ Daten zugreifen. Ein ↗ Dateizeiger wird bei unmittelbarem Zugriff nicht geführt. Da Transfer-Aufrufe an das Organisationsprogramm entfallen, liegt der Vorteil dieser ↗ Zugriffsart in ihrer Schnelligkeit. Der Anwender muß jedoch selbst für die Einhaltung der Dateigrenzen sorgen.

Untätigkeitsschleife
idle loop
Kurze, als Warteschleife aufgebaute ↗ Befehlsfolge, in die der ↗ Zentralprozessor läuft, nachdem er alle ↗ Aufrufe und ↗ Anwenderprogramme bearbeitet hat. Der ↗ Zentralprozessor bleibt solange in der Untätigkeitsschleife in einer niedrigen Hardware-↗Prioritätsebene, bis eine periphere Unterbrechungsbedingung (↗ Programmunterbrechung) auf einer höheren Prioritätsebene eintrifft. Diese führt zunächst zu einer Tätigkeit des Organisationsprogramms (↗ Unterbrechungsanalyse) und kann anschließend z.B. die Fortsetzung eines ↗ Anwenderprogramms bedeuten.

Unterbrechbarkeit
interruptability
Möglichkeit, ein ablaufendes Objekt (↗ Ablaufobjekt) durch eine ↗ periphere Anforderung zu unterbrechen. Die Unterbrechbarkeit eines ↗ Programms, z.B. nach jedem ↗ Befehl, muß durch die Hardware-Struktur einer ↗ Zentraleinheit vorgegeben sein.

Unterbrechung
interrupt
↗ Programmunterbrechung

Unterbrechungsanalyse
interrupt analysis
Wird ein ↗ Programm infolge von ↗ Programmlaufbesonderheiten oder ↗ peripheren Anforderungen unterbrochen, dann wird die Unterbrechungsursache dem ↗ Organisationsprogramm beim ↗ Zustandswechsel mit dem ↗ Unterbrechungsanzeigenwort oder mit den ↗ Betriebsanzeigen übergeben. Das Organisationsprogramm muß diese Unterbrechungsursachen analysieren und entsprechend darauf reagieren.

Unterbrechungsanforderung
interrupt request
↗ Programmunterbrechung

Unterbrechungsanzeige
interrupt flag
↗ Programmlaufbesonderheit, ↗ Unterbrechungsanzeigenwort

Unterbrechungsanzeigenwort (UAW)
interrupt flag word
Eine ↗ Spezialzelle der ↗ Parametertafel, die beim ↗ Zustandswechsel die ↗ Unterbrechungsanzeigen aufnimmt, die infolge von ↗ Programmlaufbesonderheiten gesetzt wurden.

Unterbrechungseingabe
interrupt generating module
↗ Funktionseinheit eines ↗ Prozeßrechensystems, über die spontane ↗ Binärsignale eingegeben werden, die eine ↗ Programmunterbrechung auslösen können (↗ Alarmwort).

Unterbrechungssystem
interrupt system
↗ Prozeßrechner verfügen über ein hardwaregesteuertes Unterbrechungssystem mit einer Unterteilung in ↗ Prioritätsebenen und ↗ Prioritätszuständen.

Unterbrechungsvektor
interrupt vector
Bei einer ↗ Programmunterbrechung wird der Unterbrechungsvektor (Interruptvektor) abgespeichert und durch einen neuen Unterbrechungsvektor ersetzt. Er enthält das ↗ Befehlsadreßregister (Befehlszähler), das ↗ Programmzustandsregister und die ↗ Register, die Unterbrechungsursachen aufnehmen.

Unterprogramm (UP)
subroutine
Ein ↗ Programm, das im Rahmen eines ↗ Hauptprogramms durchlaufen wird. Im allgemeinen werden Unterprogramme zur Lösung allgemeiner wiederkehrender Aufgaben herangezogen.

Unterprogrammsprung
branch to subroutine
↗ Unbedingter Sprungbefehl, der aus einem ↗ Hauptprogramm in ein ↗ Unterprogramm verzweigt und dabei die ↗ Fortsetzadresse im Hauptprogramm (Rücksprungadresse) speichert. Nach Beendigung des Unterprogramms wird das Hauptprogramm mit dieser Fortsetzadresse weitergeführt.

Unterstation
slave station, ↗ Trabantenstation

Unverfügbarkeit
non-availability
Die Wahrscheinlichkeit, ein ↗ System zu einem gegebenen Zeitpunkt nicht funktionsfähig vorzufinden (↗ Verfügbarkeit). Für den Zusammenhang zwischen ↗ Verfügbarkeit „V" und Unverfügbarkeit „U" gilt: $U + V = 1$.

UP
subroutine, ↗ Unterprogramm

updating
Auf den aktuellen Stand bringen.

Urbeleg
source document
↗ Datenträger, der i. allg. ↗ Klartext (Ursprungsdaten) enthält, z. B. handgeschriebenes ↗ Programm auf einem ↗ Ablochschema. Diese ↗ Daten können über einen Datenzwischenträger, z. B. ↗ Lochkarten, oder direkt in die ↗ Datenverarbeitungsanlage eingegeben werden.

Ureingabe
initial program loading
↗ Eingabe von ↗ Befehlsfolgen in den ↗ Zentralspeicher einer ↗ Zentraleinheit mit Hilfe des ↗ Urladers. Die Ureingabe – auch Urladen genannt – erfolgt im ↗ Urladeformat über ↗ Eingabegeräte, die als Ureingabegeräte zugelassen sind.

Ureingabegerät
initial input device, ↗ Ureingabe

Urladeformat
initial program loader format
Ausgabeinformation, die beim Assemblieren (↗ übersetzen) oder einer Grundspracheumwandlung entsteht und mit Hilfe des ↗ Urladers in den ↗ Hauptspeicher geladen werden kann.

Urladeprogramm
initial program loader (IPL)
(↗ Urlader)

Urlader
initial program loader (IPL)
Ein nur über das ↗ Wartungsfeld aktivierbares ↗ Programm. Es steht im ↗ Festwertspeicher und kann nur das ↗ Urladeformat lesen. Zum Beispiel wird das ↗ Urleseprogramm mit Hilfe des Urladers in den ↗ Zentralspeicher eingelesen.

urlesen
bootstrap reading
↗ Laden von ↗ Grundsprache mit dem selbständigen ↗ Urleseprogramm.

Urleseprogramm
bootstrap loader
Im ↗ Urladeformat geschriebenes ↗ Programm, das durch ↗ Ureingabe in den ↗ Zentralspeicher einer ↗ Zentraleinheit geladen werden kann und zum ↗ Lesen von ↗ Grundsprache dienen kann.

USART
universal **s**ynchronous/**a**synchronous **r**eceiver/**t**ransmitter
EA-Baustein oder ↗ Gerät zur seriellen ↗ Datenübertragung.

USASCII
USA Standard **C**ode for **I**nformation **I**nterchange
In den USA gebräuchlicher genormter 7-Bit-Code; bei verschiedenen modernen ↗ Datenverarbeitungsanlagen ist der auf 8 Bits erweiterte USASCII-Code realisiert. Oft wird die abgekürzte Schreibweise ASCII für USASCII verwendet (↗ Interncode).

user program
↗ Anwenderprogramm

V

V.24 / V.28
CCITT-DIN 66 020: Rahmenrichtlinie, in der für die ↗ Schnittstelle ↗ Datenübertragungseinrichtung / ↗ Datenendeinrichtung sämtliche Leitungen nach Funktion und Pegel festgelegt sind.
Die V.24-Schnittstelle wird für die bitserielle Zeichenübertragung eingesetzt (↗ Geräteschnittstelle).

Variable
variable
Veränderliche ↗ Größe, z. B. ↗ Prozeßgröße.

varianter Programmteil
variant program section
Veränderlicher Teil eines ↗ Programms. Er enthält die ↗ Daten des Programms.

VB
communication area
↗ Verständigungsbereich

Verarbeitung
processing, ↗ Datenverarbeitung

Verbindung
connection
Ein direkt oder über ↗ Vermittlungseinrichtungen bis zu der ↗ Datenendeinrichtung durchgeschalteter ↗ Übertragungsweg.

Verbindungsabbau
connection cleardown, clearing of a connection
Bei ↗ Wählverbindungen das Auflösen der ↗ Verbindung. Bei ↗ Standleitungen der Übergang vom Betriebszustand in den Ruhezustand (↗ Übertragungsphase).

Verbindungsart
kind of connection
Zur Verbindung zweier ↗ Datenstationen unterscheidet man: ↗ Standverbindungen und ↗ Wählverbindungen.

Verbindungsaufbau
trunking scheme, connection buildup
Dazu gehören: Rufen der Gegenstelle, bei Wählnetzen: Durchschalten der ↗ Verbindung (↗ Übertragungsphase).

Vereinbarung
declaration
Eine Absprache über in ↗ Anweisungen auftretende Sprachelemente (DIN 44 300). Vereinbarungen können Teile von Anweisungen sein oder Anweisungen enthalten.
Beispiele für Vereinbarungen sind: Namens-, Dimensions-, Format-, Prozedurvereinbarung.

Vereinzelung – Verständigungsbereich (VB)

Vereinzelung
separating, single feed, picking
Bei ↗ Lochkartengeräten: Bezeichnung für das Greifen und Transportieren einer ↗ Lochkarte, die einem Lochkartenstapel entnommen wird.

verfahrenstechnischer Prozeß
procedure-oriented process
↗ Kontinuierliche Prozesse zur stetigen oder chargenweisen Erzeugung von Gütern. Die Aufgaben und Lösungswege sind vorwiegend durch physikalische und chemische Vorgänge bestimmt.

Verfügbarkeit
availability
Wahrscheinlichkeit, ein ↗ System zu einem vorgegebenen Zeitpunkt in einem funktionsfähigen Zustand anzutreffen (DIN 40042). Gegensatz: ↗ Unverfügbarkeit.

Vergleichsbefehl
relational instruction
↗ Befehl zum Vergleich zweier ↗ Operanden oder eines Operanden mit einer vorgegebenen ↗ Maske. Als Ergebnis liefert der Befehl ↗ Ergebnisanzeigen, die mit einem ↗ bedingten Sprungbefehl abgefragt werden können. Die Operanden werden durch den Vergleichsbefehl nicht verändert.

Verkehr
data transfer, ↗ Datenverkehr

Verknüpfungsglied
logic element, gate, switching element
Bestandteil eines Schaltwerks, das eine Verknüpfung von ↗ Schaltvariablen bewirkt (DIN 44300).

Spezielle Verknüpfungsglieder:

↗ NICHT-Glied (NOT element),
↗ UND-Glied (AND element),
↗ ODER-Glied (OR element),
↗ NAND-Glied (NAND element),
↗ NOR-Glied (NOR element).

Vermittlungseinrichtung
exchange plant, switching system
Oberbegriff für alle Anlagen und ↗ Geräte, die dazu dienen, zwischen einer ankommenden ↗ Leitung und einer abgehenden Leitung aufgrund bestimmter Vermittlungskriterien eine ↗ Verbindung so herzustellen, daß die ankommende und die abgehende Leitung als eine einzige durchgehende Leitung angesehen werden kann.

verschieben
shift, ↗ Schiebebefehl

verschlüsseln
code, encode, ↗ codieren

Verständigungsbereich (VB)
communication area
Im Verständigungsbereich am Anfang des ↗ Hauptspeichers legt das ↗ Organisationsprogramm die ↗ Anfangsadressen der ↗ Bausteine und ↗ Listen sowie weitere ↗ Hilfszellen, ↗ Konstanten, Textteile und sonstige ↗ Daten ab, die zentral zu-

gänglich sein müssen. Das Verzeichnis der Zellen des Verständigungsbereichs ist Bestandteil des Protokolls des Organisationsprogramms. Der Benutzer kann im Fehlerfall Daten des Verständigungsbereichs über das ↗ Wartungsfeld oder mit einem ↗ Aufruf lesen.

Verstärker
amplifier
In der ↗ Prozeßrechnertechnik eingesetzt zur Verstärkung von ↗ Prozeßgrößen, z. B. ↗ Ausgangssignale von ↗ Fühlern (Gebern).

Verteilungsprozeß
distribution process
Verteilung und Lagerung von Gütern. Aufgaben: ↗ Objektverfolgung, Disposition, Abrechnung (↗ Stückgutprozeß).

Verzweigung
branch, ↗ Programmverzweigung

Vielfachzugriff
multiple access
Der gleichzeitige ↗ Zugriff mehrerer Benutzer zu den Leistungen oder ↗ Daten eines ↗ Systems (↗ Multi-User-Betrieb, ↗ Teilnehmerbetrieb, ↗ Datenbank).

Vierdraht-Leitung
four-wire line
4Dr-Leitung. Eine ↗ Leitung, die entweder aus vier ↗ galvanisch durchgeschalteten Adern oder aus vier Adern und nachgeschalteten ↗ Übertragungskanälen besteht.
Für die ↗ Datenfernverarbeitung verwendete Fernleitungen bestehen aus 2Dr-Leitungen oder 4Dr-Leitungen.

virtuelle Adresse
virtual address
↗ Adresse für das Auffinden eines ↗ Speicherplatzes in einem ↗ virtuellen Speicher. Vor der ↗ Befehlsausführung müssen die virtuellen Adressen in physikalische ↗ Speicheradressen umgewandelt werden (↗ Adreßübersetzung).

virtuelle Adressierung
virtual addressing
Hierbei steht dem ↗ Programm oder der ↗ Datei ein gedachter (virtueller) ↗ Adressenbereich zur Verfügung. Die Übersetzung der ↗ virtuellen Adressen in die reellen ↗ Adressen erfolgt jeweils dynamisch (im Augenblick des Zugriffs) mit Hilfe von ↗ Übersetzungstafeln oder Basisregistern.

virtueller Speicher
virtual storage
Speicherraum oder ↗ Adreßraum (adressierbarer Bereich), der ohne Rücksicht auf den tatsächlich verfügbaren (physikalisch vorhandenen) Hauptspeicherplatz für ein ↗ Programm zur Verfügung steht. Der Inhalt des virtuellen Speichers befindet sich z..B. auf einem ↗ Direktzugriffsspeicher (↗ peripherer Speicher). Unter ↗ Steuerung des ↗ Betriebssystems werden jeweils nur die Bereiche in den ↗ Hauptspeicher übertragen, die gerade benötigt werden.

Der Adreßraum des virtuellen Speichers kann kleiner oder größer als der physikalische Hauptspeicher sein. Ist er kleiner, so werden ↗ virtuelle Adressen mittels ↗ Adreßübersetzung den physikalischen Hauptspeicherzellen zugeordnet.

VLSI
very large scale integration
In Entwicklung befindliche Halbleitertechnologie mit sehr hohem Integrationsgrad, z.B. ein vollständiger ↗ Mikrocomputer auf 1 ↗ Chip.

Vollduplexbetrieb (dx)
full-duplex operation
Betrieb gleichzeitig in beiden Richtungen. Auch Duplexbetrieb oder Gegenbetrieb genannt.

vollgrafisches Sichtgerät
graphic display
Ein ↗ Sichtgerät, das die Darstellung beliebiger grafischer und alphanumerischer Informationen (↗ alphanumerische Zeichen) ermöglicht.

Vordergrundprogramm
foreground program
↗ Programm, das im ↗ Realzeitbetrieb ablaufen muß. Gegensatz: ↗ Hintergrundprogramm.

In einem ↗ Rechensystem können gleichzeitig mehrere Vordergrund- und/oder Hintergrundprogramme bearbeitet werden.

Vorrang
priority, ↗ Priorität

Vorschub
feed
Kontinuierliche oder schrittweise Bewegung eines ↗ Lochstreifens zum ↗ Lochen oder ↗ Lesen (DIN 66218).

vorsetzen
forward-spacing
Das Transportieren des ↗ Magnetbandes um eine bestimmte Anzahl von ↗ Bandblöcken in Vorlaufrichtung (DIN 66010).

Vorwärts-Rückwärtszähler
reversible counter
↗ Zweirichtungszähler

Vorzeichen
sign bit, ↗ Festpunktdarstellung

Vorzeichenstelle
sign position, ↗ Festpunktdarstellung

W
word, ↗ Wort

Wählverbindung
automatic switching connection
Bei einer Wählverbindung sind die zu verbindenden ↗ Datenstationen (DSt) nicht dauernd verbunden. Bei einem ↗ Verbindungsaufbau erfolgt das Auswählen der Gegenstelle über die ↗ Vermittlungseinrichtung und die Fernleitung durch Aussenden von Wählimpulsen.

wahlfreier Zugriff
random access, ↗ direkter Zugriff

Warmstart
restart, ↗ Wiederanlauf

Warnstreifen
warning mark
Das deutlich, meist farbig markierte innere Ende des ↗ Lochstreifens einer Lochstreifenrolle (DIN 66218).

Warteaufruf
wait call
Aufruf eines ↗ Programms an das ↗ Organisationsprogramm, damit es das Programm bis zum Eintreffen einer Fortsetzbedingung anhält, d.h. in den ↗ Zustand „wartend" überführt. Das Programm kann z.B. auf das Ende einer von ihm veranlaßten ↗ Eingabe-Ausgabe-Operation warten, was das ↗ Betriebssystem erkennt.

Wartebereich
disk swap area, queuing list, queuing field, swapping area
Vom ↗ Organisationsprogramm verwalteter Bereich auf ↗ peripheren Speichern, in dem ↗ peripherspeicherresidente Programme vom Organisationsprogramm abgelegt werden, wenn sie ruhen oder unterbrochen sind.

wartendes Programm
waiting program
Ein ↗ Programm ist im Zustand „wartend", wenn es zu seiner Fortsetzung das Eintreffen eines Ereignisses oder das Vorhandensein eines ↗ Gerätes bzw. ↗ Betriebsmittels benötigt: Zuteilung einer ↗ Datei, Ende einer EA-Operation, Eintreffen eines peripheren ↗ Signals oder einer Operatorbedienung, Fortsetzen durch ein anderes Programm, Ablauf einer vom Programm vorgegebenen Zeit.

Warteschlange (WS)
queue
Sie bestehen aus ↗ Speicherelementen im ↗ Hauptspeicher und dienen dem ↗ Organisationsprogramm zur ↗ Buchführung über die ↗ Objekte (↗ Programme, ↗ Aufrufe), ihrer ↗ Zustände und Betriebsmittelbedürfnisse (↗ Geräte, ↗ Dateien, ↗ Laufbereiche).

Warteschleife
wait loop
↗ Befehlsfolge in einem ↗ Programm, die dazu dient, eine bestimmte, meistens sehr kurze Zeit der Untätigkeit oder des Wartens zu überbrücken. Dabei wartet das Programm auf ein Ereignis, dessen Eintreffen sich nur durch periodisches Abfragen einer Kennung feststellen läßt, ohne daß Unterstützung vom ↗ Betriebssystem möglich wäre.

Wartungsfeld
maintenance console/panel
↗ Baueinheit einer ↗ digitalen Rechenanlage, die dem Bedienungspersonal erlaubt, bei Fehlersuche oder Inspektion den Betriebsablauf der digitalen Rechenanlage zu beeinflussen und zu überwachen.

Wechselbetrieb
half-duplex operation
↗ Halbduplexbetrieb

Wechselplattenspeicher
disk storage with interchangeable disk packs
↗ Plattenspeicherlaufwerk

Wechseltaktschrift
two-frequency recording mode, pulse width recording
Ein ↗ binäres Schreibverfahren, bei dem die Grenzen der ↗ Spurelemente grundsätzlich durch einen Flußwechsel gekennzeichnet sind und bei dem das eine der beiden ↗ Binärzeichen durch einen zusätzlichen Flußwechsel in der Mitte des Spurelements dargestellt wird (DIN 66010).

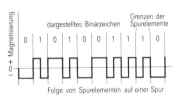

Wecker
program alert. prompter, interval timer
Wecker sind Leistungen des ↗ Betriebssystems, die dazu dienen, ↗ Programme zu einer bestimmten Zeit zu verständigen oder zu starten. Die Programme erteilen derartige Aufträge mittels Weckaufrufen. Das Betriebssystem führt auf der Basis einer Hardwareeinrichtung eine ↗ Software-Uhr und ihr zugeordnet eine Weckerliste, die periodisch auf fällige Weckeinträge durchsucht wird.

Wertigkeit
valency, significance, weight
↗ Festpunktdarstellung

Wiederanlauf (Warmstart)
(automatic) restart
Ausführung eines ↗ Programms (in der Regel eine Teilfunktion des Organisationsprogramms mit nachgeschaltetem ↗ Anwenderprogramm), das nach einem Ausfall die Fortsetzung des regulären Rechenbetriebs erlaubt. Dies ist dann der Fall, wenn das ↗ Rechensystem durch ↗ Fehler oder ↗ Netzausfall in einen undefinierten Zustand gekommen ist.

Wiederstart
restart
Jeder nicht erste Start eines ↗ Programms nach seinem ↗ Laden.
Prozeßautomatisierungsprogramme müssen wiederstartbar sein, da sie sehr oft zyklisch laufen.
Wiederstartbarkeit verlangt, daß alle in einem früheren Lauf (↗ Ablauf) benutzten Datenzellen wieder in den Ladezustand gebracht worden sind, bzw. im Programmvorlauf gebracht werden (↗ automatischer Wiederstart).

wired-or
ODER-Verknüpfung (↗ Verknüpfungsglied): die Ausgänge von ↗ Gattern sind direkt miteinander verbunden. Die ↗ ODER-Funktion ist erfüllt, wenn ein Gatterausgang aktiv ist.

Wirkungsrichtung
control or actuating direction
Die Richtung der Übertragung von Wirkungen auf einem ↗ Wirkungsweg (DIN 19226).

Wirkungsweg
control or actuating path
Der Weg, längs dessen die einen Vorgang des ↗ Regelns oder ↗ Steuerns bestimmenden Wirkungen übertragen werden (DIN 44300).

worst case
Ungünstigster Fall. Bei Schaltungsentwicklungen müssen „worst case"-Bedingungen berücksichtigt werden.

worst case pattern
Kritisches Muster (↗ worst case).

Wort (W)
word
Eine Folge von ↗ Zeichen, die in einem bestimmten Zusammenhang als eine Einheit betrachtet wird (DIN 44300). Im Grenzfall kann ein Wort aus einem einzigen Zeichen bestehen.

Wortlänge
word length
Anzahl der ↗ Bitstellen, aus denen sich das ↗ Wort zusammensetzt.

wortorganisierter Speicher
word-organized storage
Ein ↗ Speicher, dessen ↗ Speicherelemente nur in Gruppen zugänglich sind, deren Länge und Einteilung durch den technischen Aufbau bestimmt sind. Die in einer solchen Gruppe gespeicherten ↗ Zeichen bilden ein ↗ Maschinenwort (DIN 44300).

wortweise
wordwise
Sich auf ein ↗ Wort beziehend, z. B.
wortweise ↗ Datenverarbeitung,
wortweise ↗ Datenübertragung.
Man unterscheidet zwischen wortweise parallel: alle ↗ Bitstellen eines Wortes werden ↗ parallel verarbeitet bzw. übertragen und wortweise seriell: die Bitstellen eines Wortes werden ↗ seriell verarbeitet bzw. übertragen.

WRL
carriage return
Wagenrücklauf, (↗ CR).

WS
queue, ↗ Warteschlange

W/s
words per second
Wörter je Sekunde

xy-Schreiber
xy-plotter
Kurvenschreiber, mit dem beliebige zweidimensionale Kurven aufgezeichnet werden können.
xy-Schreiber werden mit digitalem oder analogem Steuerungsprinzip realisiert.

Z

Z
character
Kurzform für ↗ Zeichen.

ZA
central request
↗ zentrale Anforderung

Zählbaustein
counter module
Oberbegriff für die ↗ Prozeßsignalformer: ↗ Zähler, ↗ Zähleingabe und ↗ Zeitgeber.

Zähleingabe
counter input
↗ Prozeßsignalformer ↗ der Prozeßeinheit PE 3600 zur Messung geringer Impulsfolgen (etwa 10 Hz) durch ↗ Inkrementieren oder ↗ Dekrementieren des Inhalts einer vorgegebenen Zentralspeicherzelle.

Zähler
counter
↗ Schaltwerk, in dem eine ↗ Zahl gespeichert ist, zu der abhängig von einer ↗ Schaltvariablen eine konstante Zahl, die Zähleinheit, addiert wird (DIN 44 300).
In der ↗ Prozeßeinheit PE 3600 wird ein Zähler als ↗ Prozeßsignalformer eingesetzt. Auf der Baugruppe „Zähler" ist ein 16-Bit-Vor-Rückwärtszähler zur Aufsummierung schneller Impulsfolgen (max. 100 kHz) untergebracht.

Zahl
digit, numeric character, number
Besteht aus ↗ Ziffern oder aus Ziffern und ↗ Sonderzeichen in einem vorgegebenen ↗ Zahlensystem (↗ Betragszahl, ↗ Festpunktzahl).

Zahlenring
number circle, ↗ Komplement

Zahlenstrahl
number scale, ↗ Komplement

Zahlensystem
number system
↗ Zahlen werden in ↗ Zahlensystemen dargestellt. Jedes Zahlensystem hat einen festgelegten Ziffernvorrat: z.B.
↗ Dezimalsystem: 0...9;
↗ Dualsystem: 0, 1.
Die Anzahl der ↗ Ziffern wird von der ↗ Basis oder Grundzahl des Zahlensystems bestimmt. Durch die ↗Stellenschreibweise oder das Stellenwertsystem wird jeder Ziffer in Abhängigkeit von der ↗ Stelle, an der sie innerhalb einer Zahl steht, ein anderer Wert zugeordnet.

ZE
central processing unit (CPU)
↗ Zentraleinheit

Zeichen
character
Ein Element aus einer zur Darstellung von ↗ Information vereinbarten endlichen Menge von verschiedenen Elementen. Die Menge wird Zeichenvorrat genannt (DIN 44 300). Beispiele: ↗ alphanumerisches Zeichen, ↗ Binärzeichen, ↗ Byte, ↗ Steuerzeichen.

Zeichen-Bildschirmeinheit
character display unit, alphanumeric display unit
Siemens Systeme 300-16 Bit: alphanumerisches Kompaktsichtgerät bestehend aus ↗ Steuerung, Anzeigeeinrichtung, beweglich angebrachter ↗ Tastatur und ↗ Stromversorgung. Allgemeine Daten: Bildschirmdiagonale 31 cm, Zeichendarstellung im Raster von 7 x 5 Punkten, maximal 1920 Zeichen je Bild, 64 darstellbare ↗ Zeichen im ↗ ISO-7-Bit-Code, Bildwiederholfrequenz 50 Hz.

Zeichendrucker
character printer
↗ Drucker, ↗ Seriendrucker

Zeichenfehlerwahrscheinlichkeit
error probability of a character
Sie gibt an, wieviele richtig übertragene ↗ Zeichen im Durchschnitt auf ein fehlerhaftes Zeichen kommen.

Zeichenfolge
character sequence, character string
↗ Datenübertragungsblock

Zeichengenerator
character generator
↗ Festwertspeicher zur Ausgabe der Punktinformation an die Anzeigeeinheit einer elektronischen ↗ Bildschirmeinheit. Die ↗ Zeichen werden dem Zeichengenerator, z.B. im ↗ ISO-7-Bit-Code, angeboten und von ihm dann in eine Punktinformation innerhalb einer 7 x 5-Punktmatrix umgeformt; z.B. E:

```
•••••
•
•••
•
•••••
```

Zeichengerät
plotter, ↗ xy-Schreiber

Zeichenparitätssicherung
vertical parity check
Jedes ↗ Zeichen wird vom ↗ Sender durch ein ↗ Bit (↗ Querparität) auf eine ungerade Anzahl von Einsen ergänzt. Der ↗ Empfänger bildet aus den empfangenen Informationsbits wieder ein ungeradzahliges ↗ Paritätsbit und vergleicht es mit dem vom Sender gebildeten und übertragenen Paritätsbit. Das Zeichen wurde nur dann fehlerfrei übertragen, wenn diese Paritätsbits übereinstimmen.

Zeichenrahmen
character frame
Er gibt die Gesamtzahl der ↗ Bits an, die ein ↗ Zeichen bei der ↗ Über-

tragung darstellen, z.B. ↗ Startschritt, Informationsschritte 1...7, Paritätsschritt, ↗ Stoppschritt.

Zeichenvorrat
character set, ↗ Zeichen

Zeilendrucker
line printer
↗ Drucker (Paralleldrucker) höherer Leistung und größerer Druckbreite (Zeilenlänge), die eine ganze Zeile auf einmal drucken. Meist wird jedoch dabei nicht die ganze Zeile in einem einzigen Druckgang zu Papier gebracht, sondern je nach Typenträger aus einzelnen Druckanschlägen zusammengesetzt.

Man unterscheidet: ↗ mechanische Zeilendrucker und ↗ nichtmechanische Zeilendrucker.

Zeitgeber
timer, real-time clock
Eine ↗ Funktionseinheit, die absolute, relative oder inkrementelle Zeitangaben macht (DIN 44300) (↗ Absolutzeitgeber, ↗ Relativzeitgeber, ↗ Differenzzeituhr).

Mit dem ↗ Prozeßsignalformer „Zeitgeber" der ↗ Prozeßeinheit PE 3600 bildet das ↗ Betriebssystem ↗ Datum (Kalenderdatum und Uhrzeit), ferner Zeitintervalle von einigen Millisekunden ab aufwärts, die zum Nachbilden von Verzögerungszeiten oder zum zyklischen Starten von ↗ Programmen benötigt werden.

zeitmultiplex
time-division multiplex
↗ Übertragung verschiedener ↗ Signale hintereinander über eine Leitung.

Zeitscheibenverfahren
time-slice option, ↗ time sharing

Zelle
location, cell, ↗ Speicherzelle

zentrale Anforderung (ZA)
central request
↗ Anforderung der ↗ Zentraleinheit an die ↗ periphere Einheit.
Das Signal ↗ ZA wird infolge eines ↗ EA-Befehls mit ↗ zentraler Initiative vom ↗ Zentralprozessor abgegeben. Mit einer Zentraleinheit wird ein ↗ Datenwort (↗ Datum, ↗ Adresse, ↗ Befehl) von der ↗ Zentraleinheit zur ↗ peripheren Einheit oder von der peripheren Einheit zur Zentraleinheit transferiert.

Zentraleinheit (ZE)
central processing unit
↗ Funktionseinheit innerhalb eines ↗ digitalen Rechensystems, die ↗ Prozessoren, ↗ EA-Werke und ↗ Zentralspeicher umfaßt (DIN 44300).

zentrale Initiative
central initiative
Die Initiative zum ↗ Datenverkehr mit der ↗ peripheren Einheit geht hierbei von der ↗ Zentraleinheit aus.

In der Zentraleinheit läuft dabei ein ↗EA-Befehl mit zentraler Initiative ab, der eine ↗ zentrale Anforderung erzeugt. Gegenteil: ↗periphere Initiative.

zentrale Terminierung
central termination, ↗ Terminierung

Zentralprozessor (ZP)
central processor (unit)
Innerhalb der ↗ Zentraleinheit eine funktionelle und räumliche Einheit zum ↗ Steuern und Rechnen. Der Zentralprozessor besteht aus ↗ Steuerwerk und ↗ Rechenwerk. Enthält die ↗ Zentraleinheit keinen ↗ EA-Prozessor, dann übernimmt der Zentralprozessor auch die ↗ Steuerung des ↗EA-Verkehrs.

Zentralprozessor-Zustandsregister (ZZR)
central processor status register
Enthält codiert den aktuellen ↗ Prioritätszustand des ↗ Zentralprozessors.

Zentralspeicher(-einheit) (ZSP)
main memory (unit)
Ein ↗ Speicher, zu dem ↗ Rechenwerke, ↗ Leitwerke und gegebenenfalls ↗ EA-Werke unmittelbar Zugang haben (DIN 44300).
Der Zentralspeicher der meisten Prozeßrechner-Zentraleinheiten ist modular aufgebaut und kann bis zu einer maximalen ↗ Speicherkapazität erweitert werden. Meist läßt sich der Zentralspeicher aus ↗ RAM-Modulen und ↗ ROM-Modulen aufbauen.

Zentralspeicheradresse
main memory address
↗ Adresse einer ↗ Speicherzelle des ↗ Zentralspeichers einer ↗ Zentraleinheit.

Zentralspeicherkanal
main memory channel
Die einzugebenden und auszugebenden ↗ Informationen werden unmittelbar von den ↗ peripheren Einheiten zum ↗ Zentralspeicher bzw. in umgekehrter Richtung übertragen. Sie laufen nicht über ein ↗ Arbeitsregister im ↗ Zentralprozessor. Damit ist es möglich, die EA-Operationen und den Programmablauf im ↗ Zentralprozessor ↗ simultan durchzuführen. Zentralspeicherkanäle bringen vor allem bei der Eingabe und Ausgabe von ↗ Datenblöcken Vorteile gegenüber dem ↗ Programmkanal. Ein ↗ EA-Werk mit Registern zur Speicherung der für die Eingabe-Ausgabe-Operationen notwendigen Kanalparameter (Zentralspeicheradressen, ↗ Blocklänge, ↗ EA-Anschlußstelle der peripheren Einheit) wird ↗ EA-Prozessor genannt (↗ direkter Speicherzugriff).

Zerobit
zero bit
Zustandsbit im ↗ Flag-Byte. Wird gesetzt, wenn das Resultat eines ↗ Befehls den Wert Null hat.

Zieladresse
transfer address, ↗ Sprungadresse

Zielfunktion
objective function; performance function
Eine Funktion von ↗ Zustandsgrößen eines ↗ Prozesses, mit deren Hilfe ein Optimum des Prozesses definiert werden kann (DIN 66201).

Zielsprache
output, object language
↗ Sprache, ↗ Übersetzer

Zielsteuerung
target control
↗ Steuerung von Objekten zu einem vorgegebenen Ziel.

Ziffer
digit, numeric character
Ein ↗ Zeichen aus einem ↗ Zeichenvorrat von N Zeichen, denen als Zahlenwerte die ganzen ↗ Zahlen 0, 1, 2..N-1 umkehrbar eindeutig zugeordnet sind. Je nach der Anzahl N nennt man die zugrunde liegenden Ziffern ↗ Dualziffern ($N=2$), ↗ Oktalziffern ($N=8$), ↗ Dezimalziffern ($N=10$), ↗ Sedezimalziffern ($N=16$) (DIN 44300).

Ziffernanzeige
digital display
Eine an einem ↗ Gerät angebrachte Anzeigevorrichtung für ↗ Ziffern.

ZP
central processor (CP)
↗ Zentralprozessor

Z/s
characters per second, cps
↗ Zeichen je Sekunde

ZSP
main memory(unit), MM
↗ Zentralspeicher(-einheit)

ZÜ
character transmission
Zeichenübertragung

Zufallszahl
random number
Eine nach den Regeln der Wahrscheinlichkeitsrechnung „zufällig" eintreffende ↗ Zahl.

Zugriff
access
Die Möglichkeit, einem ↗ Speicher ↗ Daten zu entnehmen (↗ lesen) oder sie einzuspeichern (↗ schreiben).

Zugriffsart
access mode
Beim ↗ Zugriff auf ↗ Daten unterscheidet man: ↗ direkten Zugriff, ↗ unmittelbaren Zugriff, ↗ sequentiellen Zugriff, ↗ seriellen Zugriff.

Zugriffszeit
access time
Bei einer ↗ Funktionseinheit die Zeitspanne zwischen dem Zeitpunkt, zu dem von einem ↗ Leitwerk die Übertragung bestimmter ↗ Daten nach oder von der Funktionseinheit gefordert wird, und dem Zeitpunkt, zu dem die Übertragung beendet ist (DIN 44300).

Es wird empfohlen, bei Angabe einer Zugriffszeit die Menge der übertragenen Daten mit anzugeben.

Zustand
status
↗ Programmzustand, ↗ Prioritätszustand

Zustandsbit
status bit, ↗ Flag-Byte

Zustandsgröße
output variable
↗ Ausgangsgrößen (abhängige Prozeßveränderliche) eines ↗ Prozesses. Während die ↗ Eingangsgrößen den ↗ Ablauf eines Prozesses vorherbestimmen, sagen nur die Zustandsgrößen unmittelbar etwas über den Zustand des Prozesses selbst aus, da nur in ihnen das Prozeßverhalten zum Ausdruck kommt.
Ein Prozeß besitzt soviele Zustandsgrößen wie ihn beschreibende Gleichungen.

Zustandsregister (ZR)
status register
Enthält ↗ Informationen, die im Zusammenhang mit der Unterbrechung und späteren Wiederaufnahme eines ↗ Programms von Bedeutung sind. Bei den ↗ Zentraleinheiten des Siemens Systems 300-16 Bit besteht das Zustandsregister aus dem ↗ Programm-Zustandsregister und dem ↗ Zentralprozessor-Zustandsregister.

Zustandswechsel
status change, context switch
Ein ↗ Programmwechsel innerhalb einer ↗ Zentraleinheit ist in der Regel mit einem Zustandswechsel verbunden. Der Zustandswechsel ist eine Hardware-Routine, bei der wichtige ↗ Daten des alten ↗ Programms, z. B. ↗ Befehlsadresse, ↗ Programmzustandswort, in die zugehörige ↗ Parametertafel „gerettet" und die für das neue Programm benötigten Daten aus dessen Parametertafel in die entsprechenden ↗ Register des ↗ Zentralprozessors „geladen" werden. Diese Rett-Laderoutine kann nicht unterbrochen werden und läuft hardwaregesteuert ab.

Zustandswechselsperre
status change inhibit
Bei gesetzter Zustandswechselsperre können Zustandswechselanforderungen z. B. ↗ periphere Anforderungen, nicht wirksam werden.
Die Zustandswechselsperre ist einer ↗ Bitstelle im ↗ Programmzustandsregister zugeordnet; sie kann programmgesteuert gesetzt und gelöscht werden.
Die Zustandswechselsperre ist erforderlich bei einer Folge zusammengehöriger Schritte, z. B. ↗ Befehle, für den ↗ Zugriff zu einem ↗ Objekt, das bei einer etwaigen ↗ Unterbrechung auch anderweitig angesprochen werden könnte.

Zwei-Adreß-Befehl
two-address instruction
↗ Befehl, dessen ↗ Adressenteil zwei ↗ Operandenadressen aufnehmen kann.

Zwei-Adreß-Maschine
two-address machine
↗ Zentraleinheit, die ↗ Zwei-Adreß-Befehle verarbeiten kann. So werden, z. B. bei der Ausführung ei-

nes ↗ arithmetischen Befehls, beide ↗ Operanden ins ↗ Rechenwerk geholt, miteinander verknüpft und das Ergebnis in den ↗ Zentralspeicher zurückgeschrieben.

Zweidraht-Leitung
two-wire circuit
2Dr-Leitung. Eine ↗ Leitung, die entweder aus zwei ↗ galvanisch durchgeschalteten Adern oder aus zwei Adern und nachgeschalteten ↗ Übertragungskanälen besteht.
Für die ↗ Datenfernverarbeitung verwendete Fernleitungen bestehen aus Zweidraht-Leitungen oder ↗ Vierdraht-Leitungen.

Zweierkomplement
two's complement
Im ↗ Dualsystem zur Darstellung ↗ negativer Zahlen verwendet. Das Zweierkomplement einer Dualzahl erhält man, indem man sie invertiert (↗ Einserkomplement) und eine 1 dazuaddiert.

Beispiel:

Dualzahl	101
Einserkomplement	010
	+ 1
Zweierkomplement	011

(↗ Komplement).

Zweirechnersystem
double computer system
↗ Doppelrechnersystem

Zweirichtungszähler
reversible counter
Ein ↗ Zähler, bei dem man die Zähleinheit (↗ Zähler) sowohl addieren als auch subtrahieren kann (DIN 44 300).

ZWR
space, blank
Zwischenraum (↗ SP)

zyklische Blocksicherung
cyclic block check, cyclic redundancy check
Aus den ↗ Daten eines ↗ Textblokkes wird die Blockprüfinformation ↗ Blockprüfzeichen (BCC) abgeleitet und am Blockende zur ↗ Empfangsstation übertragen. Das Blockprüfzeichen wird durch ↗ logische Verknüpfungen hardwaremäßig nach einem mathematischen Polynom verwirklicht. Es besteht hierbei aus zwei ↗ Zeichen und wird deswegen auch BCS (**b**lock **c**heck **s**equence) genannt.

zyklischer Code
cyclic code
Bei der ↗ Datensicherung angewendetes Verfahren (auch Polynomsicherung genannt), bei dem die ↗ Information des ↗ Datenblocks gleichzeitig mit der Aussendung in ein mehrfach rückgekoppeltes ↗ Schieberegister eingegeben wird, dessen Stellenzahl gleich der Bitanzahl der Prüfinformation ist. Am Ende des Datenblocks wird die gespeicherte Information auf die Leitung gegeben.

Zyklische Codes bieten eine wesentlich höhere Sicherheit gegen Übermittlungsfehler als ↗ Paritätszeichen.

Zykluszeit
cycle time
Bei einer ↗ Funktionseinheit die Zeitspanne zwischen dem Beginn zweier aufeinanderfolgender gleichartiger, zyklisch wiederkehrender Vorgänge (DIN 44 300).

Zylinder
cylinder, ↗ Plattenspeicherlaufwerk

Zylinderadresse
cylinder address
Der Teil einer ↗ Adresse, den die ↗ Plattenspeichersteuerung der ↗ Positioniereinrichtung eines ↗ Plattenspeicherlaufwerkes zum ↗ Positionieren zur Verfügung stellen muß.

Anhang

Alphabetische Übersicht englischer Fachbegriffe

Die in der folgenden Zusammenstellung neben den englischen Fachbegriffen in der rechten Spalte stehenden deutschen Fachbegriffe sind im lexikalischen Teil erklärt. Auf die Grenzen der Übersetzbarkeit einer modernen Fachsprache wurde bereits im Vorwort hingewiesen.

Die Übersicht soll dazu dienen, englische Fachbegriffe, die auch in der deutschsprachigen Fachliteratur auftreten, den deutschen Begriffen zuzuordnen. Sie soll helfen, beim Lesen von englischsprachiger Fachliteratur die Fachbegriffe in die deutsche Sprache zu übersetzen. Die Übersicht kann aber auch als Hilfsmittel bei der Übersetzung deutscher Fachliteratur ins Englische benützt werden.

Fachwörter mit gleicher Schreibweise im Englischen wie im Deutschen, z.B. Code, Compiler, Editor, Register, System usw., wurden in diese Übersicht nicht aufgenommen.

abort	Blockabbruch, (Programmabbruch)
absolute address resolution	Adreßabsolutierung
absolute coding	absolutieren
absolute measuring method	Meßwerterfassung
absolute value	Betrag, Betragszahl
absolute value arithmetic	Betragsrechnung
absolute value computation	Betragsrechnung
access	Zugriff
access mode	Zugriffsart
access time	Zugriffszeit
accumulator	Akkumulator
acknowledge	Quittung
acknowledg(e)ment	Quittung, ACK
acknowledgement signal	Quittungssignal
active program	ablauffähiges Programm
actual address	absolute Adresse, aktuelle Adresse
actual value	Istwert
actuator	Positioniereinrichtung, Stellglied
adaptive control	AC
adaptive control constraint	ACC
adaptive control optimization	ACO
adaptive process model	adaptives Prozeßmodell
add instruction	Additionsbefehl
address	Adresse
address arithmetic	Adressenrechnung
address arithmetic unit	Adreßrechenwerk
address array	Adressenbereich
address bus	Adreßbus
address expression	Adreßausdruck
addressing area	Adreßraum
addressing unit	Adressierungseinheit
address level	Adreßpegel
address level directive	Adreßpegelanweisung
address modification	Adressenmodifikation
address of process I/O module	Prozeßsignalformer-Adresse
address paging	Adreßübersetzung

address part	Adressenteil
address range	Adreßvolumen
address register	Adressenregister (AR)
address space	Adreßraum
address stack	Adreßstapel
address substitution	Adressensubstitution
address table	Adreßbuch
address translating table	Übersetzungstafel
air-conditioning	Klimaversorgung
algorithm	Algorithmus
algorithmic language	ALGOL
alphabetic character	Buchstaben
alphanumeric	alphanumerisch
alphanumeric character	alphanumerisches Zeichen
alphanumeric code	alphanumerischer Code
alphanumeric data	alphanumerische Daten
alphanumeric display	alphanumerisches Sichtgerät
alphanumeric display unit	Zeichenbildschirmeinheit
	alphanumerische Sichtstation
alternative device allocation	Ersatzgerätezuweisung
American Standard Code for Information Interchange	ASCII
American Standards Association	ASA
amplifier	Verstärker
analog computer	Analogrechner
analog control	analoge Steuerung
analog input module	Analogeingabe (AE)
analog input signal	analoges Eingangssignal
analog input unit	Analogeingabeeinheit
analog output module	Analogausgabe (AA)
analog output signal	analoges Ausgangssignal
analog output unit	Analogausgabeeinheit
analog process quantity	analoge Prozeßgröße
analog signal	analoges Signal
analog to digital converter (ADC)	Analog-Digital-Umsetzer (ADU)
analytical process identification	analytische Prozeßerkennung
analytical process model	analytisches Prozeßmodell
AND circuit/element/gate	UND-Glied

AND function	UND-Funktion
answering	Anrufbeantwortung
aperture time	Aperturezeit
application program	Anwenderprogramm
application software	Problemsoftware
archives	Archiv
arithmetic and logic(al) unit	Arithmetikbaustein (ALU), (Rechenbaustein)
arithmetic instruction	arithmetischer Befehl
arithmetic operation	arithmetische Operation, Rechenoperation
arithmetic register	Rechenwerksregister
arithmetic unit (AU)	Rechenwerk (RW, REW)
assembler language	Assemblersprache
assembly	Baugruppe
assembly language	Assemblersprache
assembly program	Assembler, Assemblierer
associative memory	Assoziativspeicher
astable multivibrator	Kippschaltung (astabile)
asynchronous	asynchron
asynchronous communications interface adapter	ACIA
asynchronous operation	asynchrone Arbeitsweise
asynchronous transmission	asynchrone Übertragung
automatic control	selbsttätige Regelung
automatic restart	automatischer Wiederstart, Wiederanlauf
automatic switching connection	Wählverbindung
automation	Automatisierung
automation area	Automatisierungsbereich
automation equipment	Automatisierungsmittel
automaton	Automat
auxiliary location	Hilfszelle
auxiliary register	Hilfsregister
auxiliary storage	Ergänzungsspeicher
availability	Verfügbarkeit
average instruction time	mittlere Befehlsausführungszeit

background program – binary recording mode

background program	Background-Programm
backspace	BS, Rückwärtsschritt, rücksetzen
back-up controller	Ersatzregler
back-up system	Bereitschaftssystem
bad parity	Paritätsfehler
bad spot	Bandfehlstelle
base	Basis
base address	Basisadresse
base connector	Basisstecker
base register	Basisadreßregister
basic block	Programmstück
basic controller	Grundsteuerung
basic instruction	Grundbefehl
basic machine cycle	Grundtakt, Maschinentakt
basic macro	Basismakro
basic routine	Grundprogramm
batch mode	
batch operation	Stapelbetrieb
batch processing	
baud	Baud, Bd
beginning-of-tape mark	Bandanfangsmarke
bell	BEL
benchmark program	Benchmark-Programm
bidirectional	bidirektional
binary	binär
binary character	Binärzeichen
binary code	Binärcode
binary coded decimal	BCD-Code, BCD-Ziffer
binary control	binäre Steuerung
binary counter	binärer Zähler
binary data	binäre Daten
binary digit	Binärziffer, Binärstelle, Bit, Dualziffer
binary digit system	Dualsystem
binary number	Binärzahl, Dualzahl
binary recording mode	binäres Schreibverfahren

binary synchronous communication	gesicherte Stapel- und Dialogprozeduren
bipolar storage	bipolarer Speicher
bistable multivibrator	bistabile Kippstufe, Kippschaltung
bit (**b**asic **i**ndissoluble **i**nformation uni**t**)	bit
bit (binary digit)	Bit, Binärstelle, Binärziffer
bit address	Bitadresse
bit configuration	Bitmuster, Bitkonfiguration
bit cost	Bitkosten
bit density	Bitdichte, Speicherdichte
bit digit	Binärstelle
bit instruction	Bitbefehl
bit location	Bitstelle
bit number	Bitnummer
bit operation	Binäroperation, Bitoperation
bit pattern	Bitmuster
bit rate	Bitgeschwindigkeit, Übertragungsgeschwindigkeit
bit sequence	Bitfolge
bit signal	Binärsignal
bits per inch	BPI
bits per second	bit/s, b/s
bit synchronization	Bitsynchronisation
bit system	Binärsystem
blade contact connector, plug connector	Messerleiste
blank	SP, Leerzeichen, ZWR (Zwischenraum)
blank card	Leerkarte
blank line	Leerzeile
block	Block
block address	Blockadresse, Blockanfangsadresse, Blockidentifikation
block check	Blockparitätssicherung, Blockprüfung, Längsparität
block check character	BCC (Blockprüfzeichen)

block check sequence – bytewise transmission

block check sequence	BCS (Blockprüfzeichenfolge)
block control	Blocksteuerung
block diagram	Blockschaltbild
block diagram of the system	Anlageblockbild
block gap	Blocklücke, Blockzwischenraum, Kluft
block length	Blocklänge
block structure	Blockstruktur
block transfer	Blocktransfer, Blockverkehr
bookkeeping	Buchführung
boolean instructions	Boolesche Befehle
bootstrap loader	Urleseprogramm
bootstrap reading	urlesen
branch	Programmverzweigung, Verzweigung, Sprung
branch circuit distribution center	Leitungsverzweiger
branch condition	Sprungbedingung
branch destination	Sprungziel, Sprungleiste, Sprungliste
branch exchange	Außenstelle (AST)
branch instruction	Sprungbefehl
branch table, branch destination	Sprungleiste, Sprungliste
branch to subroutine	Unterprogrammsprung
breakpoint	Haltepunkt
buffer	Puffer
buffered power supply	gepufferte Stromversorgung
buffer equipment	Puffereinrichtung
buffer storage	Pufferspeicher
bulk-resident program	peripherspeicherresidentes Programm (PRP), externspeicherresidentes Programm
bulk storage	Großspeicher, Massenspeicher
business computer	kommerzielle elektronische Datenverarbeitungsanlage
business data processing	kommerzielle Datenverarbeitung
byte instruction	Bytebefehl
bytes per second	B/s, Bytes/s
bytewise transmission	byteweise Übertragung

cable connection	Kabelverbindung
cable connector	Kabelsteckverbindung
calculator	Rechenmaschine
call	Aufruf
call coding	Aufrufverschlüsselung
calling	Anruf
call length	Aufruflänge
call list	Aufrufliste
call primary status	ORG-Anstoß, Rufen Primärzustand
call processing program	Aufrufbearbeitungsprogramm(ABP)
call structure	Aufrufstruktur
cancel	CAN
card	Karte
card code	Lochkartencode
card punch	Lochkartenstanzer, Kartenstanzer
card reader	Lochkartenleser, Kartenleser
carriage return	CR, WRL (Wagenrücklauf)
carry	Übertrag
carry store	Übertragsspeicher
cartridge	Magnetbandkassette
case shift	Buchstaben-Ziffern-Umschaltung, Bu-Zi-Umschaltung
cell, location	Zelle
central initiative	zentrale Initiative
central processing unit	CPU, Zentraleinheit (ZE)
central processor	CP, Zentralprozessor (ZP)
central processor status register	Zentralprozessor-Zustandsregister
central request	zentrale Anforderung (ZA)
central termination	zentrale Terminierung
chaining	Kettung
channel	Kanal
character	Zeichen
character display unit	Zeichen-Bildschirmeinheit
character frame	Zeichenrahmen
character generator	Zeichengenerator
character printer	Zeichendrucker
character sequence	Zeichenfolge
character set	Zeichenvorrat

character string	Zeichenfolge
charge process	Chargenprozeß
check bit	Prüfbit
check out	testen
check switch	Meßstellenwähler
circuit	Glied
class of file	Dateiart
class of program	Programmart
clearing of a connection	Verbindungsabbau
clear	löschen
clear text	Klartext
clip contact connector	Federleiste
clock	Uhr, Takt, Grundtakt, Taktgeber, Software-Uhr
clocked control	synchrone (getaktete) Steuerung
clock (pulse) generator	Taktgeber
clock pulse	Takt, Schrittakt
clock track	Taktspur
closed circuit network	Ringnetz
closed loop system	geschlossene Prozeßkopplung
closed-shop operation	Closed-shop-Betrieb
code converter	Code-Umsetzer
code frame	Coderahmen
code hole	Informationsloch
code hole misalignment	Lochversatz
code passage	Programmstück
coder	Codierer
code table	Codetabelle
code track	Informationsspur
code translator	Code-Umsetzer
code transparent transmission	codetransparente Übertragung
code word	Codewort
coding	codieren, verschlüsseln
coding form	Programmformular, Programmvordruck, Ablochschema
coding sheet	
coincident-current storage	Koinzidenzspeicher
cold start	Anlauf, Systemanlauf
cold start program	Anlaufprogramm

command	Kommando
command chaining	Befehlskettung
command input	bedienen
command string	Bedienungstext
comment	Kommentar
comment statement	Kommentaranweisung
common code	CC, Common Code
common data	CD, Common Data
communication area	Verständigungsbereich (VB)
communication procedure	Übertragungsprozedur
compact assembly	Kompaktbaugruppe
comparison of efficiency	Leistungsvergleich
compatibility	Kompatibilität
complement	Komplement
complementary MOS	CMOS
completion message	Fertigmeldung
complement representation	Komplement-Darstellung
component	Bauelement, Bauteil
component part	Bauteil
compressed data representation	komprimierte Datendarstellung
computer	Rechner, Computer, Datenverarbeitungsanlage, Rechenanlage, Rechenmaschine
computer aided design	CAD
computer cabinet	Rechnerschrank
computer center	Rechenzentrum (RZ)
computer control	Rechnerregelung, Rechnersteuerung
computer coupling, computer-computer link	Rechnerkopplung
computer coupling unit	Rechnerkopplungseinheit (RKE)
computer family	Rechnerfamilie, Modellreihe
computer hierarchy	Rechnerhierarchie
computer-independent language	maschinenunabhängige Programmiersprache
computerized numerical control	CNC
computer oriented language	maschinenabhängige/maschinenorientierte Programmiersprache
concentrator	Konzentrator

concentrator linkage	Konzentrator-Verbindung
conditional jump instruction	bedingter Sprungbefehl
conjunction	Konjunktion
connection	Verbindung
connection buildup/establishment	Verbindungsaufbau
connection clear down	Verbindungsabbau
connector	Stecker
constant	Konstante
content addressable memory	CAM, Assoziativspeicher
content-addressed storage	Assoziativspeicher
contention mode	Konkurrenzbetrieb
context switch (swap)	Zustandswechsel
continuation address	Fortsetzadresse
continuous fan-fold stock	Endlospapier
continuous form	Endlosvordruck
continuous process	kontinuierlicher Prozeß
control	Steuerung, Regelung, steuern, regeln
control character	Steuerzeichen
control device	Steuer- und Regeleinrichtung
controlled system	Regelstrecke
controlled variable	Regelgröße, (Steuergröße)
control loop	Regelkreis
control memory	Mikroprogrammspeicher
control or actuating direction	Wirkungsweg
control signal	Steuersignal
control station	Leitstation
control stick	Steuerknüppel
control unit	Steuerwerk, Leitwerk
conversational communication	Dialogverkehr
conversational device	Dialoggerät
conversational mode	Dialogbetrieb
conversational peripherals	Dialogperipherie
conversational terminal	Dialogstation
conversational unit	Dialogeinheit
conversion	Konvertierung
conversion program	Umsetzprogramm
conversion routine	

convert	umsetzen
converter	Umsetzer
coordinating computer	Leitrechner
coordinating control	Leitsteuerung
coordinating counter	Koordinierungszähler
coordinating function	Koordinierungsfunktion
core	Kern
core image	Abbild, Speicherabbild
core image library	Programmbibliothek
core image store	Abbildspeicher
core memory location	Kernspeicherplatz
core-resident	speicherresident
core resident data file	hauptspeicherresidente Datei (HRD)
core resident program	hauptspeicherresidentes Programm (HRP)
core storage	Kernspeicher (KSP)
core storage dump	Speicherabzug
core storage module	Kernspeichermodul
counter	Zähler
counter input	Zähleingabe
counter module	Zählbaustein
count field	Kennungsfeld
coupling	Kopplung
current program	aktuelles Programm
cursor	Schreibmarke, Cursor
curve display unit	Kurven-Bildschirmeinheit, Kurvensichtstation
cycle time	Zykluszeit
cyclic block check	zyklische Blocksicherung
cyclic code	zyklischer Code
cyclic redundancy check	CRC-Prüfung
cylinder	Zylinder
cylinder address	Zylinderadresse

daisy chaining	Daisy-chain-Betrieb
data	Datum, Daten
data acquisition	Datenerfassung
data acquisition device	Datenerfassungsgerät
data acquisition program	Meßwerterfassungsprogramm
data acquisition terminal	Datenerfassungsstation
data base	Datenbank
data block	Datenblock
data bus	Datenbus
data chaining	Datenkennung
data channel	Datenkanal
data circuit	Datenverbindung
data circuit-terminating equipment (DCE)	Datenübertragungseinrichtung (DÜE)
data communication	Datenaustausch
data communication controller	Datenübertragungssteuerung (DUST)
data communication procedure	Datenübertragungs-Prozedur
data element	Datenelement, Datum
data field	Datenfeld
data file	Datei
data flow	Datenfluß
data flowchart	Datenflußplan
data format	Datenformat
data input	Dateneingabe (DE), Eintransfer
data line	Datenleitung
data link	Datenübertragungseinrichtung (DÜE)
data link escape	DLE
data link unit	Datenübertragungseinheit (DUET)
data management	Datenverwaltung
data medium	Datenträger
data network	Datennetz
data output	Datenausgabe (DA), Austransfer
data privacy	Datenschutz
data processing	Datenverarbeitung (Dv, DV)
data processing center	Rechenzentrum (RZ)

data processing machine (DPM)	Datenverarbeitungsanlage (DVA), Rechenanlage
data processing system	Datenverarbeitungssystem (DVS), Rechensystem
data rate	Datenrate
data representation	Datendarstellung
data request	Datenanforderung
data set	Modem, Datenübertragungseinrichtung
data signal	Datensignal
data signalling rate	Übertragungsgeschwindigkeit
data sink	Datensenke
data source	Datenquelle
data station	Datenstation (Dst)
data storage	Datenspeicher
data terminal	Datenendgerät (DEG), Datenstation
data terminal equipment	Datenendeinrichtung (DEE)
data track	Informationsspur
data transfer	Datentransfer, Datenverkehr
data transfer rate	Transfergeschwindigkeit
data transmission	Datenübertragung (DÜ)
data transmission block	Datenübertragungsblock (DÜ-Block)
data transmission control character	Datenübertragungssteuerzeichen
data transmission controller	Datenübertragungssteuerung
data transmission equipment	Datenübertragungseinrichtung
data transmission line	Datenübertragungsweg, Übertragungsstrecke, Datenübertragungsleitung
data transmission program	Datenübertragungsprogramm
data width	Datenbreite
data word	Datenwort
date	Datum
decentralized data processing	dezentrale Datenverarbeitung
decentralized peripherals	dezentrale Peripherie
decentralized process computer	dezentraler Prozeßrechner
decimal digit	Dezimalziffer
decimal system	Dezimalsystem

declaration	Vereinbarung
decode	decodieren
decoder	Dekodierer
decrement	dekrementieren
decrement and branch	Dekrementieren und Springen (DSP)
dedicated line	Standleitung
dedicated system	Geräterechner
defined macro	definierter Makro
degree of automation	Automatisierungsgrad
degree of radio interference	Funkstörgrad
delay-line storage	Laufzeitspeicher
delete	DEL
delete	überlochen, tilgen
demand paging	Seitenwechsel
density of flux transitions	Flußwechseldichte
deregistration	abmelden
deviation	Regelabweichung
device	Gerät
device address	Geräteadresse
device configuration	Geräteausstattung
device control block	GEDA-Block, Geräte-Datei-Block
device control characters	Gerätesteuerzeichen
device file block	GEDA-Block
device flags	Geräteanzeigen, Sekundäranzeigen
device identification	Geräte-Identifikation
device instruction	Gerätebefehl
device interface	Geräteschnittstelle
device interface adapter	Gerätesteuerung
device list	Geräteliste
device name	Gerätenamen
diagnostic and maintenance software	Test- und Wartungs-Software
diagnostic program	Prüfprogramm
diagram	Diagramm
differential clock	Differenzzeituhr
digit	Zahl, Ziffer
digital computer	Digitalrechner, digitale Datenverarbeitungsanlage, digitale Rechenanlage

digital control	digitale Steuerung
digital data	digitale Daten
digital data processing system	digitales Rechensystem
digital display	Digitalanzeige, Ziffernanzeige
digital input (unit)	Digitaleingabe (-einheit)
digital output (unit)	Digitalausgabe (-einheit)
digital output signal	digitales Ausgangssignal
digital signal	digitales Signal
digital to analog converter (DAC)	Digital-Analog-Umsetzer
digit emitter	Impulsgenerator
digitization	Digitalisierung
digit position	Stelle
direct access	direkter Zugriff, wahlfreier Zugriff
direct digital control	direkte digitale Regelung, DDC
directive	Anweisung, Übersetzungsanweisung
directly connected line	galvanisch durchgeschaltete Leitung
direct memory access	direkter Speicherzugriff, DMA
direct numerical control	DNC
discontinuous process	diskontinuierlicher Prozeß
discrete data	digitale Daten
discrete process	Stückprozeß, Stückgutprozeß
disk control unit	Plattenspeichersteuerung
disk pack	Plattenstapel
disk (storage) drive	Plattenspeicherlaufwerk
disk storage unit	Plattenspeichereinheit
disk storage with interchangeable disk packs	Wechselplattenspeicher
disk swap area	Wartebereich
disk swap copy area	Abbildwartebereich
disk swap work area	Arbeitswartebereich
displacement	Distanzadresse
display	Anzeige
display device	Sichtgerät
distributed data processing	Distributed Processing (DDP)
distributed plant management	Betriebsdatenerfassung
distribution process	Verteilungsprozeß
disturbance variable	Störgröße
divide instruction	Divisionsbefehl

division	Division
DMA-request	DMA-Anforderung
dormant program	ruhendes Programm
double computer system	Doppelrechnersystem, Zweirechnersystem
double current	Doppelstrom
down-time	Ausfalldauer
downward compatibility	Abwärtskompatibilität
drive control	Antriebssteuerung, Einzelsteuerung
drop in	Störsignal
drop out	Signalausfall
drum storage	Trommelspeicher
dual computer system	Doppelrechnersystem
duplex transmission	Gegenbetrieb
duplicate	doppeln, duplizieren
dyadic	dyadisch
dynamic address part	dynamischer Adreßteil
dynamic digital input device	dynamische Digitaleingabe
dynamiciser	Parallel-Serien-Umsetzer
dynamic process	dynamischer Prozeß, Fließprozeß
dynamic process model	dynamisches Prozeßmodell
dynamic storage	dynamischer Speicher
electrical sampling/sensing	elektrische Abtastung
electromechanical	elektromechanisch
electronic	Elektronik
electronic data processing	elektronische Datenverarbeitung (EDV)
electronic data processing machine	elektronische Datenverarbeitungsanlage (EDVA)
electronic data processing system	EDV-System
element	Bauelement, Glied, Bauteil
elementary operation	Mikrobefehl
emergency power supply	Notstromaggregat, Notstromversorgung

empirical process identification	empirische Prozeßerkennung
empirical process model	empirisches Prozeßmodell
encode	codieren, verschlüsseln
end address	Endeadresse
end mark	Endezeichen
end-of-tape mark	Bandendemarke
end of text	ETX
end of transmission	EOT
end of transmission block	ETB
energy process	Energieprozeß
enquiry	ENQ
erase	löschen
erase head	Löschkopf
error	Übertragungsfehler, Fehler
error branch	Fehlerzweig
error correcting code	Fehlerkorrekturcode
error detecting code	Fehlererkennungscode
error detection	ED
error detection and correction	EDC
error diagnostic/diagnosis	Fehlerdiagnose
error handling	Fehlerbearbeitung, Fehlerbehandlung
error message	Fehlermeldung
error message device	Fehlermeldegerät
error printout	Fehlermeldung
error probability of a bit	Bitfehlerwahrscheinlichkeit
error probability of a character	Zeichenfehlerwahrscheinlichkeit
error reaction	Fehlerreaktion
escape character	Fluchtsymbol
exception	Alarm (signal), Unterbrechung, Programmunterbrechung
exchange plant	Vermittlungseinrichtung
exclusive OR function	Antivalenz-Funktion
executable object	Ablaufobjekt
execution system	Ablaufsystem
execution time	Ausführungszeit
executive program	Organisationsprogramm (ORG)
extension controller	Erweiterungssteuerung, E-Steuerung

external address – fixed-head storage (unit)

external address	Externadresse
external definition	Externdefinition
external name	Externname
external storage	externer Speicher
failure	Ausfall
fault record/log/printout	Störungsprotokoll
feed	Vorschub
feedback	Rückkopplung
feedback process optimization	geregelte Prozeßoptimierung
feedforward process optimization	gesteuerte Prozeßoptimierung
feed hole	Taktloch, Transportloch
feed track	Taktspur
ferrite core	Ferritkern
ferrite core storage	Ferritkernspeicher
field	Feld
field address	Feldadresse
field start address	Feldanfangsadresse
file access	Dateizugriff
file closing	schließen (Datei)
file creation	einrichten (Datei)
file index	Dateizeiger
file label	Dateietikett, Etikett
file management	Dateiverwaltung
file mark	Abschnittsmarke
file name	Dateiname
file opening	eröffnen (Datei)
file organization	Dateiorganisation
file pointer	Dateizeiger
file protection	Dateischutz
filler	Füllzeichen
final control element	Stellglied
first in – first out	FIFO, Fifo
five-level code	Fünfercode
fixed-disk storage	Festplattenspeicher
fixed-head storage (unit)	Festkopfspeicher (-einheit)

fixed-length word	Festwort (FW)
fixed-point	Festpunkt-, Festkomma-
fixed-point arithmetic/computation	Festpunktrechnung
fixed-point number	Festpunktzahl
fixed-point operation	Festpunktoperation
fixed-point part	Mantisse
fixed-point representation	Festpunktdarstellung
flag	Anzeige, Kennzeichen
flag bit	Bedingungsbit
flag register	Kennzeichenregister
flags	Ergebnisanzeigen
flag transmission	Anzeigenübergabe
floating address	Distanzadresse
floating-point	Gleitpunkt-
floating-point arithmetic/computation	Gleitpunktrechnung
floating-point instruction	Gleitpunktbefehl
floating-point number	Gleitpunktzahl
floating-point processor	Gleitpunktprozessor
floppy disk unit	Floppy-disk-Einheit
flowchart	Ablaufdiagramm
flow diagram	Ablaufdiagramm
foreground program	Vordergrundprogramm
format	formatieren
format characteristic	Formatkennzeichen
format key	Formatschlüssel
format modification	Formatmodifikation
format recording	formatieren
format specification	Formatangabe
form feed	FF
forward-spacing	vorsetzen
four-wire line	Vierdraht-Leitung (4Dr-Leitung)
frame	Bandsprosse, Einbaurahmen, Datenübertragungsblock (DÜ-Block)
frequency	Frequenz
front connector/plug	Frontstecker
full-duplex operation	Vollduplexbetrieb (dx)
functional unit	Funktionseinheit

gate – hysteresis loop

gate	Gatter, Verknüpfungsglied
general-purpose component	Standardbaustein
general-purpose computer	Universalcomputer
general-purpose register	Standardregister
generate	generieren
generator program	Generator (-programm)
graphic character	abdruckbares Zeichen
graphic display	vollgraphisches Sichtgerät
graphic display unit	Grafik-Bildschirmeinheit, Grafik-Sichtstation
graphic symbol	Schaltzeichen
group control	Gruppensteuerung
guide strip	Führungsleiste
half-duplex operation	Halbduplexbetrieb (hdx, hx), Wechselbetrieb
hash-coding	Hash-Codierverfahren
HDLC-data communication procedure	HDLC-Datenübertragungsprozedur
head arm	Kopfarm, Kopfträger
head assembly	Kopfvielfach
heading	Kopf
head-per-track storage unit	Festkopfspeicher
hexadecimal	sedezimal, hexadezimal
hexadecimal digit	Sedezimalziffer
hexadecimal number system	Sedezimalsystem
high-speed printer	Schnelldrucker (SD, SDR)
hold element	Halteglied
housekeeping instruction	organisatorischer Befehl
hybrid computer	Hybridrechner
hysteresis loop	Hystereseschleife

identification burst	Schriftkennung
identifier	Identifizierung
idle loop	Untätigkeitsschleife
idle program	ruhendes Programm
illegal instruction	nicht interpretierbarer Befehl (NNN)
image refresh memory	Bildwiederholspeicher
immediate access	unmittelbarer Zugriff
increment	inkrementieren
incrementing	Inkrementbildung
independent program, independent routine	selbständiges Programm
index disk	Indexplatte
indexing	Indizierung
index mark	Indexmarke
index register	Indexregister
index sequential access	index-sequentieller Zugriff
indicator	Anzeige
indirect access	indirekter Zugriff
indirect addressing	indirekte Adressierung
indirect teleprocessing	indirekte Datenfernverarbeitung
individual control	Einzelsteuerung, Antriebssteuerung
information medium	Informationsträger
information message	Übertragungszeichenfolge
information process	Informationsprozeß
information processing machine	informationsverarbeitende Maschine
information representation	Informationsdarstellung
information theory	Informationstheorie
information unit	Informationseinheit
inhibit wire	Inhibitdraht
initial address	Anfangsadresse, Startadresse
initial gap	Anfangszwischenraum
initial input device	Ureingabegerät
initialization	Systemanlauf, Anlauf
initial program loader	Urlader, Urladeprogramm
initial program loader format	Urladeformat
initial program loading	Ureingabe
initial section	Programmvorlauf

initiation conflict	Initiierungskonflikt
inoperative program	ruhendes Programm
inplant zone	innerbetrieblicher Bereich
input	einlesen, Eingabe, Eingang
input channel	Eingabekanal
input data	Eingabedaten, Eingangsdaten
input device	Eingabegerät
input rate	Eingabegeschwindigkeit
input signal	Eingangssignal
input unit	Eingabeeinheit
input variable	Eingangsgröße
installation of file bookkeeping	einrichten (Datenträger)
instantaneous value analog input module	Momentanwert-Analogeingabe
instruction	Befehl
instruction address	Befehlsadresse
instruction address register	Befehlsadressregister (BAR)
instruction code	Befehlscode
instruction counter	Befehlszähler, BZ
instruction decoding	Befehlsdecodierung
instruction execution	Befehlsablauf, Befehlsausführung
instruction format	Befehlsaufbau, Befehlsformat
instruction length	Befehlslänge
instruction register	Befehlsregister (BFR, BR)
instruction repetition	Befehlswiederholung
instruction repertoire/set	Befehlsliste, Befehlsvorrat
instruction execution time	Operationszeit
instruction trap	Programmlaufbesonderheit
instruction word	Befehlswort
integral punch	Anbaulocher
integral reader	Anbauleser
integrated circuit	IC, integrierte Schaltung, IS
integrated injection logic	IIL, I^{2}L
integrating analog input module	integrierende Analogeingabe
intelligent terminal	intelligentes Terminal
interactive	interaktiv
interactive terminal	Dialogeinheit

interblock space	Blockzwischenraum, Blocklücke, Kluft
interchange circuit	Schnittstellenleitung
interchange point	Übergabestelle
interface (channel)	Nahtstelle, Anschlußstelle, Schnittstelle
interface adapter	Schnittstellenumsetzer
interface connection	Anschaltung
interface converter	Schnittstellenumsetzer
interface module	Geräteanschaltung
interface register	Anschlußstellenregister
interfering signal	Störsignal
internal code	Interncode, maschineninterner Code
internal storage	innerer Speicher
International Standards Organization	ISO
international teletype code	Fernschreibcode
interrogation	Stationsaufforderung
interrupt	Alarm(-signal), Unterbrechung, Programmunterbrechung
interruptability	Unterbrechbarkeit
interrupt analysis	Unterbrechungsanalyse
interrupt flag	Unterbrechungsanzeige
interrupt flag word	Unterbrechungsanzeigenwort (UAW)
interrupt generating module	Unterbrechungseingabe
interrupt processing program	Alarmbearbeitungsprogramm
interrupt request	Unterbrechungsanforderung
interrupt request button	Anruftaste
interrupt system	Unterbrechungssystem
interrupt vector	Unterbrechungsvektor
interrupt word	Alarmwort
interval timer	Relativzeitgeber, Wecker, Kurzzeitwecker
invariancy	Invarianz
invariant program section	invarianter Programmteil
invariant sequence of instructions	invariante Befehlsfolge
I/O (input/output)	EA- (Ein-Ausgabe-)

I/O channel – length element

I/O channel	EA-Kanal
I/O controller	EA-Steuerung
I/O instruction	EA-Befehl
I/O interface channel	EA-Anschlußstelle
I/O interface switch	EA-Anschlußstellen-Umschalter
I/O processor	EA-Prozessor (EAP)
I/O processor flags	EAP-Anzeigen
I/O processor instruction	EAP-Befehl
I/O processor simulation	EA-Prozessor-Simulation
I/O spooling	Geräteverwaltung, Datenpufferung
I/O teletypewriter	EABS, Eingabe-Ausgabeblattschreiber
I/O transfers	EA-Verkehr
job control	Ablaufsteuerung
job order processing	Auftragsbearbeitung
job processing	Jobbearbeitung
keybord	Tastatur
kind of connection	Verbindungsart
label	Dateietikett, Marke, Name
laboratory automation	Laborautomatisierung
language	Sprache
large scale integration	LSI
last in - first out	LIFO, Lifo
layout of program	Programmaufbau
leading ones	führende Einsen
leading zeroes	führende Nullen
learning process model	lernendes Prozeßmodell
leased line	Standleitung, überlassene Leitung
length element	Schrittdauer

level conversion	Pegelumsetzung
level of language	Sprachebene
library	Bibliothek
light emitting diode	LED
light pen	Lichtstift, Lichtgriffel
linear network	Liniennetz
line feed	LF
line printer	Schnelldrucker, Zeilendrucker
link	binden
linkage editor	Binder
linkage loader	Ladebinder
list	Liste
list generator	Listengenerator
listing	Protokoll
list pool	Listenpool
load	bereitstellen, laden
loadable program	ablauffähiges Programm
load address	Ladeadresse
load area address	Bereitstellungsadresse, Ladeadresse
loader	Lader
loader call	Ladeaufruf
loading device	Ladegerät
loading object	Ladeobjekt
loading routine	Ladeprogramm
loading state	Ladezustand
load instruction	Ladeanweisung, -befehl
load point gap	Anfangszwischenraum
location	Einbauplatz, Speicherzelle
logging	Protokoll
logging typewriter	Protokollblattschreiber
logic	Logik
logical	logisch
logical device name	logischer Gerätename
logical operation	logische Verknüpfung
logic element, logic gate	Verknüpfungsglied
logic instruction	logischer Befehl
logic variable	Schaltvariable

longitudinal check	Längsparität
longitudinal parity check character	Blockparitätszeichen BPZ
loop	Schleife
machine address	Maschinenadresse
machine code	Maschinencode, Maschinensprache
machine instruction	Maschinenbefehl
machine (oriented) language	Maschinensprache
machine program	Maschinenprogramm
machine word	Maschinenwort
macro	Makro
macro assembly language	Makroassemblersprache
macro call	Makroaufruf
macro element	Makroelement
macro instruction	Makrobefehl
macro language	Makrosprache
macro processor	Makroübersetzer
macro statement	Makroaufruf, Makroanweisung
macro translator	Makroübersetzer
magnetic core storage	Kernspeicher
magnetic drum storage	Trommelspeicher
magnetic film storage	Magnetschichtspeicher
magnetic head	Magnetkopf
magnetic tape	Magnetband (MB)
magnetic tape cartridge unit	Magnetbandkassetteneinheit
magnetic tape device	Magnetbandgerät
magnetic tape storage	Bandspeicher
magnetic tape unit	Magnetbandeinheit, Magnetbandgerät
magnetic track	Magnetspur
magnetomotive storage	magnetomotorischer Speicher
main memory	Hauptspeicher (HSP), Zentralspeicher (ZSP), Arbeitsspeicher (ASP)
main memory address	Zentralspeicheradresse
main memory channel	Zentralspeicherkanal

main memory resident program	hauptspeicherresidentes Programm (HRP)
main memory unit	Zentralspeichereinheit
main program	Hauptprogramm
mains failure	Netzspannungsausfall
mains fluctuation	Netzspannungseinbruch
main storage	Hauptspeicher (HSP)
main storage address	Hauptspeicheradresse
maintenance console/panel	Wartungsfeld
male multi-point connector	Messerleiste
manipulated variable	Stellgröße
mantissa	Mantisse
manual control	Handregelung
mapped memory	Bildwiederholspeicher
mask	Maske, Maskenwort
mass storage	Großspeicher
master batch	Masterstapel
master computer	Leitrechner
master deck	Masterstapel
master station	Sendestation, Textsendestation
matching	Anpassung
mathematical process model	mathematisches Prozeßmodell
mean time between failures	mittlere ausfallfreie Zeit, MTBF
mean time to repair	MTTR
measure	messen
measured data acquisition	Meßdatenerfassung, Meßwerterfassung
measured quantity, variable	Meßgröße
measured value	Meßwert
measurement range	Meßbereich
measuring chain	Meßkette
measuring channel	Meßkanal
measuring equipment	Meßschaltung
measuring point	Meßstelle
measuring point selector	Meßstellenwähler
mechanical	mechanisch
mechanical line printer	mechanischer Zeilendrucker
medium scale integration	MSI

member	Glied, Bauglied, Bauteil
memory page table	Übersetzungstafel
memory protect feature	Speicherschutz, Schreibschutz
memory-resident	speicherresident
memory word	Speicherwort
meshed network, mesh-type network	Maschennetz
message	Meldung, Nachricht
meta language	Meta-Sprache
microinstruction	Mikrobefehl
microprocessor unit	MPU
microprogram language	Mikroprogramm-Sprache
microprogrammability	Mikroprogrammierbarkeit
micro step	Mikroschritt
minicomputer	Kompaktrechner, Minicomputer
mnemonic code	mnemonischer/mnemotechnischer Code
model	Modell
modulation rate	Schrittgeschwindigkeit
module	Baustein, Modul, Programm-Modul
monadic	monadisch =unteilbar
monostable multivibrator	(monostabile) Kippschaltung, monostabile Kippstufe
MOS storage	MOS-Speicher
multi-address instruction	Mehradreßbefehl
multicomputer system	Mehrrechnersystem
multilayer (PCB)	Multilayer
multiple access	Vielfachzugriff
multiplexer	MPX, Multiplexer
multiplexer channel	Multiplexkanal
multiplexer controller	Multiplexersteuerung
multiplex operation	Multiplexbetrieb
multiply instruction	Multiplikationsbefehl
multipoint connection	Mehrpunktverbindung
multipoint connector	Steckerleiste
multiprocessor	Mehrprozessorsystem
multiprocessing system	Multiprozessorsystem
multiprogramming mode	Mehrprogrammbetrieb

multi-user operation	Multi-User-Betrieb
multivibrator	Kippschaltung
name statement	Namensanweisung
NAND element/gate	NAND-Glied
n-channel-MOS	n-Kanal-MOS
NC-language	NC-Sprache
negative acknowledgement	NAK, negative Quittung
negative number	negative Zahl
network	Leitungsnetz, Verbindungsnetz
network configuration	Netzformen
new start	Neustart
noise voltage	Störspannung
non-attended operation	unbedingter Betrieb
non-availability	Unverfügbarkeit
non-clocked control	asynchrone Steuerung
non-mechanical line printer	nichtmechanischer Zeilendrucker
non-privileged mode	nichtprivilegierter Mode
non-resident program	peripherspeicherresidentes Programm (PRP), externspeicherresidentes Programm
nonreturn to zero	Richtungsschrift (NRZ)
no-operation	NOP, Nulloperation
NOR circuit gate, NOR element	NOR-Glied
normalization	Normalisierung
NOT-AND element	NAND-Glied
NOT operation	Negation
number	Zahl
number circle	Zahlenring
number scale	Zahlenstrahl
number system	Zahlensystem
numeric(al)	numerisch
numeric(al) character	Zahl, Ziffer
numeric(al) control	numerische Steuerung
numeric(al) controlled	NC
numeric(al) controlled machine	NC-Maschine
numeric(al) data	numerische Daten

object	Objekt
object code	Grundsprache
object code program	Grundspracheprogramm
objective function	Zielfunktion
object language	Zielsprache
object language module	Grundsprachemodul
object code program	Grundspracheprogramm
object tracking	Objektverfolgung
octal digit	Oktalziffer
off-line data acquisition	Off-line-Datenerfassung
off-line system	indirekte Prozeßkopplung
off-line test programm	Off-line-Testprogramm
ones complement	Einserkomplement
on-line closed loop	Closed-loop-Betrieb
on-line data acquisition	On-line-Datenerfassung
on-line loop	Prozeßkopplung
on-line open loop	offene Prozeßkopplung
on-line system	direkte Prozeßkopplung
open-loop control	Steuerkette
operand address	Operandenadresse
operand part	Operandenteil
operating device	Bedienungsgerät
operating equipment	Bedienungseinrichtung
operating panel	Betriebsfeld
operating system	Betriebssystem, Systemprogramm, Organisationsprogramm (ORG)
operating system residence	Betriebssystem-Residenz
operational flags	Betriebsanzeigen, Primäranzeigen
operational flag word	Betriebsanzeigenwort
operational printout	Betriebsprotokoll
operation code	Operationscode
operation control	Operationssteuerung
operator	Operationssymbol, Operator, (Bediener)
operator call	Bedienungsaufruf
operator command	Bedienungsanweisung
operator console typewriter	Bedienungsblattschreiber
operator control panel	Bedienungsfeld

optical characters	Klarschrift
optical character reader	Klarschriftleser
optical indicator	optische Anzeige
optically-coupled isolator	Optokoppler
optimation, optimization	Optimierung
OR circuit gate, OR element	ODER-Glied
organizational instruction	organisatorischer Befehl
OR gate	ODER-Glied
ORG call	ORG-Aufruf
ORG interface	ORG-Nahtstelle
ORG module	ORG-Baustein
OR operation	ODER-Funktion
output	Zielsprache
output buffer	Ausgabepuffer
output channel	Ausgabekanal, Ausgabeleitungen
output data	Ausgabedaten, Ausgangsdaten
output device	Ausgabegerät
output instruction	Ausgabebefehl
output listing	Ausgabeprotokoll
output program	Ausgabeprogramm
output rate	Ausgabegeschwindigkeit
output routine	Ausgabeprogramm
output signal	Ausgangssignal
output time	Ausgabezeit
output typewriter	Ausgabeblattschreiber (ABS)
output unit	Ausgabeeinheit
output variable	Ausgangsgröße, Zustandsgröße
overflow	Überlauf
overpunch	überlochen
overwrite	überschreiben
package	Paket (Programmpaket)
packaging system	Aufbautechnik
page	Kachel, Seite
page roll in roll out	Seitenwechsel
page table	Übersetzungstafel
paper tape input unit	Lochstreifen-Eingabeeinheit

paper tape output unit – phase encoding

paper tape output unit	Lochstreifen-Ausgabeeinheit
parallel by bit	bitparallel
parallel interchange, parallel transmission, simultaneous transmission	Parallelübergabe, Parallelübertragung
parallel mode	Parallelbetrieb
parallel printer	Paralleldrucker
parallel processing	Parallelverarbeitung
parallel-serial converter	Parallel-Serien-Umsetzer
parallel transmission	Parallelübertragung, Parallelübergabe
parameter table	Parametertafel (PT)
parity bit	Paritätsbit, Prüfbit
parity character	Paritätszeichen, Sicherungszeichen
parity check	Paritätskontrolle, Paritätsprüfung
parity error	Paritätsfehler
partition	Laufbereich
pass	Durchlauf
pattern of holes	Lochkombination
perforate	stanzen
performance function	Zielfunktion
peripheral coupling/communication unit	Peripheriekopplungseinheit
peripheral data request	periphere Datenanforderung (PDA)
peripheral device	(peripheres) Gerät
peripheral executive (ORG) request	periphere Organisationsanforderung (POA)
peripheral initiative	periphere Initiative
peripheral memory resident program	peripherspeicherresidentes Programm (PRP), externspeicherresidentes Programm
peripheral request	periphere Anforderung (PA)
peripherals	Peripherie
peripheral storage	peripherer Speicher, Peripherspeicher
peripheral storage unit	periphere Speichereinheit (PSE)
peripheral unit	periphere Einheit (PE)
phase encoding	Richtungstaktschrift

photo-electric scanning	fotoelektrische Abtastung
physical	physikalisch
physical block	physikalischer Block
physical process model	gegenständliches Prozeßmodell
physical unit	Baueinheit, Maßeinheit
picking	Vereinzelung
picture generator	Bildgenerator
piece process	Stückprozeß, Stückgutprozeß
plant	Regelstrecke, Strecke
plotter	Zeichengerät
plug	Stecker
plug and socket connection	Steckverbinder
plug connector	Messerleiste
plug-in assembly, plug-in module plug-in unit	Steckbaugruppe
point	Komma
point-to-point connection	Punkt-zu-Punkt-Verbindung, Standverbindung, Standleitung
polling	Sendeabruf, Sendeaufforderung
polling/selecting mode	Aufrufbetrieb
position	Stelle, positionieren
positional notation	Stellenschreibweise
positioner	Positioniereinrichtung
positive acknowledgement	ACK, positive Quittung
power failure, power fail	Netzausfall, Spannungsausfall
power pack	Netzgerät
power restoration	Spannungswiederkehr
power supply (unit)	Stromversorgung(seinheit) (SVE)
primary status	Primärzustand
print	drucken
printed circuit	gedruckte Schaltung
printec circuit board (PCB)	Flachbaugruppe, Leiterplatte
printed conductor	Leiterbahn
printer	Drucker
printing card punch	Schreiblocher
printout	Protokoll
printout of faults	Störungsprotokoll
print through	Kopiereffekt

priority	Priorität, Vorrang
priority change	Prioritätswechsel
priority controller	Prioritätssteuerung
priority level	Prioritätsebene
priority status	Prioritätszustand
priority structure	Prioritätsstruktur
privileged instruction	privilegierter Befehl
privileged mode	privilegierter Modus
problem division (COBOL)	Problemteil
problem oriented language	problemorientierte/maschinenunabhängige Programmiersprache
procedure	Prozedur
procedure oriented process	Verfahrensprozeß
procedure statement	Prozeduranweisung
process	Prozeß
process automation	Prozeßautomatisierung
process automation system	Prozeßautomatisierungssystem
process call	Prozeßaufruf
process computer	Prozeßrechner, Prozeßrechenanlage
process computer field use	Prozeßrechnereinsatz
process computer software	Prozeßrechner-Software
process computing system	Prozeßrechensystem
process control	Prozeßregelung, Steuerung
process control computer	Prozeßrechner, Prozeßrechenanlage
process data	Prozeßdaten
process data acquisition	Prozeßdatenerfassung
process data handling processing	Prozeßdatenverarbeitung
process data sink	Prozeßdatensenke
process data source	Prozeßdatenquelle
process engineer's console	Prozeßbedienungsfeld
process identification	Prozeßerkennung
processing	Verarbeitung
processing time	Bearbeitungszeit
processing unit	Prozessor
process interrupt	Programmunterbrechung
process interface module	Prozeßsignalformer (PSF)
process instrumentation	Prozeßmeßtechnik

process I/O device/module process interface module	Prozeßsignalformer (PSF)
process I/O unit	Prozeßeinheit
process model	Prozeßmodell
process monitoring	Prozeßüberwachung
process optimization	Prozeßoptimierung
process peripherals	Prozeßperipherie
processor	Prozessor
process simulation	Prozeßsimulation
process study	Prozeßstudie
process terminal	Prozeßterminal
process variable	Prozeßgröße
production data acquisition	Betriebsdatenerfassung (BDE)
production process	Fertigungsprozeß
program	Programm, programmieren
program alert	Wecker
program body	Programmrumpf
program change	Programmwechsel
program channel	Programmkanal
program control	Programmsteuerung
program controlled computer	programmgesteuerte Rechenanlage
program counter	Befehlszähler
program description/manual	Programmbeschreibung
program execution	Programm(ab)lauf
program flow	Ablauf, Programm(ab)lauf
program flowchart	Programmablaufplan
program header	Programmkopf
program interrupt	Programmunterbrechung
program jump	Programmverzweigung
program language	Programmiersprache
program library	Programmbibliothek
program loop	Programmschleife
program management	Programmverwaltung
programmable read only memory	PROM, programmierbarer Festwertspeicher
programmer	Codierer, Programmierer
programming aid	Programmierhilfe
programming error	Programmierfehler

programming language	Programmiersprache
programming methodology	Programmiertechnik
programming system	Programmiersystem
program module	Programmbaustein
program name	Programmname
program organization	Programmorganisation
program package	Programmpaket
program parameter table	Programmparametertafel
program priority	Programmpriorität
program protection	Programmschutz
program queue	Programmwarteschlange
program run	Programm(ab)lauf, Programmdurchlauf
program runtime counter	Programmlaufzeitzähler (PLZ)
program section, program segment	Programmsegment
program sheet	Ablochschema, Programmformular
program state, program status	Programmzustand
program status register	Programmzustandsregister (PZR)
program status word	Programmzustandswort (PSW)
program storage	Programmspeicher
program structure	Programmstruktur
program supervisor	Monitor
program swapping	Platzwechsel
program translation	Programmübersetzung
program unit	Programmbaustein
project number	Projektnummer
prompter	Wecker
propagation delay, propagation time	Laufzeit
protected storage area	geschützter Speicherbereich
protection of data	Datensicherung
proximity zone	Nahbereich
pulse	Impuls
pulse generator	Impulsgenerator
pulse input module	Impulseingabe
pulse duration/length	Schrittdauer

pulse output module	Impulsausgabe
pulse repetition rate	Impulsfrequenz
pulse width recording	Wechseltaktschrift
punch	lochen, stanzen
punched card	Lochkarte (LK)
punched card device	Lochkartengerät
punched card input unit	Lochkarten-Eingabeeinheit
punched card output unit	Lochkarten-Ausgabeeinheit
punched tape	Lochstreifen (LS)
punched tape code	Lochstreifencode
punched tape device	Lochstreifengerät
punched tape input unit	Lochstreifen-Eingabeeinheit
punched tape loop	Lochstreifen-Schleife
punched tape output unit	Lochstreifen-Ausgabeeinheit
punched tape punch	Lochstreifenlocher, -stanzer
punched tape reader	Lochstreifenleser
punching character	ablochbares Zeichen
pure procedure	ablaufinvariantes Programm, Ablaufinvarianz
push-down storage	Kellerspeicher
quantity	Größe
query	Stationsaufforderung
queue	Warteschlange (WS)
queuing field, queuing list	Wartebereich
radial network	Sternnetz
radix	Basis (B)
random access	direkter/wahlfreier Zugriff
random access memory	Direktzugriffsspeicher, RAM
random number	Zufallszahl
random variable	regellose Größe
reaction time	Reaktionszeit
read in	einlesen

read	abtasten, lesen
reading device	Leser
reading error	Lesefehler
reading station	Lesestation
read only memory	Festspeicher, Festwertspeicher, ROM
read pulse	Leseimpuls
read/write memory	Schreib-Lesespeicher
ready message	Klarmeldung
real addressing	reelle Adressierung
real mode package	reelles Paket
real-time	Echtzeit-, Realzeit-
real-time clock	Absolutzeitgeber, Echtzeituhr, Realzeituhr, Zeitgeber
real-time data processing system	Echtzeit-Rechensystem
Real-Time-FORTRAN	Prozeß-FORTRAN
real-time language	Echtzeit-Programmiersprache, Realzeit-Programmiersprache
real-time operating	Realzeitbetrieb
real-time operating system	Echtzeit-Betriebssystem, Organisationsprogramm
real-time operation	Echtzeitbetrieb, schritthaltender Betrieb
real-time processing	Realzeitbetrieb
real-time programming	Echtzeit-Programmierung, Realzeit-Programmierung
receiver	Empfänger
record	Datensatz, Satz, formatieren, speichern, aufnehmen
recording density	Aufzeichnungsdichte
recording head	Schreibkopf
recording mode	Schreibverfahren
recovery time	Erholzeit
redundancy	Redundanz
reentrant sequence of instructions	reentrant programmierte, ablaufinvariante Befehlsfolge
reference edge	Bezugskante
reference input	Führungsgröße
reference tape	Bezugsband

reflective marker, reflective spot	Reflektormarke
regional zone	Regionalbereich
register address	Registeradresse
register machine	Registermaschine
register number	Registernummer
registration	anmelden
regulate	regeln
regulating unit	Stellorgan
regulation	Regelung
regulator	Regler
relational instruction	Vergleichsbefehl
relative address	relative Adresse
relative time clock	Relativzeitgeber
release	freigeben
remote batch computing, remote batch processing	Stapelfernverarbeitung
remote data processing	Datenfernverarbeitung (Dfv, DFV)
remote data transmission	Datenfernübertragung
representation of analog quantity	Analogwertdarstellung
request	Anforderung
request/acknowledgement cycle	Anforderungs-Quittungsverfahren
request button	Anruftaste
request signal	Anforderungssignal
reset	rücksetzen
resource	Betriebsmittel
restart	Wiederanlauf, Warmstart, Wiederstart
result indicators, flags	Ergebnisanzeigen
return	Rücksprung
reversible counter	Vorwärts-Rückwärtszähler
roll of punched tape	Lochstreifenwickel
row	Bandsprosse, Sprosse
run-off control	Ablaufsteuerung
run time measuring	Laufzeitmessung
run time monitoring	Laufzeitüberwachung
run time system	Ablaufsystem

run mode

sample and hold	Abtast- und Haltekreis
sample-hold amplifier	Halteverstärker
sampler	Abtaster
sampling frequency	Abtastfrequenz
sampling interval	Abtastintervall
sampling system	Abtastsystem
satellite computer	Satellitenrechner
satellite computer system	Satellitensystem
save	retten
saving and loading routine	Rett-Laderoutine
scaling	Normalisierung
scan	abtasten, lesen
scanner	Meßstellenwähler
scanning instant	Abtastzeitpunkt
scanning method	Abtastverfahren
scheduler	Programmsteuerung
scientific data processing	technisch-wissenschaftliche Datenverarbeitung
scope	Gültigkeitsbereich
SDLC-data communication procedure	SDLC-Datenübertragungsprozedur
secondary status	Sekundärzustand
section	Abschnitt
section structure	Abschnittsstruktur
sector	Sektor
sector address	Sektoradresse
segmentation	Segmentierung
segmentation of resident programs	Hauptspeicher-Segmentierung
segment chain	Segmentkette
segmented program	segmentiertes Programm
segment reference address	Segmentierkante
selecting	Empfangsaufforderung, Empfangsaufruf
selector channel	Selektorkanal
semaphore variable	Koordinierungszähler
semiconductor storage	Halbleiterspeicher
semigraphical display	teilgraphisches Sichtgerät
sense	abtasten, lesen

sense wire	Lesedraht
sensor	Fühler, Geber, Meßwertaufnehmer
separating	Vereinzelung
sequence of instructions	Befehlsfolge
sequential	sequentiell
sequential access	sequentieller Zugriff
sequential circuit	Schaltwerk
sequential control	Ablaufsteuerung
sequential process	Folgeprozeß, sequentieller Prozeß
serial	seriell
serial access	serieller Zugriff
serial by bit	bitseriell
serial interchange	Serienübergabe
serial mode	serieller Betrieb
serial-parallel converter	Serien-Parallel-Umsetzer
serial printer	Seriendrucker
serial transmission	Serienübergabe
service	bedienen
servo motor	Stellmotor
set point	Sollwert
shift	verschieben
shift instruction	Schiebebefehl
shift number	Schiebezahl
shift register	Schieberegister
signal converter	Signalumformer
signal distance	Hamming-Abstand
signal element	Schritt
signal timing	Schrittakt
sign bit	Vorzeichen
sign position	Vorzeichenstelle
significance	Wertigkeit
simplex operation, simplex working	Simplex-Betrieb, Richtungsbetrieb
simulation routine	Simulationsprogramm
simulator program	Simulierer
simultaneous	simultan
simultaneous operation	Simultanarbeit
simultaneous processing	Parallelverarbeitung

simultaneous transmission	Parallelübertragung, Parallelübergabe
single-address instruction	Ein-Adreß-Befehl
single-address-machine	Ein-Adreß-Maschine
single board computer	SBC
single-channel communication controller	Einkanal-Datenübertragungssteuerung
single current	Einfachstrom
single data transfer	Einzelverkehr
single feed	Vereinzelung
single purpose computer	Einzweckrechner
single-word instruction	Ein-Wort-Befehl
skew	Bitversatz
slave station	Empfangsstation, Unterstation, Textempfangsstation
slot	Einbauplatz
small scale integration	SSI
software clock	Software-Uhr
source	Quelle
source document	Urbeleg, Originalbeleg
source language	Quellsprache
source program	Quellprogramm
space	SP, Leerzeichen, ZWR (Zwischenraum)
special cell	Spezialzelle
special character	Sonderzeichen
special peripherals	Sonderperipherie
special register	Spezialregister
special register instruction	Spezialregisterbefehl
sprocket hole	Führungsloch
stack	Kellerspeicher
stand-alone computer system	Einrechnersystem
stand-alone operation	Stand-Alone-Betrieb
stand-by system	Bereitschaftsrechnersystem
standard call	Standard-Aufruf
standard device	Standard-Gerät
standard function	Standardfunktion
standard makro	Standardmakro

standard mode	normierter Modus
standard mode transmission	codegebundene Textübertragung
standard operator routine	Standard-Bedienungsprogramm (SBP)
standard peripherals	Standardperipherie
standard subroutine	normiertes Unterprogramm, NUP
static switching system	Schaltkreisfamilie
star network	Sternnetz
start address	Anfangsadresse, Startadresse
start distance	Startweg
start element	Startbit, Startschritt
start signal	Startschritt
start-stop transmission	Start-Stop-Übertragung
start time	Startzeit
start up	Anlauf, Systemanlauf
statement	Anweisung
staticiser	Serien-Parallel-Umsetzer
static storage element	statischer Speicherbaustein
status	Zustand
status analysis	Situationsanalyse
status bit	Zustandsbit
status change inhibit	Zustandswechselsperre
status change	Zustandswechsel
status register	Zustandsregister
steady-state process model	stationäres Prozeßmodell
steady-state process optimization	stationäre Prozeßoptimierung
step clock, step pulse	Schrittpuls
step response	Übergangsfunktion
stochastic variable	stochastische Größe
STOP after instruction execution	Befehl einzeln
stop distance	Stoppweg
stop element	Stoppbit, Stoppschritt
stop instruction	Stoppbefehl
stop signal	Stoppschritt
stop state	Stoppzustand
stop time	Stoppzeit
storage	Speicher

storage address	Speicheradresse
storage area	Speicherbereich
storage battery	Akkumulator-Batterie
storage capacity	Speicherkapazität
storage cell	Speicherzelle
storage cost	Speicherkosten
storage cycle	Speicherzyklus
storage location	Speicherplatz, -stelle, -zelle
storage management	Speicherverwaltung
storage medium	Datenträger
storage module	Speichermodul
storage protection	Speicherschutz
storage word	Speicherwort
store	speichern
stored-program	speicherprogrammiert
store instruction	Speicherbefehl
structural programming	strukturierte Programmierung
structure level	Ausbauebene
structure variable	Strukturvariable
subrack	Baugruppenträger
subroutine	Unterprogramm UP
subscriber	Teilnehmer
subscript	Index
subtraction	Subtraktion
subtraction instruction	Subtraktionsbefehl
supervisory sequence	Übertragungssteuerzeichenfolge
suspended program	angehaltenes Programm
SVC (supervisor call)	ORG-Aufruf
swapping	Seitenwechsel
swapping area	Wartebereich
switch	Schalter
swiching algebra	Schaltalgebra
switching circuit	Schaltkreis
switching circuit family	Schaltkreisfamilie
switching element	Verknüpfungsglied
switching system	Vermittlungseinrichtung
switching variable	Schaltvariable
symbol	Sinnbild, Symbol

symbolic address	symbolische Adresse
symbolic assignment	symbolischer Name
symbolic device assignment, symbolic device name	symbolischer Gerätenamen
symbolic name	symbolischer Name
symbolic program	symbolisches Programm
sync unit	Synchronisiereinheit
synchronism methods	Gleichlaufverfahren
synchronous	synchron
synchronous idle character	Synchronisierungszeichen, SYN-Zeichen
system analyser	Systemanalytiker
system analysis	Systemanalyse
system configuration	Anlagenausstattung, Anlagenkonfiguration
system designer	Systemplaner
system engineer	Systemanalytiker, Systemberater, Systemplaner
system engineering	Systemplanung
system residence disk	Systemspeicher
systems division	Systemteil
systems test	Systemtest
table pointer	Tafelzeiger
table pointer register	Tafelzeigerregister
tape block	Bandblock
tape drive	Magnetbandlaufwerk
tape mark	Bandmarke
tape skew	Schräglauf
tape speed	Bandgeschwindigkeit
tape transport	Magnetbandlaufwerk
target control	Zielsteuerung
target tracking	Objektverfolgung
task	Rechenprozeß, Task
technical process	technischer Prozeß
telegraph line	Telegrafieleitung
telephone line	Fernsprechleitung (Fe-Leitung)

telephone system	Fernsprechnetz
teleprinter	Fernschreiber (FS), Blattschreiber
teleprocessing	Datenfernverarbeitung (Dfv, DFV)
teleprocessing machine	Datenfernverarbeitungsanlage
teleprocessing program	Datenübertragungsprogramm
teleprocessing system	Datenfernverarbeitungssystem
teletype	TTY
teletype circuit	Fernschreibleitung
teletypewriter	Blattschreiber, Fernschreiber
term	Glied, Bauglied, Bauteil
terminal	Datenstation (Dst), Terminal
termination	Endemeldung, Terminierung
test	testen
test aid	Testhilfe
test and maintenance software	Test- und Wartungs-Software
test log	Prüfprotokoll
test object	Testobjekt
test program	Prüfprogramm
tetrad	Tetrade
text transfer	Textübermittlung
three-computer system	Dreirechnersystem
throughput, thruput	Durchsatz
time-division multiplex	zeitmultiplex
time-of-day clock	Uhrzeitgeber
timer	Differenzzeituhr, Uhrzeitgeber, Zeitgeber
time-sharing mode	Teilnehmerbetrieb
time-slice option	Zeitscheibenverfahren
timing generator	Synchronisiereinheit, Taktgeber
timing pulse	Takt
total range of manipulated variable	Stellbereich
tracing	Ablaufverfolgung
track	Spur
track element	Spurelement
track pitch	Spurteilung
track width	Spurbreite
trailer statement	Endeanweisung

transducer	Meßumformer, Meßwertumformer, Meßwertumsetzer
transfer	Stellenübertrag, Übertragung
transfer address	Sprungadresse, Zieladresse
transfer element	Übertragungsglied
transfer phase	Übertragungsphase
transfer queue	Transferwarteschlange
transfer rate	Übertragungsrate
transfer target	Sprungadresse
transient response	Übertragungsfunktion, Übergangsfunktion
translate	übersetzen
translating	Übersetzungsvorgang
translating object	Übersetzungsobjekt
translation process	Übersetzungsvorgang
translating program	Übersetzungsprogramm, Übersetzer
transliterating	umcodieren
transmission channel	Übertragungskanal, -weg
transmission control character	Übertragungssteuerzeichen
transmission error	(Übertragungs-)Fehler
transmission line	Übertragungsweg, -kanal
transmission mode	Übertragungsverfahren
transmission path	Übertragungsweg
transmission reliability	Übertragungssicherheit
transparent mode	transparenter Modus
trunking scheme	Verbindungsaufbau
TTY-line	Fernschreibleitung, Telegraphieleitung
two-address instruction	Zwei-Adreß-Befehl
two-address-machine	Zwei-Adreß-Maschine
two-frequency recording mode	Wechseltaktschrift
two's complement	Zweierkomplement, 2-Komplement
two-wire circuit	Zweidraht-Leitung (2Dr-Leitung)
typewriter	Blattschreiber

unary	monadisch
unattended mode	unbedienter Betrieb
unconditional jump instruction	unbedingter Sprungbefehl
universal asynchronous receiver/transmitter	UART
universal synchronous/asynchronous receiver/transmitter	USART
unload	entladen
upward compatibility	Aufwärtskompatibilität
user	Teilnehmer, (Anwender)
user call	Anwenderaufruf
user macro	Anwendermakro
user program	Anwenderprogramm
user programming system	Anwenderprogrammsystem
user software	Anwendersoftware, Problemsoftware
utility program	Dienstprogramm
valency	Wertigkeit
variant program section	varianter Programmteil
variant section	varianter Teil
vertical and longitudinal check	Kreuzsicherung
vertical parity	Querparität
vertical parity check	Zeichenparitätssicherung
very large scale integration	VLSI
video data terminal	Datensichtstation
video signal	BAS-Signal
virtual address	virtuelle Adresse
virtual addressing	virtuelle Adressierung
visual display unit	Bildschirmeinheit
voltage breakdown	Spannungsausfall

wait call	Warteaufruf
waiting program	wartendes Programm
wait loop	Warteschleife
warning mark	Warnstreifen
watchdog timer	Laufzeitüberwacher
weight	Wertigkeit
wide-band cable	Breitbandleitung
wired read only memory	Fädelspeicher
word length	Wortlänge
word-organized storage	wortorganisierter Speicher
wordwise	wortweise
working computer	Arbeitsrechner
working program	Arbeitsprogramm
working register	Arbeitsregister
working store	Arbeitsspeicher (ASP), Zentralspeicher (ZSP)
write	einschreiben, schreiben
write enable ring	Schreibring
write head	Schreibkopf
write lockout/protect	Schreibschutz
xy-plotter	xy-Schreiber

Fachbücher

Peter Schäfer
Grundlagen der Prozeßrechnertechnik*
316 Seiten, 123 Bilder, 17,4 cm × 24,6 cm, kartoniert

Ehrenfried Heller
Projektieren von Prozeßrechneranlagen
(erscheint Ende 1979)

Manfred Ernst, Walter Steigert
Programmierung mit der Assemblersprache ASS 300
Teil 1 und Teil 2
3. Auflage, zusammen 499 Seiten,
145 Bilder, 18 Tabellen, Taschenbuch, kartoniert

Ehrenfried Heller
Siemens-System 300 für Prozeßautomatisierung
Band 1: Zentraleinheiten
2. Auflage, 96 Seiten, 24 Bilder, Taschenbuch, kartoniert

Ehrenfried Heller, Siegfried Roth
Siemens-System 300 für Prozeßautomatisierung
Band 2: Peripheriegeräte
260 Seiten, 77 Bilder, Taschenbuch, kartoniert

Automatisieren in der Prozeßtechnik
388 Seiten, 327 Bilder, 37 Tabellen, A 5, Leinen

Messen in der Prozeßtechnik
368 Seiten, 270 Bilder, 70 Tabellen, A 5, Leinen

---

* Programmierte Unterweisung (pu)